Ulrich Dietze / Christian Mannigel
TQS – Total Quality Selling

Ulrich Dietze
Christian Mannigel

TQS – Total Quality Selling

Der nachvollziehbare Weg
zu überdurchschnittlichem
Verkaufserfolg

Bibliografische Information der Deutschen Nationalbibliothek

Die Deutsche Nationalbibliothek verzeichnet diese Publikation
in der Deutschen Nationalbibliografie; detaillierte bibliografische Daten
sind im Internet über http://dnb.d-nb.de abrufbar.

ISBN 978-3-86936-175-8
4. Auflage 2014

Lektorat: Dr. Sandra Krebs, GABAL Verlag GmbH
Umschlaggestaltung: Martin Zech Design, Bremen | www.martinzech.de
Satz und Layout: Das Herstellungsbüro, Hamburg | www.buch-herstellungsbuero.de
Druck und Bindung: Salzland Druck, Staßfurt

www.gabal-verlag.de
www.twitter.com/gabalbuecher
www.facebook.com/Gabalbuecher

Inhaltsverzeichnis

Wer weiß, wer er ist und wohin er will,
hat eine angenehme Reise.

Vorwort

Warum gibt es in jeder Branche Unternehmen und Verkäufer, die immer bessere Ergebnisse erzielen als der Durchschnitt? Und zwar unabhängig davon, wie die aktuelle Konjunktursituation aussieht.

Das ist eine Tatsache, die Sie in jeder Branche beobachten können: in meiner Branche, in Ihrer Branche und in den Branchen Ihrer Kunden. Woran liegt es, dass es einigen Unternehmen besser geht als dem Durchschnitt? Haben Sie eine Idee?

Wenn ich diese Frage im Rahmen meiner Vorträge ans Publikum weitergebe, ist bemerkenswert, wie selten eine klare Vorstellung davon existiert, was Unternehmens- und Verkaufserfolg wirklich ausmacht. Es kommen Antworten wie: gutes Marketing, Marktlücken, Beziehungen, Bekanntheitsgrad, Personalführung, Personalmotivation und vieles mehr.

Besser als der Durchschnitt

Wenn man sich seriös mit dieser Frage auseinandersetzt, stellt man natürlich sehr schnell fest, dass es darauf nicht nur *eine* Antwort geben kann. Es gibt viele Antwortversuche, aber nur wenige wirkliche Lösungen, die tatsächlich funktionieren.

Eine Antwort, die zu wirklich nachvollziehbaren Ergebnissen führt, werden Sie in diesem Buch kennenlernen. Schauen wir uns das Ganze einmal näher an.

Mein Team und ich haben seit 1992 fast 2000 Unternehmen aus den verschiedensten Branchen analysiert und optimiert. Bei der Analyse der Vertriebsprozesse haben wir weniger darauf geachtet, wer welche Leistungen an welche Zielgruppe verkauft. Wir haben vielmehr analysiert, *wie* verkauft wird. Wie gehen das Unternehmen und der Vertrieb konkret vor, um Produkte und Leistungen zu verkaufen? Wir wollten herausfinden, ob sich bei besonders erfolgreichen Vertrieben Parallelen erkennen lassen, aus denen sich eine nachvollziehbare Vorgehensweise für erfolgreiches Verkaufen ableiten lässt. Wir suchten den roten Faden, ein Patentrezept für vertriebliche Spitzenergebnisse. Dabei haben wir eine einfache, aber spannende Erkenntnis gewonnen:

In jedem Unternehmen gibt es vier Bereiche, deren Optimierung zu einer besonders schnellen Verbesserung der Umsatz- und Gewinnsituation führt: Akquisitionsmanagement, Anfragemanagement, Angebotsgestaltung und Angebotsverfolgungsmanagement.

Akquisitions-
management
Was unternimmt eine Firma, was unternimmt der Verkäufer selbst, um neue Kunden und qualifizierte Anfragen zu generieren? Die Mehrzahl aller Unternehmen kümmert sich um diesen Bereich viel zu spät. Besonders erfolgreiche Unternehmen und Vertriebe akquirieren zu jeder Zeit.

Anfrage-
management
Wie wird eine eingehende Kundenanfrage behandelt, vom Eingang der Anfrage bis zur Abgabe des Angebots? Unabhängig davon, ob die Anfrage persönlich in Form eines Kundenbesuches oder per Telefon oder schriftlich eingeht.

Welche Aktivitäten werden entwickelt, um den Kunden bereits *vor* dem Angebot positiv zu beeinflussen, und zwar gerade dann, wenn er bei mehreren Unternehmen anfragt? Besonders erfolgreiche Unternehmen und Vertriebe gehen mit eingehenden Anfragen sehr sorgfältig um.

Angebots-
gestaltung
Wie kundenorientiert und wie verkaufsorientiert sind die Angebote des Unternehmens gestaltet? Wie sehr sind Form und Inhalt

des Angebots dazu geeignet, dem Kunden bei seiner Entscheidung zu helfen?

Viele Angebote sehen heute wie eine Mischung aus Lieferschein, Gesetzesentwurf und Einladung zu einer Gerichtsverhandlung aus. Der Kunde findet viele technische Details und Paragrafen, aber wenig Kaufmotive. Besonders erfolgreiche Unternehmen und Vertriebe nutzen eine kunden- und vertriebsorientierte Angebotsstruktur.

Wann und wie qualifiziert werden offene Angebote nachgefasst, um Aufträge zu realisieren? Im Bereich der Angebotsverfolgung kann man zwei Extreme beobachten: Entweder wird überhaupt nicht nachgefasst, das heißt, offene Angebote im Wert von zigtausend Euro warten darauf, dass der Kunde sich von selbst meldet, oder der Kunde wird nach Angebotsabgabe regelrecht verfolgt, bis er aufgibt und kauft oder sich verleugnen lässt. **Angebotsverfolgungsmanagement**

Beides ist natürlich nicht gut. Besonders erfolgreiche Unternehmen und Vertriebe haben deshalb einen Weg gefunden, an Angeboten dranzubleiben, ohne dem Kunden auf die Nerven zu gehen, und gleichzeitig sicherzustellen, dass der Kundenkontakt vor der eigentlichen Kaufentscheidung funktioniert. **Der Methodenansatz**

Es gibt einen ganz wesentlichen Punkt, der alle besonders erfolgreichen Unternehmen und Vertriebe verbindet: Sie alle haben Werkzeuge, Prozesse und Methoden definiert, die jederzeit eine hohe Nachvollziehbarkeit im Vertriebsablauf gewährleisten.

Aus dieser Erkenntnis heraus habe ich die erste Vertriebsmethodik entwickelt, die den gesamten Vertriebsprozess in dieser Form beschreibt: *TQS –Total Quality Selling*.

Die Namensähnlichkeit zu *TQM Total Quality Management* ist bewusst gewählt. Warum? In vielen Unternehmen sind die verschiedenen Geschäftsprozesse sehr gut beschrieben: Einkaufprozesse, Organisationsprozesse, Personalprozesse, Produktionsprozesse. Aber es gibt einen Prozess, der in den wenigsten Unternehmen **Vertriebsprozess definieren** wirklich nachvollziehbar definiert ist: der Vertriebsprozess. In den meisten Vertrieben macht heute, überspitzt ausgedrückt, jeder, was ihm gefällt. Nur selten lassen sich verbindliche und nachvollziehbare Vertriebsprozesse beobachten.

Ein Unternehmer aus der Maschinenbaubranche formulierte es einmal so: »Ich kann doch meinen Verkäufern nicht vorschreiben, wie sie verkaufen sollen!« Ich fragte ihn daraufhin, wie er reagieren würde, wenn sich die Mitarbeiter in der Produktion nicht an den Produktionsprozess hielten. Darauf erwiderte er, das sei doch etwas ganz anderes.

Natürlich muss ein Vertriebsprozess die individuellen Besonderheiten von Kunden und Verkäufern berücksichtigen, aber er muss zugleich verbindliche Standards vorgeben, die von allen Beteiligten zu berücksichtigen sind, wenn nachvollziehbare und überdurchschnittliche Vertriebserfolge erzielt werden sollen. Was bedeutet TQS im Hinblick darauf genau?

Total »Total« bedeutet, dass diese Methode zum allerersten Mal den kompletten Vertriebsprozess in dieser Form abbildet: von der Erstansprache eines potenziellen Kunden bis hin zum erfolgreichen Abschluss. Damit wird Vertriebserfolg wirklich nachvollziehbar abgebildet.

Als ich 1984 anfing, die Kunst des Verkaufens zu erlernen, da umgab die besonders erfolgreichen Verkäufer immer eine Art Aura des Geheimnisvollen. Oft unterhielten sich neue Mitarbeiter über große Erfolge der erfahrenen Verkäufer: »*Hast du schon gehört, der Meier hat schon wieder einen Riesenumsatz geschrieben! Wie macht der das bloß immer?*« Die weit verbreitete Antwort lautete damals wie heute auch noch: »*So etwas kann man nicht lernen, das hat man im Blut, das ist Talent, und das hat man eben oder eben nicht!*«

Ich fand diese Antwort nie zufriedenstellend. So betrachtet wird Verkaufserfolg zu einem Zufall, der von wenigen Stars abhängig ist. Das sollte aber so nicht sein. Verkaufserfolg muss eine nachvollziehbare, planbare Größe im Unternehmen sein.

Glauben Sie, dass aus jedem Mitarbeiter ein Spitzenverkäufer werden kann? Zunächst müssen wir definieren, was wir unter einem Spitzenverkäufer verstehen. Was macht ihn oder sie aus? Jemand, der bei jeder passenden oder unpassenden Gelegenheit sofort ein unschlagbares Angebot aus dem Ärmel schüttelt, der sprichwörtlich dem Eskimo einen Kühlschrank verkauft, ist definitiv nicht das, was wir unter einem Spitzenverkäufer verstehen.

Ein Spitzenverkäufer ist vielmehr jemand, der ohne permanente Fremdmotivation überdurchschnittliche Umsätze und Erträge generiert. Jemand, der das Unternehmensinteresse und die Bedürfnisse des Kunden im Gleichgewicht hält. Dabei ist ein gewisses Talent durchaus hilfreich – Talent allein garantiert aber keinen Erfolg.

Unser Hauptziel ist es nicht, mit TQS die Spitzenverkäufer noch ein wenig besser zu machen (was uns natürlich auch gelingt). Unser Ziel ist es vielmehr, *jeden* Vertriebler zu einem besseren Verkäufer zu entwickeln. Und das bringt insgesamt natürlich bedeutend mehr Ergebnis, als nur die ohnehin besonders guten (und seltenen) Verkäufer weiter zu schulen.

Quality

»Quality« steht für die Qualität der Vertriebsabläufe und eine besondere Sorgfalt in jeder Phase des Vertriebsprozesses.

Ich habe in Teilbereichen das Verkaufen völlig neu erfunden, in anderen Bereichen konzentrieren wir uns darauf, besonders sorgfältig vorzugehen. Eben sehr sorgfältig zu akquirieren, sorgfältig mit Anfragen umzugehen, die Angebote genau auf den Kunden auszurichten sowie Angebote präzise und gut vorbereitet nachzufassen.

Selling

»Selling« steht für Verkaufen. Aber was ist eigentlich die Aufgabe eines Verkäufers? Beraten, betreuen, Umsatz generieren, Deckungsbeiträge sichern oder Kontakte knüpfen? Oder vielleicht von jedem etwas? Als ich diese Frage bei einem Vortrag ins Publikum gab, kam folgende Antwort von einer Dame aus der vierten Reihe zurück:

»Die Aufgabe eines Verkäufers ist es, jemandem etwas anzudrehen, das dieser nicht braucht und sich eigentlich gar nicht leisten kann ...!«

Ich glaube, dass diese Sicht des Verkaufens in Deutschland gar nicht so selten ist. Zum Teil ist sie sicher auch hausgemacht durch entsprechende Negativbeispiele.

TQS – Total Quality Selling beschreibt das Verkaufen anders:

Die Aufgabe eines Verkäufers ist es, dem Kunden dabei zu helfen, eine klare Entscheidung zu treffen; ihm, dem Kunden, wirklich dabei zu *helfen*, sich eindeutig zu entscheiden.

Und da ist es oft besser, ein zeitnahes, klares Nein zu bekommen, als wenn der Verkäufer eine unwahrscheinliche Abschlusshoffnung mit sich herumträgt und dabei wertvolle Zeit verschwendet, die er besser in die Ansprache von neuen Kunden investieren könnte.

Branchen-übergreifende Vorteile
Zum Thema der branchenübergreifenden Vertriebsmethoden gibt es durchaus auch kritische Stimmen. Bei einem meiner Vorträge meldete sich ein Zuhörer und sagte: *»Aber Sie können doch nicht alle Branchen, Unternehmen und Verkäufer in einen Topf werfen und ihnen Ihre TQS-Methode überstülpen. Dazu sind die Branchen, die Menschen und Produkte doch viel zu unterschiedlich.«* Das ist eine interessante Aussage.

Was denken Sie? Sind alle Branchen vertrieblich gesehen gleich oder gibt es Unterschiede? Ich persönlich denke, dass beides richtig ist: Es gibt sowohl Unterschiede als auch Vergleichbares. Natürlich ist es nicht dasselbe, ob ich eine Werkzeugmaschine verkaufe oder Schrauben und Nägel, ob ich einen Messestand verkaufe oder eine Messebeteiligung. Unterschiedliche Produkte und Dienstleistungen haben unterschiedliche Kunden und erfordern jeweils eigene Entscheidungswege.

Nichtsdestotrotz sind alle Unternehmen und Verkäufer in vier Bereichen grundsätzlich vergleichbar: Was unternehmen sie und wann tun sie etwas, um neue Kunden anzusprechen? Wie sorgfältig gehen sie mit einer eingehenden Kundenanfrage um, wie kunden- und verkaufsorientiert sind die Angebote gestaltet? Und wie fähig sind die Verkäufer, aus Angeboten Aufträge zu generieren?

Die bestehenden Branchenunterschiede muss man gleichwohl bei der Einführung von TQS im Unternehmen entsprechend berücksichtigen. Deshalb verkaufen wir nicht nur Bücher, sondern helfen Unternehmen bei der Einführung von TQS durch klare Analysen, präzise Prozessbeschreibungen sowie Seminare und Coachings. Grundsätzlich können wir feststellen, dass alle Unternehmen, die TQS zur Basis des eigenen Vertriebsprozesses gemacht haben, sich branchenüberdurchschnittlich entwickeln.

In den Kapiteln 1 bis 5 des Buches finden Sie eine klare, vertriebstechnische Beschreibung der TQS-Module:

• Akquisitionsmanagement
• Anfragemanagement
• Angebotsgestaltung
• Angebotsverfolgungsmanagement
• Preisverhandlungsstrategie

Die Kapitel 6 bis 8 zeigen Ihnen die Chancen und Möglichkeiten zur Optimierung Ihres Vertriebsprozesses auf, die TQS Ihnen bietet, und stellen Ihnen die bewährten TQS-Instrumente im Einzelnen vor.

TQS in der Praxis

In Kapitel 9 lesen Sie schließlich die TQS-Erfolgsbeispiele. Unser langjähriger Partner und Experte für hocheffektive Presse- und Öffentlichkeitsarbeit, Christian Mannigel, hat spannende Interviews mit Geschäftsführern, Vertriebsleitern, Vertriebsmitarbeitern und Kunden geführt und Berichte über Unternehmen der verschiedensten Branchen geschrieben, die sich mithilfe von TQS branchenüberdurchschnittlich entwickeln. So erhalten Sie wertvolle Beispiele aus der Praxis, die Ihnen zeigen, wie Sie Ihr Unternehmen vertrieblich weiterentwickeln und einen echten Wettbewerbsvorteil generieren können.

Die Inhalte dieses Buches bauen aufeinander auf, daher empfehle ich Ihnen, es vom Anfang bis zum Ende sorgfältig durchzulesen und vor allem die aufgezeigten Praxisaufgaben zu erfüllen. So können Sie TQS Schritt für Schritt in Ihren eigenen Vertriebsprozess integrieren.

Das Buch wendet sich selbstverständlich nicht nur an Verkäufer, sondern auch an Verkäuferinnen. Der Einfachheit halber wird im Folgenden nur die männliche Form verwendet, wie sie die deutsche Sprache vielfach vorgibt.

CD zum Buch Als Beigabe zu diesem Buch erhalten Sie eine CD mit hilfreichen *TQS-SalesTools*. Diese Checklisten, Programme und Leitfäden sind im Rahmen einer Vielzahl von Vertriebsoptimierungsprojekten entstanden und stellen einen echten Schatz für professionelle Verkäufer dar. Sie werden Ihnen dabei helfen, die TQS-Methodik schnell und gewinnbringend in die Praxis umzusetzen.

Sie finden unter *www.deutschevertriebsberatung.de* weitere Informationen. Hier können Sie auch einen interessanten Newsletter zum Thema Vertrieb, die *TQS-Vertriebsimpulse*, bestellen, der Sie über interessante Vertriebsneuigkeiten informiert.

Ich wünsche Ihnen eine spannende Lektüre und viel Erfolg bei der Umsetzung!

Ihr Ulrich Dietze

1. TQS – Akquisitionsmanagement

Direkte und indirekte Akquisition

Viele Unternehmen und Verkäufer kümmern sich erst dann intensiv um neue Kunden, wenn der Umsatzeinbruch bereits da ist. Diese Tatsache ist so alt wie der Verkauf selbst, und natürlich ist sie auch nicht ganz gerecht. Wenn man den Tisch voller Anfragen hat, ist es natürlich unklug, diese zu vernachlässigen und stattdessen neue potenzielle Kunden anzugehen.

Dennoch unterscheiden sich besonders erfolgreiche Unternehmen und Verkäufer auch dadurch vom Branchendurchschnitt, dass sie auch in Zeiten einer stabilen Anfragesituation regelmäßig neue Kontakte schaffen. Und da ist es besser, einen wirklich guten Kontakt pro Woche zu knüpfen, als zu hoffen, dass man irgendwann mal eine Woche Zeit hat, um 100 neue Kunden anzusprechen, die dann sowieso nicht vernünftig nachbearbeitet werden können.

Regelmäßig neue Kontakte

Professionelle Akquisition braucht immer auch zeitlichen Vorlauf. Deshalb akquirieren erfolgreiche Verkäufer regelmäßig: direkt und indirekt.

Wir unterscheiden im TQS zwischen direkter und indirekter Akquisition. Was ist der Unterschied? Bei der direkten Akquisition geht der Verkäufer aktiv auf seinen potenziellen Kunden zu. Beispiele dafür sind:

- Mailings
- Telefonakquisition
- Kaltbesuche
- Empfehlungsansprache

Bei der indirekten Akquisition macht der Verkäufer es seinem Kunden leichter, ihn zu finden, wenn der Kunde selbst Bedarf hat, aber den Verkäufer nicht kennt. Beispiele für indirekte Akquisition sind:

- Internetakquise (z. B. *Google AdWords*)
- Vortragsmarketing
- Virales Marketing

Das Problem bei der Akquise

Das Problem ist, dass der Kunde in fast jedem Segment heute total überlastet ist: Morgens hat er ein Kilogramm Werbung in der Post, tagsüber bekommt er 100 Werbemails, und durchschnittlich versuchen 8 Verkäufer pro Tag, ihn telefonisch zu erreichen. Und wenn abends das Telefon klingelt, dann war es früher die Oma, heute ist es jedoch ein Lottoanbieter oder ein Kochbuchvertrieb …

Neulich wurde ich am Wochenende überschwänglich am Telefon begrüßt:»*Schön, dass Sie da sind! Wir haben tolle Neuigkeiten für Sie! Das Möbelhaus Tisch und Stuhl feiert sein 10-jähriges Jubiläum! Da gibt es tolle Sonderaktionen und Preise zu gewinnen!*«

Ich merkte tatsächlich erst nach 20 Sekunden, dass die Stimme vom Band kam. So weit sind wir also schon im Verkauf: Wir rufen nicht mehr selbst an, sondern arbeiten mit Anrufrobotern. Wozu führt diese Überflutung bei uns allen, zumindest ein Stück weit?

Wir verschließen uns immer mehr gegenüber herkömmlicher Werbung und normalen Vertriebsansätzen. Einige Kunden haben eine richtige Mauer um sich herum gebaut und kapseln sich regelrecht ab.

Das bedeutet aber im Umkehrschluss auch, dass jede Akquiseme-thode, die es schafft, diese Mauer zu durchzudringen, überdurch-schnittlich hohe Erfolgsaussichten hat. Eine wirklich außerge-wöhnliche Akquisitionsmethode werde ich Ihnen jetzt vorstellen.

Medienmarketing

Einer meiner Lieblingszeitpunkte für die Neukundengewinnung ist der Sonntagmorgen nach dem Frühstück beim Zeitunglesen. Studiert man nicht nur den Sportteil aufmerksam, sondern auch den Wirtschaftsteil, so stößt man auf interessante Artikel, die sich vortrefflich zur Akquisition nutzen lassen. Schauen Sie sich die folgenden Beispiele an. Es sind Zeitungsauszüge über verschie-dene Unternehmer und Unternehmen.

Interessante Zeitungsartikel

- Unter der Überschrift »*In Saudi-Arabien begann der Aufstieg in die Weltelite*« berichtete die *Welt am Sonntag:* »*... Auf der Suche nach nicht brennbaren Gewebearten für Überdachungen gründete Brueck mit einem kuwaitischen Partner im Jahr 2001 die Firma Polymade – Innovative Technische Textilien GmbH in Bergheim. Mit dem Projekt ›Flughafen Bangkok‹ gelang dem Unternehmen vor drei Jahren der internationale Durch-bruch ...*« *(www.wams.de, 03.09.2006).*
- Unter der Headline »*Kulinarische Sternstunden auf Schloss Bensberg*« war zu lesen: »*... beim ›Festival der Meisterköche‹ will Hotelier Thomas H. Althoff einmal mehr beweisen, dass viele Köche auf einen Schlag nicht den Brei verderben, sondern ein kulinarisches Erlebnis der Extra-Klasse verheißen. Die Althoff-Hotel-Gruppe, deren Markenzeichen Gourmet-Gastronomie ist, lädt ein zu ungewöhnlichen Sternstunden ...*« *(www.wams.de, 24.09.2006).*
- Die *FAZ Sonntagszeitung* berichtete am 3. September 2006 über »*Die Kölner Pillenkontrolleure*«: »*Ein kleines Institut unter-sucht, ob Arzneien ihren Preis wert sind. Die Pharmaindustrie ist nicht erfreut. Ökonomen fürchten ein Stück Staatsmedizin ... Peter Sawicki spricht langsam, doch was er sagt, ist so etwas wie Klartext*

im deutschen Gesundheitsblabla. Sawicki findet, dass die Pharmakonzerne viel zu hohe Preise für neue Medikamente nehmen, die den Patienten wenig oder keinen zusätzlichen Nutzen bringen ...«

Wunschkunden Haben Sie schon mal einen Artikel über ein Unternehmen in der Zeitung gesehen, bei dem Sie spontan gedacht haben: *»Diese Firma müsste man mal ansprechen, das wäre ein echter Wunschkunde!«*?

Interessanterweise kommen auf den nächsten logischen Schritt von 100 Verkäufern im Moment nur 0,7. Was wäre denn der nächste logische Schritt, wenn Sie einen Artikel über einen potenziellen Kunden in den Medien finden? Was könnte TQS-Medienmarketing bedeuten? Richtig: den Artikel nutzen, um bezogen darauf Kontakt aufzunehmen, z. B. per Brief.

Deutsche Vertriebsberatung GmbH

Ihr Artikel in der *WamS* am ...

Sehr geehrter Herr ...,

den beiliegenden Artikel habe ich gestern in der *WamS* entdeckt.

Besonders interessant finde ich Ihren Ansatz in Bezug auf ...

Wir haben speziell für mittelständische Unternehmen ein Konzept entwickelt, das zu einer schnellen Verbesserung der Umsatz- und Gewinnsituation führt.

Damit Sie sich ein genaues Bild von den Vorteilen für Ihr Unternehmen machen können, lade ich Sie hiermit herzlich zu einer kostenfreien Informationsveranstaltung am ... ein.

Für Fragen stehe ich gern unter: 0123-01 23 45 zu Ihrer Verfügung.

Beste Grüße und bis bald

Deutsche Vertriebsberatung GmbH

Ulrich Dietze

Und wie sieht das Ergebnis aus, wenn ich mich danach telefonisch mit dem Kunden in Verbindung setze? Je nach Branche kommt es in 50 bis 100 Prozent der Fälle zu einem wirklich qualifizierten Termin.

Warum funktioniert Medienmarketing so ausgezeichnet? Wenn wir in alten Unterlagen stöbern und uns dabei ein Klassenfoto von früher in die Hände fällt, wonach schauen wir im Regelfall zuerst? Alte Liebschaften mal ausgenommen, schauen wir zuerst nach uns selbst.

Warum es funktioniert

TQS-Medienmarketing, der gezielte Einsatz von Medienberichten, um mit einem potenziellen Kunden Kontakt aufzunehmen, ist eine der sympathischsten Akquisemethoden überhaupt und funktioniert in jeder Branche, deren Kunden personifizierbar sind.

Befürchten Sie nicht, dass der Kunde, der in dem Artikel erwähnt wird, einen Tag später den Schreibtisch voller Briefe hat und dass Ihr Schreiben untergeht. Diese Methode ist völlig unbelastet. Viele Verkäufer lesen zwar den Artikel, erkennen durchaus die sich bietende Chance und ... werden dann doch nicht aktiv. Ein Beispiel: Vor einiger Zeit erschien ein ganzseitiger Presseartikel über TQS und Ulrich Dietze in der FAZ. Im Artikel selbst spreche ich darüber, was Verkaufen für mich bedeutet. Das war eine echte Steilvorlage für jeden Verkäufer, der etwas zu verkaufen hat, was Menschen wie ich gebrauchen könnten. Diese Zeitung hat eine Auflage von ca. 400 000 Exemplaren. Was meinen Sie, wie viele Verkäufer die Chance wahrgenommen haben, mich auf diesen Artikel hin anzusprechen? Es war genau ein Verkäufer. Der Bankettleiter eines Hotels rief mich an und gratulierte mir zum Artikel. Warum werden so wenige Verkäufer aktiv? Weil Medienmarketing bedeutet, dass ich mich mit dem Kunden wirklich auseinandersetzen muss, und das erfordert erst einmal Zeit und Aufmerksamkeit.

Angehörige des Berufsstandes der Steuerberater dürfen nicht direkt akquirieren. Aber unter Bezug auf einen Artikel Einladungen

Beispiel Steuerberater

zu Mandantenveranstaltungen auszusprechen funktioniert ganz ausgezeichnet.

Beispiel Hotel Viele Hotels wünschen sich mehr Nachfrage im Bankettbereich. Mit Medienmarketing können potenzielle Kunden auf eine ungewöhnliche Art und Weise angesprochen werden.

Hotel Tagungsprofi

Ihr Artikel im *Handelsblatt* am ...

Sehr geehrte Frau ...,

den beiliegenden Artikel habe ich gestern im *Handelsblatt* entdeckt.

Besonders interessant finde ich Ihren Ansatz in Bezug auf ...

Wie finden Sie die Idee, Ihre nächste Firmenveranstaltung bei uns durchzuführen?

Ich bin sicher, dass Sie sich bei uns sehr wohlfühlen werden.

Damit Sie sich ein Bild von der Qualität unseres Hauses machen können, lade ich Sie herzlich zur kostenfreien Weinprobe / zum kostenfreien Abendessen für zwei Personen ein.

Für Fragen stehe ich gern unter 0123 – 01 23 45 zu Ihrer Verfügung.

Beste Grüße und vielleicht bis bald

Hotel Tagungsprofi

Beispiel Versicherung Auch in der Versicherungsbranche eignet sich Medienmarketing ganz hervorragend zur Kontaktaufnahme auf hohem Niveau. Ein Schreiben kann z. B. auf ein Konzept zur Prämienreduzierung neugierig machen und ein entsprechendes Telefonat ankündigen.

Beispiel Personaldienstleistung Die Personaldienstleistungsbranche ist bereits sehr aktiv in der Akquisition. Mit Medienmarketing lassen sich auch hier die Ergebnisse weiter verbessern.

> *Zeitarbeit Fleißig GmbH*
>
> Ihr Artikel in der *FAZ* am ...
>
> Sehr geehrte Frau ...,
>
> den beiliegenden Artikel habe ich gestern in der *FAZ* entdeckt.
>
> Besonders interessant finde ich Ihren Ansatz in Bezug auf ...
>
> Wir haben speziell für ... ein Konzept entwickelt, das zu einer interessanten Reduzierung der Personalkosten im Bereich ... führen kann.
>
> Oder:
>
> Wir haben speziell für ... ein Konzept entwickelt, um Stellenabbaumaßnahmen sozial verträglicher und kostengünstiger zu gestalten.
>
> Diesbezüglich werde ich mich ... mit Ihnen in Verbindung setzen.
>
> Für Fragen stehe ich gern unter: 0123-01 23 45 zu Ihrer Verfügung.
>
> Beste Grüße und bis bald
>
> *Zeitarbeit Fleißig*

Beispiel Sparkasse

Sparkassen lassen sich via Medienmarketing z. B. für ein Konzept zur Reduzierung von Finanzierungskosten in bestimmten Bereichen gewinnen – usw. Die Beispiele können in ähnlicher Form auf praktisch jede Branche übertragen werden.

Dabei reicht es natürlich nicht aus zu schreiben: *»Den Artikel habe ich gelesen, wollen Sie unser Produkt / unsere Dienstleistung kaufen?«*

Bei der Formulierung eines ansprechenden Briefes kommt es vor allem auf den wirklich präzisen Bezug auf den Zeitungsartikel an.

Manchmal sind die ersten Schritte etwas holprig, was die genauen Formulierungen anbelangt. Aber Sie werden sehen, dass der Zeitaufwand immer mehr abnimmt, da Sie im Laufe der Zeit auf einen immer größeren Fundus von Beispielen zurückgreifen können. Beharrlichkeit und Ausdauer zahlen sich hier besonders stark aus.

Wenn Sie den Bezug zum Artikel sorgfältig entwickeln, können Sie sich den Part über Ihr Angebot fast sparen. Es gibt in meiner Praxis einige Beispiele dafür, dass Kunden sich – nach richtiger Formulierung des Briefes – von ganz allein beim Verkäufer gemeldet haben. Einige Verkäufer berichteten mir sogar darüber, dass der potenzielle Kunde direkt versucht habe, den Verkäufer abzuwerben. Frei nach dem Motto: *»Wie froh wäre ich, wenn ich Verkäufer wie Sie hätte!«*

Vielfältige Möglichkeiten

Die Möglichkeiten, die TQS-Medienmarketing bietet, sind nahezu unbegrenzt: Ob Sie im Brief einen konkreten Vorschlag unterbreiten oder nur auf den Artikel Bezug nehmen, um ein positives Ausrufezeichen zu setzen, bleibt Ihnen überlassen. Es hängt auch davon ab, ob Ihre Leistungen zu dem im Artikel dargestellten Sachverhalt passen. Wenn Sie beispielsweise einen Artikel über ein Firmenjubiläum finden, ist es besser, nur zu gratulieren. Geht es in dem Artikel um ein konkretes Problem, das Sie lösen können, dann bieten Sie es an.

Welche Zeitungen sich besonders eignen

Es kommt bei der Auswahl der Medien in erster Linie auf Ihre Branche und die Ihrer Kunden an. Je branchenübergreifender sich Ihre Leistung anbieten lässt, umso allgemeiner kann das gewählte Medium sein. Je spezieller Ihre Zielgruppe, umso mehr sind Fachzeitschriften vorzuziehen.

Grundsätzlich eignen sich:

- Sonntagszeitungen
- Fachzeitschriften
- Regionale Tageszeitungen
- Überregionale Tageszeitungen

Welche Artikel sich besonders eignen

Artikel, in denen über Umsatzsteigerung, neue Produkte, neue Märkte, Auszeichnungen oder Jubiläen eines Unternehmens berichtet werden, sind bestens geeignet. Senden Sie einfach Ihre ehrlich gemeinten Glückwünsche, denn fast jeder freut sich, wenn er für gute Leistungen Anerkennung erhält.

Positive Berichte über potenzielle Kunden

Wenn man es versteht, einen negativen Sachverhalt – z. B. Stellenabbau – in einen positiven Ansatz zu bringen, kann man sogar mithilfe eines negativen Berichtes einen intensiveren Kontakt bekommen als mit einem positiven Artikel. Zeigen Sie hier, wenn möglich, ehrliches Mitgefühl oder Verständnis für harte Einschnitte.

Negative Berichte über potenzielle Kunden

Gerade Interviews bieten eine gute Gelegenheit, die Sichtweisen eines potenziellen Kunden näher kennenzulernen. Nehmen Sie teil am Thema und äußern Sie Ihre Meinung zum Gesagten.

Interviews mit potenziellen Kunden

Wenn Sie einen interessanten Fachartikel für einen potenziellen Kunden entdecken, können Sie diesen ebenfalls zur Kontaktaufnahme nutzen. Ich akquirierte vor einiger Zeit einen Papiergroßhändler. In einer Ausgabe des *Focus* fand ich einen Artikel mit der Überschrift: *»Gute Nachrichten für die Papierbranche – Die Papierpreise steigen wieder!«*

Fachartikel für die Zielgruppe

Diesen Artikel habe ich mit folgendem Kurztext an meinen potenziellen Kunden verschickt: *»Guten Tag, Herr ..., den beiliegenden Artikel habe ich im Focus gefunden. Schön, dass es auch ab und zu gute Nachrichten gibt. Ich freue mich auf unser Gespräch nächste Woche ...«*

Eine Woche später hatte ich den Auftrag. Nur wegen des Artikels? Sicher nicht, aber er hat ganz sicher dazu beigetragen, weil der Kunde das Interesse des Verkäufers wahrgenommen hat.

Für welche Einsatzgebiete sich Medienmarketing eignet

- *Neukundengewinnung:* Medienmarketing ist ein äußerst wirksames Werkzeug zur Vorbereitung eines telefonischen Erstkontaktes. Ich habe aus praktisch allen Branchen Beispiele dafür, dass Kunden den Anruf des Verkäufers regelrecht erwarteten.
- *Bestandskunden:* Medienmarketing eignet sich auch ganz hervorragend zur Kundenpflege. Ein für den Kunden interessanter Artikel oder Bericht zeigt ganz deutlich das Interesse des Verkäufers an seinem Kunden.
- *Gewinnung von Kooperationspartnern:* Auch in diesem Feld kann der Verkäufer sein Interesse mit Medienmarketing unter Beweis stellen und Türen öffnen, die mit normalen Anspracheversuchen möglicherweise verschlossen bleiben.
- *Kontaktpflege in die Politik:* Natürlich ist es richtig, als Unternehmen Anteil zu nehmen am politischen Leben, regional und überregional. Der neue Oberbürgermeister freut sich genauso wie der neue Ministerpräsident über Glückwünsche, und wer weiß schon, bei welcher Gelegenheit man sich zum ersten Mal trifft oder sich wieder begegnet.

Verkäufer schreibt an Vorstand

Eine häufig gestellte Frage von Teilnehmern meiner Vorträge lautet: *»Macht es Sinn, als ›einfacher Verkäufer‹ an den Vorstand einer Firma zu schreiben?«* Meine Antwort lautet ganz klar: Ja, es macht Sinn!

Medienmarketing kann zwar auch als übergeordnete Marketingmaßnahme durchgeführt werden, gerade was die Kontaktpflege in die Politik oder die Großindustrie anbelangt. Unabhängig davon kann aber jeder Verkäufer an jeden potenziellen Kunden herangehen, über den berichtet wird. Ich habe viele Beispiele aus den verschiedensten Branchen, wo Verkäufer an einen Vorstand geschrieben und diesen telefonisch nie erreicht haben, aber unerwartet lag oft Wochen, manchmal auch Monate später eine wohlwollende Anfrage aus der Einkaufsabteilung der angesprochenen Firma vor. Das ist Top-down-Akquisition auf allerhöchstem Niveau.

Ob man einen Brief, eine Mail oder ein Fax als Versandform **Versandform** wählt, ist im Wesentlichen eine Frage des eigenen Geschmacks. Bedenken Sie jedoch, dass Erstansprachen per Mail im Regelfall weniger erfolgreich sind, als wenn der erste Kontakt per Post oder Fax entsteht. Ich persönlich favorisiere einen ordentlichen Brief, auf vernünftigem Briefpapier, mit blauer Füllertinte unterschrieben. Ob ich den jeweiligen Artikel ausschneide, im Original oder in Kopie meinem Brief beilege oder den Brief allein verschicke, entscheide ich von Fall zu Fall.

> **Eines sollten Sie in keinem Fall tun: Legen Sie Ihrem Brief niemals Prospekte oder sonstige Angebote bei.**
> **Denn der sympathische Ansatz des Medienmarketings würde dadurch verwässert werden.**

Ein sparsamer Satz zu dem, was Sie tun, reicht völlig aus. In einigen Fällen ist es besser, überhaupt nichts zur eigenen Firma zu sagen.

Einer meiner Seminarteilnehmer fragte mich: *»Ich habe einen Wunschkunden, an den ich schon lange mal herangehen wollte. Heißt das jetzt, dass ich mit der Kontaktaufnahme so lange warten muss, bis über den was in der Zeitung steht?« »Fast richtig verstanden!«*, antwortete ich. *»Natürlich können Sie auch schon vorher Kontakt aufnehmen.«* Möglicherweise lassen sich Medien gezielt nutzen, um geeignete Informationen zu finden, ohne auf einen Artikel »warten« zu müssen, z. B.:

- Internet – letzte Meldungen auf der Homepage des Kunden
- Radio- und Fernseharchive
- aktuelle Berichte im Fernsehen

Ein schönes Beispiel, wie man ein Radiointerview nutzen kann, ist die folgende Geschichte.

Radiointerview nutzen Vor einiger Zeit war im WDR-Radioprogramm ein Interview mit Claus Hipp (*Hipp* Babynahrung) zu hören. Darin ging es um das Thema Unternehmensethik. Wie trifft man als Unternehmer wichtige Entscheidungen im Kontext ethischer Grundsätze? Dieses Interview hat mir so gut gefallen, dass ich Herrn Hipp den nachfolgenden Brief dazu schrieb.

Deutsche Vertriebsberatung GmbH

WDR-Beitrag am 30. August

Sehr geehrter Herr Dr. Hipp,

mit großem Interesse habe ich das WDR-Interview mit Ihnen im Radio verfolgt.

Besonders bemerkenswert finde ich, wie Sie es schaffen, unternehmerische Entscheidungen im Kontext ethischer Grundsätze zu betrachten und entsprechend zu handeln.

Sie sagten: »Im Nachhinein hat es sich immer als richtig erwiesen, wenn wir unseren Leitlinien treu geblieben sind.«

Ein kluger Mann hat einmal gesagt: Wenn die Wirtschaft nur noch den Profit als einziges Ziel verfolgt, dann wird sie ihre Führungsrolle in der menschlichen Gesellschaft verlieren.

Es ist schön zu sehen, dass es Wirtschaftsführer gibt, für die der Mensch im Vordergrund steht.

Beste Grüße nach Pfaffenhofen

Deutsche Vertriebsberatung GmbH

Ulrich Dietze

Sich für das Umfeld des Kunden interessieren Ein paar Tage später bekam ich tatsächlich Antwort von Herrn Hipp. Nur ein Dreizeiler, in dem er sich für meinen Brief bedankt, aber immerhin. Das ist sicher noch keine endgültige Kundengewinnung, aber es ist die Vorbereitung einer Akquisition auf allerhöchstem Niveau!

In meinen Seminaren zeige ich viele konkrete Beispiele von prominenten Kunden, die auf meine Briefe und auf die unserer Kunden geantwortet haben. Eine Frage, die dabei immer wieder gestellt wird, ist die nach der Rückantwortquote. Also: Wie viele Kunden antworten tatsächlich? Das ist von verschiedenen Faktoren abhängig: der Artikelqualität, der Form und dem Inhalt des Schreibens sowie der Branche, in der Sie und der Kunde tätig sind. Allerdings ist die direkte Antwort des Kunden erst das dritte Ziel im Medienmarketing. Das erste Ziel ist die Schärfung der eigenen Wahrnehmung. Sie werden sehen, wenn Sie sich mit diesem Thema eine Zeit lang beschäftigen, bieten sich Ihnen viele Chancen, die Sie früher übersehen haben. Das zweite Ziel besteht darin, die telefonische Erstansprache professionell vorzubereiten. Natürlich kann man einen potenziellen Firmenkunden auch ohne vorherige Medienmarketingaktion ansprechen. Wenn Sie allerdings im Vorfeld einen richtig guten Brief geschrieben haben, werden Ihre Chancen ungleich höher sein, an bestimmte Positionsinhaber überhaupt heranzukommen. Mehr noch, Sie werden sogar richtig Lust darauf haben, anzurufen, um herauszufinden, wie Ihr Brief angekommen ist.

Rückantwortquote

Medienmarketing ist eine wunderbare Methode, das Notwendige mit dem Nützlichen zu verbinden. Gerade wenn Sie als Verkäufer erfolgreich sein wollen, sollten Sie sich für das politische und wirtschaftliche Umfeld und die Branchen Ihrer Kunden im Besonderen interessieren: Die Zeitung lesen, Medien verfolgen, sich auf dem Laufenden halten und gleichzeitig neue Kontakte schaffen und alte Verbindungen festigen – darum geht es. Medienmarketing bedeutet nicht, jeden Tag 10 Kilogramm Zeitungen durchzuarbeiten und zu hoffen, dass ein brauchbarer Artikel dabei ist.

Sich für das Umfeld des Kunden interessieren

1. Überlegen Sie, in welchen Medien über Ihre Kunden berichtet wird oder in welchen Medien Fachartikel zu finden sind, die für Ihre Kunden interessant sein könnten.

Praxisaufgaben

2. Besorgen Sie Musterexemplare und finden Sie geeignete Artikel.
3. Schreiben Sie, je nach Anzahl der verfügbaren Artikel, einen oder mehrere Briefe. Orientieren Sie sich dabei an den in diesem Kapitel aufgezeigten Beispielen.
4. Rufen Sie den Kunden innerhalb einer Woche an und sprechen Sie mit Ihm zuerst über den Artikel, bevor Sie Ihr Anliegen vorbringen. Lesen Sie sich dazu unbedingt vorab das folgende Kapitel »Telefonmarketing« durch.

Eine wichtige Bitte habe ich an Sie: Informieren Sie uns über Ihre Ergebnisse! Unter *info@deutschevertriebsberatung.de* können Sie uns erreichen, Ihre Fragen stellen und auch von erzielten Erfolgen berichten.

Telefonmarketing

Die Wunschkundenliste

Medienmarketing ist eine sehr elegante Methode, um Kontakte auf hohem Niveau zu schaffen und zu pflegen. Allerdings werden Sie, gerade am Anfang, mit Medienmarketing allein wahrscheinlich nicht auf die notwendige Schlagzahl kommen, um den Akquisezug richtig in Fahrt zu bringen.

Der Königsweg zum schnellen und qualifizierten Termin ist für mich nach wie vor die telefonische Kaltakquise. Wer es beherrscht, kalt zu einem Entscheider durchzudringen und einen Termin zu bekommen oder ein anderes vertriebliches Ziel durchzusetzen, wird meiner Meinung nach im Vertrieb immer sehr gutes Geld verdienen können.

Aquiseerfolg am Telefon erhöhen

In diesem Kapitel erfahren Sie, wie Sie mithilfe von TQS Ihre Akquiseerfolge per Telefon erhöhen. Bitte beachten Sie, dass nach aktueller Rechtsprechung Privatkunden nur nach vorheriger schriftlicher Einständniserklärung angerufen werden dürfen. Firmenkunden dürfen kontaktiert werden, wenn ein grundsätzliches Interesse an der angebotenen Leistung zu erwarten ist.

Der erste Tipp, den ich Ihnen geben möchte, ist ein ganz einfacher, aber wichtiger: Legen Sie sich eine Wunschkundenliste
mit den Kunden / Unternehmen an, die Sie ansprechen wollen,
denn es ist ein großer Unterschied, ob ich mir nur vornehme,
neue Kunden anzusprechen, oder ob ich meine Wunschkunden
permanent vor Augen habe.

Auch für Führungskräfte im Vertrieb ist die Wunschkundenliste
ein wichtiges Steuerungsinstrument. Wenn als Ziel für das nächste Jahr ein Neukundenzuwachs von 15 Prozent vereinbart, diese
Zahl aber nicht mit Kunden untermauert wird, mit denen man
dieses Ergebnis erreichen will, ist es in der Regel zu abstrakt, um
wirklich konkret angegangen zu werden.

**Unter Wunschkunden verstehen wir im TQS alle Kunden,
die Sie gern neu gewinnen möchten. Das können Unternehmen sein, die Sie schon immer mal kontaktieren
wollten, aber auch solche, zu denen Sie bereits Kontakt
hatten, die zurzeit jedoch inaktiv sind.**

Bitte öffnen Sie jetzt die *TQS-SalesTools* auf der beigefügten CD und sehen Sie
sich im Ordner »Akquisetools« den *TQS-Explorer* an. Dieses excelbasierte Tool
ist ein wunderbares Werkzeug, um die Neukundenansprache und die Bestands-
kundenpflege perfekt zu planen und auch zu kontrollieren.

Mittels Eingabemaske können Wunschkunden, Interessenten, Bestands- und
Potenzialkunden erfasst, konkrete Aktivitäten geplant und Umsatzwahrscheinlichkeiten definiert werden. Je nach Status, den Sie vergeben, werden die
einzelnen Vorgänge verschiedenfarbig unterlegt, dadurch wird das Dokument
besonders übersichtlich. Alle Adressdatensätze können zur weiteren Bearbeitung bequem in Outlook importiert werden. Eine Grafik, einem Verkaufstrichter
ähnlich, zeigt übersichtlich alle Möglichkeiten und Potenziale in Bezug auf
Neukundenvolumen, Prozessphase und Gewinnungswahrscheinlichkeit auf.

Der *TQS-Explorer* ersetzt kein CRM-Programm, stellt aber vertriebliche Prozesse
besser dar als viele teurere Programme. Gleichzeitig bereitet er die Mitarbeiter
auf die Einführung eines CRM-Programms vor, da auch der *TQS-Explorer* nur
dann einen Mehrwert bietet, wenn er sorgfältig gepflegt wird.

Ich schenke Ihnen dieses Tool. Sie dürfen es auch gern an Vertriebskollegen des eigenen Unternehmens oder anderer Firmen weitergeben.

Kundenakten Für wirkliche Schlüsselkunden sollten Sie auch eine eigene »Akte« anlegen, in der Sie Informationen über den Kunden bzw. für den Kunden sammeln. Hier fließt auch das Thema Medienmarketing mit ein und natürlich jede weitere Form der Recherche über das Zielunternehmen, wie zum Beispiel Internet, Homepage des Unternehmens etc.

Alles, was dabei hilft, den ersten Kontakt mit der Zielperson erfolgreich zu gestalten, sollten Sie sammeln und verwerten.

Als qualifizierter Verkäufer gehört die regelmäßige Arbeit an der Wunschkundenliste zu den elementaren Bestandteilen des Erfolgs. Die Liste muss Teil der eigenen Zielplanung sein.

Praxisaufgaben 1. Laden Sie den *TQS-Explorer* von der CD auf Ihren Computer. (Systemvoraussetzung: Microsoft Office 2003)
2. Erfassen Sie Ihre Wunsch-, Bestands- und Potenzialkunden.
3. Planen Sie Ihre konkreten Aktivitäten bezogen auf die eingetragenen Kontakte.

Informieren Sie uns bitte über Ihre Meinung zum *TQS-Explorer*. Wie bewährt er sich im Praxiseinsatz, und gibt es Verbesserungsvorschläge Ihrerseits? *info@deutschevertriebsberatung.de*

Das Recherchegespräch

Kennen Sie das Gefühl, morgens wach zu werden und zu denken: *»Heute habe ich endlich wieder einmal richtig Zeit für Akquisition, ich werde zum Telefonhörer greifen und viele potenzielle Kunden anrufen!«*

Die Inquisition Jetzt würde ich gern Ihren Gesichtsausdruck sehen. Das Wort »Kaltakquisition« hat für viele Verkäufer den gleichen Klang wie das Wort »Inquisition«.

Es gibt Untersuchungen, die belegen, dass je nach Branche bis zu 80 Prozent aller Unternehmen und Verkäufer scheitern bzw. nicht die Ergebnisse erzielen, die möglich wären, weil ihre Anzahl der Erstkontakte bzw. Termine zu gering ist.

Dabei hat Telefonakquisition nichts, aber auch wirklich gar nichts damit zu tun, Klinken zu putzen oder irgendjemandem immer wieder auf die Nerven zu gehen, um ihm etwas zu verkaufen, das dieser nicht will.

Warum wird Akquisition eigentlich so häufig vernachlässigt? Wenn man Verkäufer auf die Gründe anspricht, kommt sehr häufig die Antwort: »*Keine Zeit – ich muss mich um meine bestehenden Kunden kümmern*«.

Doch der vorgeschobene Grund ist nicht die Hauptursache für die Vernachlässigung der Akquisition. Die wirklichen Gründe sind:

Vorgeschobene und wirkliche Gründe

1. Unsicherheit im Akquisegespräch
2. Angst vor Ablehnung oder Misserfolg
3. Das Gefühl, sich anbiedern zu müssen

Kommt es zu Frustration in der Akquisition, weil man mit einem Entscheider ein qualifiziertes Telefonat führt, in dem ganz klar wird, dass ein Termin im Moment einfach keinen Sinn macht, da dieser Kunde definitiv keinen Bedarf hat? Nein! Das, was viele Verkäufer tatsächlich frustriert, sind die Gespräche *auf dem Weg zum* Entscheider.

Typisches Beispiel: Der Verkäufer ruft zum ersten Mal in einer Firma an:

Zentrale: »*Firma ABC, mein Name ist …, guten Tag!*«
Verkäufer: »*Schönen guten Tag, Frau …, mein Name ist …, wer ist bei Ihnen denn zuständig für …?*«
Zentrale: »*Einen Moment bitte, ich verbinde!*«

Mitarbeiter: »*Guten Tag, mein Name ist Schröder!*«
Verkäufer: »*Schönen guten Tag, Herr Schröder, mein Name ist ...,*
ich habe einen interessanten Vorschlag. Wir können / wollen /
haben ...!«
Mitarbeiter: »*Vielen Dank, aber da sind wir bereits bestens bedient!*«
Verkäufer: »*Was halten Sie von der Idee, wenn wir probeweise mal ...!*«
Mitarbeiter: »*Wie gesagt, wir sind da in den besten Händen und Sie*
sind schon der Zehnte, der heute deswegen anruft. Sie können uns
ja mal Unterlagen schicken, wir melden uns bei Interesse!« – legt
auf.

Das sind genau die Telefonate, die viele Verkäufer frustrieren. Wer
zum Teufel ist Herr Schröder, hat er was zu sagen, welche Position
hat er?! Keine Ahnung.

**Viele Verkäufer kommen an die wirklichen Entscheider
gar nicht heran, sondern werden vorher abgeblockt.**

**Recherche-
gespräche von
Zielgesprächen
trennen**

Daher trennen wir im TQS konsequent in der B2B-Akquisition
die Recherchegespräche (die Verantwortlichen herausfinden) von
den Zielgesprächen (mit dem Verantwortlichen einen Termin ausmachen oder sonstige Vertriebsziele umsetzen).

Wann immer Sie nur eine Firma und eine Telefonnummer verfügbar haben, führen Sie zuerst ein Recherchegespräch nach folgendem Muster:

Zentrale: »*Firma ABC, Müller, guten Tag!*«
Verkäufer: »*Guten Tag, Frau Müller, Beispiel KG, mein Name ist ...!*«

Es ist hilfreich, wenn Sie den Namen verstehen und die Mitarbeiterin an der Zentrale auch mit ihrem Namen ansprechen. Das
erhöht die Bereitschaft, Auskunft zu geben.

Verkäufer: »*Wir aktualisieren gerade unsere Kunden- und Lieferanten-*
datei, ich möchte im Moment nicht verbunden werden. Ich brauche
kurz Ihre Hilfe. Wer ist bei Ihnen verantwortlich für ...?«

Mit der Formulierung »Kunden- und Lieferantendatei« lässt der Verkäufer offen, ob er potenzieller Lieferant oder Kunde ist. Auch das erhöht die Bereitschaft, Auskunft zu geben. Sollte Ihnen das nicht seriös genug erscheinen, verwenden Sie einfach den Begriff »Kunden- und Interessentendatei«.

Die Aufgabe einer Zentrale ist es, richtig und zügig weiterzuverbinden. Die beste Möglichkeit, das zu verhindern, ist ausdrücklich zu sagen, dass Sie *nicht* verbunden werden möchten.

Die meisten Verkäufer fragen: »*Wer ist bei Ihnen zuständig für ...?*« Es gibt einen Unterschied zwischen »zuständig« und »verantwortlich«. Zuständig sind viele, aber Sie sollten an den Verantwortlichen herantreten, denn nur hier bekommen Sie, bis auf Ausnahmen, auch wirkliche Entscheidungen.

Verantwortlich, nicht zuständig

Beispiel: Der Einkäufer ist zuständig, aber der Einkaufsleiter entscheidet über die Aufnahme neuer Produkte und Leistungen. Selbst wenn der Einkaufsleiter es ist, der Sie an den Einkäufer weiterleitet, ist dessen Aufmerksamkeit im Regelfall höher (Top-down-Methode). Das Gleiche gilt für Produktionsleiter und Anwender. Der Anwender hat vielleicht überhaupt keine Lust, ein Produkt zuzulassen, aus welchen Gründen auch immer. Wenn Sie über den Vorgesetzten kommen und bestenfalls einen Termin zu dritt vereinbaren, kann das Ihre Chance verbessern.

Wenn Sie nicht ganz sicher sind, ob der Genannte auch wirklich der Entscheider ist, fragen Sie noch einmal nach.

Verkäufer: »*Welche Position hat Frau ...?*« bzw. »*Sie ist auch verantwortlich für Investitionen in diesem Bereich?!*«

Sie sollten Anwender nicht übergehen, denn natürlich können sie auch wichtige Entscheidungsbeeinflusser sein. Den Auftrag bekommen Sie jedoch vom verantwortlichen Ansprechpartner.

Unternehmen, die ich in Vertriebsfragen betreue und die nach diesem Schema ihre Adressdatenbank aktualisierten, stellten fest, dass in über 60 Prozent der Fälle nicht der Entscheider im Interessentendatensatz vermerkt war, sondern eher der Anwender. Durch die Aktualisierung der Interessentendatei hinsichtlich der Verantwortlichkeiten verbesserten sich auch in vielen Fällen die Ergebnisse von Direktmarketingmaßnahmen, weil eben die richtigen Personen angeschrieben wurden.

Verkäufer: *»Wann ist … im Regelfall am besten erreichbar?«*

Natürlich verstehen nicht alle diese Frage richtig und antworten darauf: *»Von 8.00 bis 16.00 Uhr«*. Manchmal hören Sie aber auch: *»Am besten zwischen 14.30 und 15.00 Uhr!«* oder: *»Bei Herrn … brauchen Sie es nach 14.00 Uhr gar nicht mehr zu versuchen, am besten erreichen Sie ihn gegen 7.30 Uhr.«*

Zeitliche Erreichbarkeit Der Vorteil liegt klar auf der Hand: Wenn Sie eine zeitliche Aussage bekommen, können Sie damit die Erreichbarkeit optimieren. Gleichzeitig haben Sie die Chance, mit Ihrem Anruf einen Zeitpunkt zu treffen, der eben etwas günstiger ist. Das kann einen sehr starken Einfluss auf die Terminquote haben. Es gibt hierbei auch branchen- oder positionsspezifische Besonderheiten. Einen Laborarzt z. B. versucht man im Regelfall nicht vormittags ans Telefon zu bekommen, da man ihn damit bei der sogenannten Tagesroutine (Laboruntersuchung) stört. Hier ist es besser, nach 14.00 Uhr anzurufen. Um diese Zeit würde ich aber nicht unbedingt einen Bäcker anrufen, weil er im Normalfall sein Mittagsschläfchen hält. Und wenn ich Handwerksunternehmen terminieren will, kann es sein, dass ich in der Zeit von 6.00 bis 7.00 Uhr innerhalb von einer Stunde mehr Termine bekomme, als wenn ich 8 Stunden tagsüber versuche, diese Zielgruppe zu erreichen. Eine Führungskraft erreicht man oft noch weit nach 18.00 Uhr und man hat gleichzeitig den Vorteil, dass die Sekretärin bereits zu Hause ist.

Durchwahl Welche Informationen wären noch hilfreich? Die Durchwahl zum Beispiel. Fragen Sie nicht direkt danach, denn auf die Frage *»Welche Durchwahl hat er / sie denn?«* hören Sie in sieben von zehn

Fällen: *»Die darf ich Ihnen nicht geben, versuchen Sie es über die Zentrale!«*

Viel besser funktioniert die folgende Methode: Der Verkäufer unterstellt auf nette Art, dass der Ansprechpartner keine Durchwahl hat:

Verkäufer: *»Eine Durchwahl hat er nicht, oder?«*

Hierauf hören Sie zumeist:

Zentrale: *»Doch, die 22!«*

Und manchmal direkt danach:

Zentrale: *»Ups, die durfte ich Ihnen eigentlich gar nicht geben!«*

Das funktioniert natürlich nicht immer, aber eben in der Mehrzahl der Fälle.

Kritische Situationen im Recherchegespräch

Wenn Sie recherchieren, wird es passieren, dass Sie an der Zentrale folgende Auskunft bekommen:

1. Die Zentrale darf keine Auskunft geben

Zentrale: *»Es tut mir leid, aber wir dürfen Ihnen an der Zentrale keinerlei Auskunft geben. Wenn Sie etwas von unserem Unternehmen möchten, bewerben Sie sich bitte schriftlich!«*

Sie können das akzeptieren und sich schriftlich bewerben, oder Sie rufen noch einmal an, lassen die letzte Null weg und wählen stattdessen irgendeine zweistellige Zahl. Führen Sie einfach mit der Person, die sich jetzt meldet, das Recherchegespräch durch. Wenn es im Unternehmen eine Order gibt, keine Informationen herauszugeben, dann wird das meistens nur an der Zentrale konsequent umgesetzt. Ist das vielleicht unseriös? Schaden wir jemandem? Nein.

2. Die Zentrale will keine Auskunft geben

Etwas anderes ist es, wenn die Zentrale keine Auskunft geben will. Lassen Sie sich nicht auf irgendwelche Diskussionen ein. Das bringt nur Frust. Da Zentralen häufig halbtags besetzt sind, versuchen Sie es einfach später noch einmal oder nach 17.00 Uhr, oder nehmen Sie eine gedachte Durchwahl wie im vorangegangenen Beispiel.

3. Die Zentrale will direkt weiterverbinden

Wenn Sie recherchieren und nach der besten Erreichbarkeit des Verantwortlichen fragen, kann es passieren, dass man Sie direkt weiterverbinden will. Wenn Sie sich fit fühlen für das Zielgespräch, lassen Sie sich verbinden, wenn nicht, reagieren Sie wie folgt:

Zentrale: »*Er ist gerade am Platz, soll ich Sie eben durchstellen!?*«
Verkäufer: »*Das wäre im Moment noch zu früh, da wir noch etwas vorbereiten möchten.*«

4. Die Zentrale will einen Rückruf vereinbaren

Es kann ebenfalls passieren, dass die Zentrale versuchen wird, einen Rückruf zu vereinbaren.

Zentrale: »*Er spricht gerade, geben Sie mir Ihre Telefonnummer, er ruft Sie zurück, sobald er frei ist!*«

Das Problem entsteht nicht dadurch, dass der Kunde nicht anruft. Problematisch kann es werden, wenn er später zurückruft und Sie ihn vielleicht nicht mehr genau einordnen können. Außerdem finde ich es unhöflich, wenn ich als Kunde zurückrufe und erkenne, dass man eigentlich etwas von mir wollte.

Verkäufer: »*Das ist im Moment nicht so günstig. Ich habe direkt im Anschluss einen längeren Telefontermin. Aber eine Bitte habe ich: Legen Sie ihm doch bitte eine Nachricht vor, dass ich angerufen habe und mich später noch einmal melde!*«

Der Vorteil ist, dass der Kunde Ihren Namen schon mal gelesen hat, bevor Sie ihn zum ersten Mal ansprechen. Der Nachteil ist, dass der Kunde sich besser aufs Abblocken konzentrieren kann. Ich denke aber, dass in vielen Fällen der Vorteil überwiegt.

Wenn die Mitarbeiter an der Zentrale sehr unsicher sind, kann es passieren, dass Sie weiterverbunden werden, obwohl Sie darum gebeten haben, eben nicht verbunden zu werden. Führen Sie in diesem Fall einfach mit der Person, die sich jetzt meldet, das Recherchegespräch durch.

5. Die Zentrale verbindet einfach weiter

Ich möchte abschließend noch einmal betonen, wie vorteilhaft es ist, Recherche und Zielgespräch zu trennen, wenn Sie per Telefon akquirieren. Sie werden in der Praxis feststellen, dass die Akquisition dadurch wesentlich erleichtert wird. Die erste Hürde ist geringer, wenn Sie nicht alles auf einmal schaffen müssen. Und Sie kommen im zweiten Gespräch viel besser zur Zielperson durch, wenn Sie den Namen bereits kennen.

Selbstverständlich können Sie das Recherchegespräch auch dann verwenden, wenn Sie Kaltbesuche vornehmen. Am Empfang eines Unternehmens kann ich genauso recherchieren wie an der Telefonzentrale. Dass ab einer gewissen Unternehmensgröße und auch abhängig von der eigenen Branche eine telefonische Terminvereinbarung sinnvoller erscheint, ist selbstverständlich.

1. Entwickeln Sie einen Gesprächsleitfaden für Recherchegespräche.
2. Passen Sie den Gesprächsleitfaden an Ihre Firma und Branche an.
3. Bearbeiten Sie Ihre Wunschkundenliste, führen Sie Recherchegespräche und tragen Sie die ermittelten Ansprechpartner ein.

Praxisaufgaben

Im *TQS-SalesCoach* finden Sie vorbereitete Leitfäden und weitere hilfreiche Tools: *www.deutschevertriebsberatung.de*

Eine wichtige Bitte habe ich an Sie: Informieren Sie uns über Ihre Ergebnisse! Unter *info@deutschevertriebsberatung.de* können Sie uns erreichen, Ihre Fragen stellen und auch von erzielten Erfolgen berichten.

Das Zielgespräch

Wie waren Ihre Erfahrungen bei den ersten Recherchegesprächen? Konnten Sie auch feststellen, dass es viel leichter ist zu akquirieren, wenn man sich nur auf *eine* Sache, die Recherche des verantwortlichen Ansprechpartners, konzentrieren muss?

Bei der Entwicklung des Zielgesprächs, also des Gesprächs, in dem Sie Ihr vertriebliches Ziel (z. B. Besuchstermin) erreichen wollen, ist eine besondere Sorgfalt notwendig.

Erstansprache Gerade das Telefonmarketing hat als Akquisitionsmethode in den letzten Jahren enorm zugenommen, wobei die Qualität leider häufig zu wünschen übrig lässt. Hier ein typisches Beispiel für eine mittelmäßige Erstansprache:

Verkäufer: »*Mein Name ist ... von der Firma ..., guten Tag, Herr ...! Die Firma ... zählt zu den Marktführern in den Bereichen ... Wir haben ein ganz besonderes Angebot für ... Besonders hervorheben möchte ich, dass ... Hätten Sie dafür mal einen Augenblick Zeit?*« Kunde: »*Nein!*«

Übertrieben? Vielleicht ja, aber ähnlich schlecht sind viele Gesprächseinstiege aufgebaut. Die Hauptfehler im vorgenannten Beispiel:

1. Falsche Reihenfolge der Meldung
2. Keine Branchenausrichtung auf den Zielkunden
3. Keine präzise Nutzenformulierung
4. Keine Antwortmöglichkeit, außer auf die letzte Frage
5. Terminfrage als geschlossene Frage formuliert

Sie haben im Regelfall zehn Sekunden Zeit, um einen Funken Interesse zu wecken. Deshalb ist es von entscheidender Bedeutung für Ihren Akquiseerfolg, dass der Kunde sich in Ihrem Gesprächseinstieg wiederfindet.

Mithilfe von TQS haben Sie die Möglichkeit, für jede Branche einen funktionierenden Gesprächsleitfaden zu entwickeln.

Der theoretische Aufbau für ein Zielgespräch sieht folgendermaßen aus:

Leitlinie zur Entwicklung eines professionellen Gesprächsleitfadens

1. Die Vorstellung:

»Guten Tag, Herr ..., Beispiel KG, Musterstadt, Hans Muster!«

Nennen Sie erst den Namen des Kunden, damit holen Sie ihn aus der Anonymität des Telefons heraus. Nennen Sie danach deutlich Ihre Firma und erst zum Schluss Ihren Namen. Meistens wird die Vorstellung in genau umgekehrter Reihenfolge formuliert.

2. Die Einstiegsfrage:

»Kennen Sie die Beispiel AG?«

Je nach Bekanntheitsgrad Ihrer Firma bekommen Sie als Antwort auf diese Frage entweder ein Ja oder ein Nein. Beides ist vorteilhaft für den Verkäufer. Ein Ja des Kunden bedeutet eine erste Gemeinsamkeit. Ein Nein des Kunden weckt immer auch ein Stück weit seine Neugier. In jedem Fall haben Sie früh eine Antwort bekommen, und das ist der Beginn eines Gesprächs.

3. Der Vorteilskonzeptansatz und die Branchenspezialisierung:

»Wir haben ein [Vorteil 1] ...-Konzept speziell für ... [Branche des Kunden] entwickelt.«

Eine wichtige Grundregel lautet: Konzept schlägt Produkt und Leistung. Ein Konzept weckt eher Interesse als die Aufzählung von reinen Produkten und Leistungen.

Produkte und Leistungen	Vorteilskonzeptansatz
1. Alarmanlagen	1. Sicherheitskonzept
2. Beleuchtung für Lebensmittel	2. Verkaufsförderungskonzept
3. Luftreinigungstechnik	3. Konzept zur Haltbarkeits-
4. Speditionsleistung	verlängerung
5. Seminare/Ausbildung	4. Pünktlichkeitskonzept
	5. Konzept zur Umsatzsteigerung

Es gibt sicher das eine oder andere Produkt, bei dem ein Konzeptansatz ungewöhnlich klingt, aber gerade dann lohnt es sich, darüber nachzudenken, wie Sie Ihre Produkte und Leistungen in ein Gesamtkonzept integrieren können.

Branchen-spezialisierung Für die Branchenspezialisierung gilt im Prinzip das Gleiche. Wo Sie eine solche Spezialisierung formulieren können, wirkt sich das enorm auf die Terminquote aus. Branchenspezialisierung heißt nicht unbedingt, dass Sie seit 50 Jahren nur für diese Branche arbeiten, Sie brauchen auch keine speziellen Prospektunterlagen oder Ähnliches. Branchenspezialisierung entsteht im Wesentlichen durch die individuelle Anpassung Ihrer Leistung an die Gegebenheiten des Kunden.

Wenn für Ihre Produkte und Leistungen eine Branchenspezialisierung schwierig darzustellen ist, dann gilt hier das Gleiche wie beim Konzeptansatz: Überlegen Sie, wie Sie Ihre Leistungen spezieller auslegen und an eine Branche anpassen können. Mit jedem Termin mehr in einer speziellen Branche werden auch Sie immer mehr zum Spezialisten.

Weitere Hinweise zur Branchenausrichtung erhalten Sie auf den folgenden Seiten.

4. Vorteil nutzen und Nachteil vermeiden:

»Und ich möchte Ihnen in einem kurzen Gespräch erläutern,
wie Sie [Vorteil 2] realisieren können und zusätzlich [Nachteil 1]
vermeiden. Spannendes Thema!
Wann können wir das tun?«

Alle Menschen haben verschiedene Motivationsmuster, soge- **Motivationsmuster**
nannte Meta-Programme. Was den einen motiviert, interessiert
den nächsten Kunden eher weniger. Es gibt z. B. Kunden, die eher
darauf ansprechen, wenn man als Verkäufer einen Vorteil bieten
kann; andere wiederum werden hellhörig, wenn der Verkäufer
anbietet, einen Nachteil zu vermeiden.

Da Sie vor dem ersten Kontakt nicht wissen können, zu welcher
»Kategorie« Ihr Kunde gehört, empfehle ich Ihnen, einen zusätzlichen Vorteil und die Vermeidung eines Nachteils auszufor-
mulieren. Damit erhöhen Sie Ihre Trefferchance um immerhin
100 Prozent.

Ob Sie dann noch die Formulierung *»Spannendes Thema«* verwenden, überlasse ich Ihnen. Wirklich wichtig ist jedoch die offene
Frage: *»Wann können wir das tun?«* Damit bewegen Sie den Kunden gedanklich weg vom Sinn oder Unsinn eines Termins hin zu
seinem Terminkalender.

Das war jetzt eine ganze Menge Theorie, aber sie war notwendig.
Nachfolgend zeige ich Ihnen einige Beispiele für erfolgreiche Gesprächsleitfäden.

»Guten Tag, Herr ..., Bosch Sicherheitssysteme, Max Muster! **1. Anbieter von**
Sie kennen Bosch Sicherheitssysteme? **Sicherheitstechnik**
Wir haben speziell für Alten- und Pflegeheime ein Sicherheitskonzept
entwickelt, mit dem Sie die Sicherheitsstandards optimieren und
gleichzeitig die laufenden Kosten reduzieren können.
Wann kann ich Ihnen dieses Konzept vorstellen?«

2. Anbieter von Beleuchtung für Lebensmittel

»Guten Tag, Herr …, Firma BÄRO, Sabine Musterfrau!
Sie kennen die Firma BÄRO?!
Wir haben ein neues, umsatzsteigerndes Beleuchtungskonzept speziell für Metzgereien mit Filialbetrieben entwickelt. Und ich möchte Ihnen in einem kurzen Gespräch erläutern, wie Sie Ihre Umsatzsituation verbessern und gleichzeitig die laufenden Kosten für Energie und Nachholbedarf reduzieren können!
Wann können wir das tun?«

3. Anbieter von Luftentkeimungsanlagen

»Guten Tag, Frau …, Firma BÄRO, Heinrich Mustermann!
Sie kennen die Firma BÄRO?
Wir haben ein neues, hochwirksames Luftentkeimungskonzept entwickelt, und zwar speziell für:
– Molkereien
– Brauereien
– fleischverarbeitende Betriebe
Und ich möchte Ihnen in einem kurzen Gespräch erläutern, wie Sie Ihre Warenverluste reduzieren können und damit Kosten sparen!
Wann können wir das tun?«

4. Anbieter von Papier

Guten Tag, Herr …, IGEPA Group / Drissler, Ulrike Muster!
Sie kennen die IGEPA / die Firma Drissler?
Wir sind ein zuverlässiger und preiswerter Anbieter von Büropapieren.
Und ich möchte Ihnen in einem kurzen Gespräch erläutern, wie Sie Ihre Einkaufskosten reduzieren können und damit Geld sparen.
Wann können wir das tun?«

Dieser Einstieg ist ein funktionierendes Beispiel dafür, wie man sich verhält, wenn man noch keinen Konzeptansatz formulieren kann.

5. Dienstleister – Zeitarbeit

»Guten Tag, Herr …, Allbecon AG, Hans Muster!
Sie kennen Sie die Firma Allbecon?!
Wir haben ein neues kostensenkendes Personalkonzept speziell für …
[Branche des Kunden] entwickelt.

*Und ich möchte Ihnen in einem kurzen Gespräch erläutern, wie Sie
Ihre Personalkosten reduzieren können bei gleichzeitiger Verbesse-
rung der Personalverfügbarkeit. Spannendes Thema!
Wann können wir das tun?«*

»Guten Tag, Herr ..., Wieland Electric, Jutta Musterfrau!
Sie kennen die Firma Wieland Electric?
*Wir sind ein zuverlässiger Anbieter von steckbarer Elektro-
installation, speziell für Anwendungen im Bereich:*
– Neubauten
– Renovierungen/Erweiterungen
– Krankenhäuser, Verwaltungsgebäude, Industriegebäude
*Ich möchte Ihnen in einem kurzen Gespräch erläutern, wie Sie mit
unserem Konzept Zeit und Kosten einsparen.*
Wann können wir das tun?«

**6. Anbieter von
Elektrotechnik**

»Guten Tag, Herr ..., SGP aus Remscheid, Fritz Muster!
Sie kennen die Firma SGP?
*Wir entwickeln speziell für mittelständische Unternehmen
(z. B. ...-Branche) sehr wirksame Kommunikationskonzepte –
Neukundengewinnungskonzepte.*
*Und ich möchte Ihnen in einem kurzen Gespräch erläutern, wie
Sie Ihre Absatzsituation optimieren können und zusätzlich Kosten
sparen!*
Wann können wir das tun?«

**7. Dienstleister
Werbung/
Kommunikation**

Orientieren Sie sich eng an den vorgenannten Beispielen und verfeinern Sie Ihren Gesprächseinstieg im Laufe der Zeit immer weiter, bis er wirklich optimal funktioniert. Wichtig ist aber ebenfalls,
dass Sie Ihren Leitfaden ausgiebig testen. Nach zehn Gesprächen
kann man nicht wirklich entscheiden, ob ein Leitfaden funktioniert oder nicht.

Ein wertvoller Hinweis am Schluss: Beobachten Sie sich selbst
einmal, wenn Sie von einem Verkäufer angerufen werden. Geht
es Ihnen auch so, dass Sie sofort eine Habachtstellung einneh-
men, wenn der Verkäufer besonders forsch und übermotiviert
auftritt? Wenn das so ist, versuchen Sie selbst anders am Telefon

zu wirken. Sprechen Sie ganz bewusst langsam und eher zu ruhig als zu laut. Die Kunden werden Ihnen zuhören.

Terminbestätigung

Ein vereinbarter Besuchstermin, gerade wenn es der erste mit einem potenziellen Kunden ist, sollte meiner Meinung nach immer schriftlich bestätigt werden. Sie drücken damit Professionalität im Umgang mit Ihrer Zeit und der des Kunden sowie Wertschätzung aus. In vielen Fällen werden Sie erleben, dass der Kunde Ihr Schreiben auf dem Tisch liegen hat, wenn Sie zum Termin erscheinen. Eine geeignete Vorlage für eine Terminbestätigung finden Sie in den *TQS-SalesTools* auf der CD-ROM.

Wenn ich einen Termin bestätige, dann nicht nur, um Datum und Uhrzeit verbindlich zu machen. Ich schreibe meinem Kunden gleichzeitig auch, welche Unterlagen bzw. Informationen von seiner Seite aus sinnvollerweise vorbereitet werden sollten, damit der Termin die bestmöglichen Voraussetzungen für ein gutes Gelingen hat. Je mehr der Kunde selbst in den Termin einbringt, umso mehr steigt die Wertigkeit des Termins auch aus seiner Sicht.

Natürlich sollten Sie bei Art und Umfang der »geforderten« Informationen zwischen einem Akquisitionstermin und einem Termin bei einem bestehenden Kunden unterscheiden.

Praxisaufgaben
1. Entwickeln Sie einen Gesprächsleitfaden für Zielgespräche.
2. Passen Sie den Gesprächsleitfaden an Ihre Firma und Branche an.
3. Wenn Sie sich noch nicht sicher fühlen, führen Sie jetzt noch keine Zielgespräche. Lesen Sie zunächst das nächste Kapitel.

Im *TQS-SalesCoach* finden Sie vorbereitete Leitfäden und weitere hilfreiche Tools: *www.deutschevertriebsberatung.de*

Eine wichtige Bitte habe ich an Sie: Informieren Sie uns über Ihre Ergebnisse! Unter *info@deutschevertriebsberatung.de* können Sie uns erreichen, Ihre Fragen stellen und auch von erzielten Erfolgen berichten.

Schwierige Situationen vor oder im Zielgespräch

Sind Sie bei der Entwicklung Ihres Gesprächsleitfadens gut vorangekommen? Sie werden feststellen, dass sich die Inhalte im Laufe der Zeit automatisch anpassen und verfeinern. Wichtig dabei ist, sich nicht zu weit vom ursprünglichen Leitfaden zu entfernen.

Bevor wir die ersten Zielgespräche führen, werden wir darüber sprechen, wie wir uns in kritischen Situationen richtig verhalten.

Wenn Sie versuchen, die verantwortliche Zielperson zu erreichen, werden Sie möglicherweise erst mit der Sekretärin verbunden. Es ist sehr wichtig, dass Sie sich hier professionell verhalten, präzise formulieren, verbindlich sind, aber nicht zu freundlich. Vermeiden Sie Formulierungen wie: *»Könnten Sie mich bitte mit Herrn ... verbinden?«* So stellt sich nur jemand vor, der etwas will, und damit provozieren Sie selbst ein Stück weit die Frage *»Worum geht es?«* oder sogar ein totales Abblocken. Besser sind die beiden nachfolgenden Alternativen.

1. Die Sekretärin als Vorzimmerbarriere

Verkäufer: *»Guten Tag, Frau ..., Ulrich Dietze, Herrn ... bitte!«*

Oder:

Verkäufer: *»Guten Tag, Frau ..., Ulrich Dietze, wann ist Herr ... heute im Büro zu erreichen?!«*

Beide Formulierungen vermeiden in sieben von zehn Fällen die Frage nach dem Anrufgrund, weil es sich so anhört, als wenn Sie mit der Zielperson bereits bekannt sind. Wenn Sie den Vornamen mitrecherchiert haben, sollten Sie diesen zusammen mit dem Nachnamen nennen. Nur zu fragen: *»Ist Stephan schon da?«*, halte ich für zu gewagt. Sollte die Frage nach dem Anrufgrund dennoch kommen, antworten Sie wie folgt:

Verkäufer: *»Es geht um ein Konzept bzw. Angebot für ..., was meinen Sie, wann ich Herrn ... heute am besten erreichen kann?«*

Die Wann-Frage sorgt dafür, dass die Sekretärin eher über den Terminkalender nachdenkt als darüber, ob sie Sie durchstellen sollte oder nicht.

2. Die Sekretärin blockt ab Egal wie professionell Sie sich verhalten, kann es vorkommen, dass eine Sekretärin das Durchstellen verweigert.

Sekretärin: »*Da kann ich Ihnen jetzt schon sagen, dass Herr … da überhaupt kein Interesse hat!*«

Würde es nicht manchmal Spaß bereiten zu sagen: »*Ich glaube nicht, dass Sie das beurteilen können*«? Es ist aber trotzdem nicht richtig, so zu reagieren. Besser funktioniert eine Mischung aus Verständnis und Nachdruck:

Verkäufer: »*Ich kann verstehen, dass Sie Herrn … den Rücken freihalten, wahrscheinlich wird er häufiger verlangt, oder?!*«

Reaktion kurz abwarten.

Verkäufer: »*Bei meinem Anliegen handelt es sich um eine wichtige Ausnahme, wann kann ich Herrn … am besten erreichen?*«

Sollte immer noch geblockt werden, versuchen Sie es einfach vor 8.00 oder nach 17.00 Uhr.

An dieser Stelle aber noch einmal der Hinweis: Wenn Sie die Recherche vom Zielgespräch trennen, werden Sie leichter an die Zielperson herankommen.

3. Die Zielperson ist im Urlaub Wenn sich die Zielperson im Urlaub befindet, bietet sich eine weitere Möglichkeit, die Chancen des ersten Kontaktes zu verbessern. Schreiben Sie einen kurzen Brief.

> *Beispiel KG*
>
> Guten Tag, Herr *Muster,*
>
> ich habe heute versucht, Sie telefonisch zu erreichen.
>
> Mein Anruf hatte einen besonderen Grund. Wir haben speziell für ... *[Fügen Sie hier die Inhalte Ihres Zielgesprächs ein.]* Wir möchten Ihnen in einem kurzen Gespräch erläutern, wie Sie ...
>
> Da ich weiß, wie Schreibtische normalerweise nach dem Urlaub aussehen, melde ich mich ... wieder bei Ihnen.
>
> Beste Grüße
>
> *Beispiel KG*

Wenn Sie dann ein bis zwei Tage später anrufen, sind Sie kein ganz Unbekannter mehr.

Gefällt das jedem Kunden? Funktioniert das immer? Nein, sicher nicht. Aber auf Dauer sind das die Tools, die den einen Verkäufer immer erfolgreicher werden lassen, während der andere aus dem Mittelmaß nicht herauskommt. Das ist genau die Sorgfalt, die ich mit *Total Quality Selling* meine.

Einwände im Zielgespräch

Die beste Einwandbehandlung ist die, die ich nicht brauche, also ein perfektes Zielgespräch. Dennoch darf man natürlich auch bei sorgfältigster Vorbereitung des Zielgesprächs nicht davon ausgehen, dass alle Kunden uns mit offenen Armen empfangen. Natürlich wird es Einwände geben, und wir müssen lernen, damit umzugehen, wenn wir unsere Akquiseerfolge voranbringen wollen.

Über das Thema Einwandbehandlung ist bereits viel geschrieben worden, und Sie haben sicher bereits Ihre eigene Methode. Dennoch empfehle ich Ihnen, die nachfolgenden Beispiele aufmerksam zu lesen und zu vergleichen.

1. Kein Interesse, brauchen wir nicht! Einige Kunden sind, sobald sie erkennen, dass ein Verkäufer am Telefon ist, so mit dem Abblocken beschäftigt, dass sie gar nicht richtig hinhören. Zeigen Sie etwas Verständnis und wiederholen Sie die Vorteile Ihres Konzeptes.

Verkäufer: *»Ich kann verstehen, dass Sie nicht auf Anhieb begeistert reagieren. Andererseits bin ich fest davon überzeugt, dass ich einige interessante Informationen zum Thema ... für Sie habe! Wann können wir uns zusammensetzen?«*

Was tun wir, wenn der Kunde immer noch kein Interesse zeigt? Weiter zu argumentieren wäre hier, vorausgesetzt der Kunde hat noch nicht aufgelegt, im Regelfall nicht zielführend. Besser, Sie reagieren wie folgt:

Verkäufer: *»Schade, muss ich akzeptieren, ich mache mir noch mal Gedanken dazu und melde mich später noch einmal!«*

Kaum ein Kunde rechnet damit, dass sich der Verkäufer noch einmal meldet. Verwenden Sie das folgende Schreiben.

TQS-Nachfass-
schreiben
»Kein Interesse«

Beispiel KG

Unser Telefonat vom 00.00.0000

Guten Tag, Herr *Muster,*

wir hatten am ... kurz miteinander telefoniert. Der Grund meines Anrufes war folgender: ... *[Fügen Sie hier die Inhalte Ihres Zielgespräches ein.]*

Weitere Informationen dazu finden Sie unter: www.XXX.de

Gerne möchten wir Ihnen in einem Gespräch die weiteren Vorteile erläutern.

Für Fragen stehen wir unter: 0000-00 00 00 gern zu Ihrer Verfügung.

Beste Grüße

Beispiel KG

Wenn der Verkäufer jetzt ein paar Tage später noch einmal anruft, hat er deutlich bessere Chancen, einen Termin zu bekommen. Wenn wir von zehn Negativkontakten nur zwei bis vier terminieren, wäre das bereits ein gutes Ergebnis. Denn eins ist auch klar:

Ein Kunde, der zunächst einmal skeptisch reagiert, ist möglicherweise viel interessanter als einer, der zu jedem Verkäufer und zu jedem Terminvorschlag sofort Ja sagt.

Die TQS-Zweistufentechnik ist von mir entwickelt worden und stellt eines der wirksamsten Werkzeuge im Verkauf dar. Sie werden im weiteren Verlauf des Buches noch andere interessante Beispiele finden, wo diese Technik zum Erfolg geführt hat.

Es wäre ungewöhnlich, wenn eine Firma keinen festen Lieferanten hätte, oder? Es gibt Dinge, die ich von Verkäufern auf diesen Einwand häufiger höre, die aber völlig *falsch* sind:

2. Wir haben einen festen Lieferanten

1. »Sind Sie denn mit Ihrem jetzigen Anbieter auch zufrieden?«

Welche Reaktion erwartet der Verkäufer, wenn er den Kunden fragt, ob er mit seinem bisherigen Lieferanten zufrieden ist?

»Nein, überhaupt nicht, und trotzdem arbeiten wir seit zehn Jahren zusammen!«

Die Frage des Verkäufers bringt den Kunden dazu, die Richtigkeit seiner Wahl nur zu bestätigen.

2. »Was schätzen Sie an Ihrem bisherigen Lieferanten besonders?«

Auch diese Frage bringt den Kunden eher dazu, Gründe für seine Entscheidung zu suchen und zu finden, als dazu, über Alternativen nachzudenken.

Die aus meiner Sicht wirksamste Methode ist bei diesem Einwand die Bumerang-Methode. Sie nehmen den Einwand des Kunden, »werfen« ihn zurück und formulieren einen Vorteil:

Bumerang-Methode

Verkäufer: »*Gerade dann sollten wir uns unbedingt kurz zusammensetzen. So ergeben sich möglicherweise sehr interessante Vergleichsmöglichkeiten für Sie. Was halten Sie von folgendem Terminvorschlag …*«

Wenn das nicht ausreicht, um den Kunden zu überzeugen, gehen Sie einfach vor wie beim vorhergehenden Einwand:

Verkäufer: »*Schade, muss ich akzeptieren, ich mache mir noch einmal Gedanken dazu und melde mich später noch einmal!*«

Wenn wir jetzt einen Brief schreiben, in dem wir die Vorteile unserer Leistung und unseres Unternehmens darstellen, erhöhen wir die Chance, dass der Kunde diese aufnimmt und einem weiteren Terminvorschlag zustimmt.

Beispiel KG

Unser Telefonat vom 00.00.00

Guten Tag, Herr *Muster*,

wir hatten am … kurz miteinander telefoniert. Der Grund meines Anrufes war folgender: … *[Fügen Sie hier die Inhalte Ihres Zielgespräches ein.]*

Bitte beachten Sie insbesondere folgende Vorteile:

1.

2.

Weitere Informationen dazu finden Sie unter: www.XXX.de

Gerne möchten wir Ihnen in einem Gespräch die weiteren Vorteile erläutern. Für Fragen stehen wir unter: 0000-00 00 00 gern zu Ihrer Verfügung.

Beste Grüße

Beispiel KG

Wenn der Kunde auch bei nachfolgenden Anläufen kein Interesse zeigt, sollten Sie entscheiden, inwieweit es Sinn macht, ihn weiter in der Wunschkundenliste zu halten.

Sollte dieser Kunde zu den Top Ten Ihrer Wunschkundenliste gehören, empfiehlt es sich, diesen zunächst schriftlich weiter zu betreuen, und zwar mit:

1. Newsletter
2. Einladungen zur Messe
3. Medienmarketing

Viele positive Berichte von Verkäufern belegen, dass sich diese Sorgfalt auszahlt.

Wenn der Kunde erkennt, dass der Verkäufer wirklich ein ehrliches Interesse hat, bekommt der Verkäufer früher oder später seine erste Chance.

Im *TQS-SalesCoach* unter: *http://www.deutschevertriebsberatung.de/ sales_coach_vertriebs-software.html* finden Sie weitere Einwände und mögliche Antworten.

Wenn Sie *Total Quality Selling* optimal umsetzen möchten, sollten Sie den *SalesCoach* auf Ihrem Computer installieren.

Hier finden Sie alle Werkzeuge und Methoden, können Ihre eigenen Gesprächsleitfäden hinterlegen und mit individuellen Hinweisen versehen. Verkäufer, die regelmäßig mit dem *SalesCoach* arbeiten, erzielen deutlich höhere Umsetzungserfolge.

1. Überlegen Sie, ob der Erwerb des *TQS-SalesCoach* für Sie persönlich nutzbringend ist.   **Praxisaufgaben**

Wenn ja:

2. Fügen Sie Ihre Gesprächsleitfäden Recherche und Ziel in die entsprechenden Seiten ein.

3. Machen Sie sich mit der Funktionsweise des *SalesCoach* vertraut.
4. Führen Sie Zielgespräche.
5. Bestätigen Sie vereinbarte Termine schriftlich.

Eine wichtige Bitte habe ich an Sie: Informieren Sie uns über Ihre Ergebnisse! Unter *info@deutschevertriebsberatung.de* können Sie uns erreichen, Ihre Fragen stellen und auch von erzielten Erfolgen berichten.

Relationship-Marketing – Empfehlungsmarketing auf hohem Niveau

Direktes und indirektes Empfehlungsmarketing

Wir unterscheiden das sogenannte direkte und das indirekte Empfehlungsmarketing. Indirekt ist es, wenn der Verkäufer sagt:

»Herr Kunde, wenn Sie mit unseren Leistungen zufrieden sind, wäre es schön, wenn Sie uns weiterempfehlen!«

Dagegen ist überhaupt nichts einzuwenden – außer vielleicht, dass es für meinen Geschmack nicht konkret genug ist.

Das direkte Empfehlungsmarketing geht weiter als das indirekte: Es überlässt Empfehlungen nicht dem Zufall, sondern erzeugt sie.

Das Ziel des direkten Empfehlungsmarketings

Geht es um neue Adressen von potenziellen Kunden, um mehr Umsatz, um mehr Aufträge? Alles richtig, aber betrachten wir die Sache einmal genauer. Wenn ich einen Kunden auf Empfehlungen anspreche, hat das drei Hauptgründe, und der erste ist eben nicht, die Adresse eines potenziellen Kunden zu erhalten.

1. Test der Kundenzufriedenheit

Wenn wir einen Kunden konkret danach fragen, für wen aus seiner Sicht unsere Leistung noch von Vorteil sein könnte, dann fordern wir damit eine Reaktion heraus. Wir können damit testen, inwieweit der Kunde wirklich mit uns zufrieden ist. Wenn der Kunde rundherum mit Ihren Leistungen glücklich ist und er weitere Interessenten kennt, dann wird er Ihnen welche nennen. Wenn nicht, so hat das, bis auf sehr branchenspezifische Ausnahmen, fast immer seine Ursache in der Kundenzufriedenheit.

Wenn Sie Ihren Kunden erfolgreich auf Empfehlungen ansprechen, erhöhen Sie damit die Kundenbindung. Warum? Weil der Kunde vor sich selbst unglaubwürdig wäre, wenn er Sie einerseits weiterempfiehlt und andererseits seinen eigenen Bedarf woanders deckt.

2. Erhöhung der Kundenbindung

Erst der dritte Grund für die Ansprache auf Empfehlungen – nämlich qualifizierte Kontakte potenzieller Kunden – ist die Chance auf zusätzlichen Umsatz. Es ist wichtig, sich dieser Reihenfolge bewusst zu werden.

3. Qualifizierte Kontakte von potenziellen Kunden

TQS-Relationship-Marketing hat nichts mit dem bloßen »Abgreifen« von Adressen zu tun. Es ist vielmehr ein Instrument zum Test der Kundenzufriedenheit und zur Erhöhung der Kundenbindung. Die generierten Empfehlungsadressen und das daraus resultierende Geschäft kommen sozusagen von ganz allein, als positiver Nebeneffekt.

Ansprache des Kunden auf Empfehlungen

1. Rufen Sie einen bestehenden Kunden an und führen Sie ein normales Betreuungsgespräch. Sprechen Sie über den Stand der Dinge oder aktuelle Projekte.

2. Fragen Sie Ihren Kunden weiter, für wen in seinem Unternehmensumfeld Ihre Leistungen noch infrage kommen könnten. Halten Sie sich dabei möglichst genau an den folgenden Leitfaden, da er sich sehr bewährt hat.

Verkäufer: *»Herr Kunde, ich vervollständige gerade meine Interessentendatei und brauche dazu Ihre Hilfe! Für wen in Ihrem*

Unternehmensumfeld könnten unsere Leistungen / Produkte noch von Vorteil sein?!«

3. Für den Fall, dass dem Kunden nicht sofort Empfehlungen einfallen, vereinbaren Sie einfach einen Wiedervorlagetermin.

Verkäufer: *»Kein Problem, Herr Kunde, wann darf ich mich dazu noch einmal melden?«*

An der Reaktion auf diese Frage sollten Sie erkennen können, ob Bereitschaft zur Empfehlungsgabe vorhanden ist oder nicht.

Kunden-zufriedenheit
Wenn der Kunde eine Empfehlung strikt verweigert, können Sie das nutzen, um ihn konkret auf seine Zufriedenheit anzusprechen:

Verkäufer: *»Herr Kunde, aber ich darf davon ausgehen, dass Sie mit unseren Leistungen vollauf zufrieden sind?!«*

Wenn nicht, dann ergeben sich jetzt möglicherweise Ansätze zur Verbesserung der Kundenbeziehung. Und genau das ist das Ziel von TQS in Bezug auf Empfehlungen.

Selbstverständlich muss die Verweigerung einer Empfehlung nicht zwangsläufig bedeuten, dass Ihr Kunde nicht mit Ihnen zufrieden ist. Es können auch ganz persönliche Gründe dahinterstecken. Vielleicht würde die Abgabe einer Empfehlung für ihn bedeuten, dass er Sie an einen Wettbewerber empfehlen müsste, er aber verständlicherweise nicht will, dass dieser ebenfalls in den Genuss Ihrer Vorzüge kommt.

Informationen zur empfohlenen Person

Hintergrund-informationen
Erfragen Sie die folgenden Hintergrundinformationen zum Empfohlenen.

1. Name und Vorname
2. Titel und Position
3. Firma und Branche
4. Anschrift und Telefonnummer
5. Besonderheiten aus Sicht des Empfehlungsgebers – besonders wichtig

Bitten Sie Kunden, zu denen Sie ein besonders gutes Verhältnis haben, Sie kurz beim Empfohlenen voranzumelden. Das erleichtert Ihren Einstieg nochmals erheblich.

Verkäufer: *»Herr Kunde, ich fände es sehr nett von Ihnen, wenn Sie meinen Anruf bei Herrn ... kurz avisieren. Besteht diese Möglichkeit?«*

Den Empfohlenen richtig ansprechen

Die richtige Ansprache der Empfehlungsadresse ist ähnlich aufgebaut wie ein professionelles Zielgespräch zur Terminierung in der Kaltakquise.

Verkäufer: *»Guten Tag, Herr ..., Beispiel KG, mein Name ist ... Schönen Gruß von Herrn ... [Empfehlungsgeber].«* – Reaktion abwarten – *»Sie kennen die Beispiel KG? Wir haben speziell für ... Unternehmen ein ...-Konzept entwickelt.*
– Vorteil 1
– Vorteil 2
Wann kann ich Ihnen dieses Konzept vorstellen?«

Wenn Ihr Kunde durch Position und / oder Persönlichkeit als Empfehlungsgeber geeignet ist, sollten Sie hier im Regelfall einen Termin vereinbaren können, ansonsten nutzen Sie die Einwandbehandlung.

Das *TQS-Relationship-Marketing* im richtig verstandenen Sinne bedeutet nicht, Empfehlungen gegen Provisionen oder sonstige Prämien zu erkaufen. Die Empfehlung ist die Belohnung des Verkäufers für seine hervorragende Arbeit.

Wenn der Kunde eine Gegenleistung verlangt

Dennoch wird es vorkommen, dass Kunden danach fragen. Entscheiden Sie selbst, ob und in welcher Form Sie zu Gegenleistungen bereit sind.

Umgang mit Empfehlungsgebern

Halten Sie den Empfehlungsgeber auf dem Laufenden! Zum einen ist es unhöflich, um Empfehlungen zu bitten und danach nichts mehr von sich hören zu lassen. Zum anderen ist es auch ungeschickt, einen Kunden nicht über das Ergebnis der Kontaktaufnahme zu informieren, und zwar gerade dann, wenn der Kontakt zum Empfohlenen erfolglos war.

Wenn Ihr Kontakt zum Kunden wirklich gut ist, werden Sie feststellen, dass er weitere Empfehlungsadressen preisgibt – meistens so lange, bis der Verkäufer einen ersten Erfolg vermelden kann. Und ganz nebenbei verdichtet sich die Beziehung zu Ihrem Kunden immer mehr.

Praxisaufgaben

1. Sprechen Sie 10 Kunden nach der vorgestellten Methode auf Empfehlungen an.
2. Kontaktieren Sie die Empfehlungsadressen wie beschrieben.
3. Informieren Sie den Empfehlungsgeber über das Ergebnis der Kontaktaufnahme.

Eine wichtige Bitte habe ich an Sie: Informieren Sie uns über Ihre Ergebnisse! Unter *info@deutschevertriebsberatung.de* können Sie uns erreichen, Ihre Fragen stellen und auch von erzielten Erfolgen berichten.

XING als Turbo für die TQS-Akquisetools

Die Businessplattform XING hat sich in den letzten Jahren zu einer wirklichen Unterstützung für Verkäufer entwickelt. Wir selbst nutzen XING in folgenden Bereichen als Verstärker:

Wenn wir einen geeigneten Artikel finden, schauen wir zuerst nach, ob der Ansprechpartner in XING vertreten ist. Man kann den Medienmarketingansatz auch über XING vermitteln. Die Antwortquote liegt bei nahezu 100 Prozent!

1. TQS-Medienmarketing und XING

Wir nutzen XING zur Recherche nach Unternehmen bestimmter Branchen oder Regionen genauso wie zur Recherche nach einem verantwortlichen Ansprechpartner und zum Nachbestätigen von KI-Kontakten, das heißt Kontakten, die kein Interesse haben. Außerdem können Sie dem Wunschkunden vor Ihrem ersten Anruf bereits eine Kontaktanfrage schicken:

2. TQS-Telefonmarketing und XING

»Sehr geehrte(r) Herr / Frau …,

mit Interesse habe ich Ihr Profil in XING gelesen und würde mich freuen, wenn Sie den Kontakt bestätigen.«

Wenn wir danach anrufen, ist der Kontakt schon nicht mehr ganz kalt.

Bevor wir einen Kunden auf Empfehlungen ansprechen, schauen wir in seinen Kontakten nach, wer von den gelisteten Unternehmen und Personen für uns interessant sein könnte. Dadurch erhöhen wir die Effektivität unserer Empfehlungsansprache.

3. TQS-Relationship-Marketing und XING

Es gibt noch viele weitere interessante Möglichkeiten, die XING bietet. Wenn Sie sich näher dafür interessieren, können Sie mittlerweile in jeder größeren Stadt gute und preisgünstige XING-Seminare besuchen.

Erstgespräche bei potenziellen Neukunden

Wie waren Ihre ersten Erfahrungen bei den Zielgesprächen und bei der Thematik Empfehlungsmarketing? Hat Ihnen der *Sales-Coach* gute Dienste geleistet? Wichtig ist vor allem, dass Sie weitermachen, auch wenn der eine oder andere Misserfolg nicht zu vermeiden ist. Das gehört zum Verkaufen einfach dazu. Umso mehr können Sie sich dann über erzielte Erfolge freuen.

Das erste Zusammentreffen mit einem Kunden ist ein weiterer wichtiger Schritt im Vertriebsprozess. Diese erste Begegnung ist von entscheidender Bedeutung für den weiteren Verlauf der Akquisition. Da allerdings die Anforderungen und die Gesprächsinhalte in praktisch jeder Branche unterschiedlich sind, werde ich mich nur auf wenige, allgemein gültige Punkte konzentrieren.

1. Vorbereitung Schauen Sie sich vor dem Termin die Homepage des Kunden an, drucken Sie ein paar relevante Seiten aus, bringen Sie diese mit zum Termin und legen Sie sie sichtbar auf den Tisch vor sich hin. Damit zeigen Sie wirkliches Interesse.

2. Nicht reden, nicht fragen, sondern fragen lassen Wenn Sie selbst schon mal in der Rolle des Kunden waren, wissen Sie, wie unangenehm es ist, wenn der Verkäufer stundenlange Monologe hält. Genauso wenig ist es richtig, den Kunden sofort mit Fragen zu bombardieren. Geben Sie zunächst Ihrem Kunden die Gelegenheit, seine Fragen zu stellen.

»Vielen Dank für den Gesprächstermin! Ich habe einige Informationen zum Thema ... vorbereitet und brauche natürlich auch ein paar Informationen von Ihnen.«

»Aber zunächst möchte ich Ihnen gern Gelegenheit geben, Ihre Fragen zu stellen. Welche Fragen kann ich Ihnen zu unseren Produkten und Leistungen, zu unserem Unternehmen und zu meiner Person beantworten?«

Das ist höflich und professionell. Und vor allen Dingen öffnet sich der Kunde im Regelfall besser, wenn er erst einmal seine Fragen stellen kann. Gleichzeitig erhöhen Sie die Chance, dass Sie auf Ihre Fragen Antworten bekommen.

Wenn der Kunde keine Fragen hat, dann haben Sie es ihm zumindest angeboten.

Bereiten Sie Ihre Fragen grundsätzlich schriftlich vor und machen Sie sich Notizen, wenn der Kunde antwortet. Aus dieser Sorgfalt kann der Kunde bereits jetzt, wenn auch meistens unbewusst, Rückschlüsse auf die Gesamtqualität Ihrer Leistung ziehen. Fragebeispiele:

3. Fragen stellen und Notizen machen

- *»Was setzen Sie im Bereich ... zurzeit ein?«*
- *»Worauf legen Sie als Kunde beim Thema ... besonderen Wert?«*
  (z. B. Zuverlässigkeit, Service)
- *»Welche Unterstützung erwarten Sie von einem Partner im Bereich ...?«*

Selbstverständlich müssen diese Fragen an Ihre Branche angepasst werden. Aber achten Sie darauf, den Grundcharakter der Fragen nicht zu sehr zu verändern.

Viele Verkäufer vergessen bei ihren Präsentationen einen wichtigen Punkt: die klare Überzeugung herüberzubringen, dass der Kunde sehr zufrieden sein wird, und deutlich zu machen, dass man den Kunden für sich gewinnen will.

4. Überzeugung und Wunsch nach Zusammenarbeit

»Ich bin fest davon überzeugt, dass Sie mit uns als Partner für den Bereich ... sehr zufrieden sein werden.«

Reaktion abwarten.

»Ich möchte Sie gern als neuen Kunden für uns gewinnen! Wie gehen wir weiter vor?«

Versuchen Sie es, es ist immer wieder verblüffend, wie gut die vier vorgenannten Punkte in der Praxis funktionieren.

Wenn Sie diese Gesprächsstrategie optimal umsetzen wollen, empfiehlt sich die Nutzung der TQS-Checkliste für Erstgespräche. Diese finden Sie auf der beigefügten CD und im *TQS-SalesCoach*.

1. Entwickeln Sie eine Checkliste für Erstgespräche gemäß dem gezeigten Muster, oder nutzen Sie die Checkliste für Erstgespräche, die im *TQS-SalesCoach* verfügbar ist.
2. Passen Sie die Checkliste an Ihr Unternehmen und Ihre Branche an.
3. Führen Sie Ihre Erstgespräche mithilfe dieser Checkliste.

Eine wichtige Bitte habe ich an Sie: Informieren Sie uns über Ihre Ergebnisse! Unter *info@deutschevertriebsberatung.de* können Sie uns erreichen, Ihre Fragen stellen und auch von erzielten Erfolgen berichten.

2. TQS – Anfragemanagement

Der richtige Ansatz

Eingehende Kundenanfragen bedürfen einer besonderen Sorgfalt. Denn in der Phase vor dem Angebot besteht eine große Chance, den Kunden positiv zu beeinflussen. Gerade dann, wenn er bei mehreren Unternehmen anfragt. Die gängige Praxis sieht jedoch leider oft anders aus.

Kundenanfragen als Chance begreifen

Ein Kunde von mir hat einmal in Bezug auf die Gepflogenheiten im Anfragemanagement in Deutschland gesagt: *»In vielen Branchen und Unternehmen hat man den Eindruck, dass beim Erstellen von Angeboten versucht wird, einen Geschwindigkeitsrekord aufzustellen. Bloß keine Rückfragen beim Kunden stellen.«*

In vielen Vertrieben scheint es das vorrangige Ziel zu sein, die Anfragen so schnell wie möglich in Angebote umzuwandeln. Dabei sollte doch das wichtigste Ziel sein, Anfragen in Aufträge umzuwandeln.

Schauen wir uns einmal an, wie in Deutschland bundesweit und branchenübergreifend mit Anfragen umgegangen wird:

Anfragemanagement – Istzustand

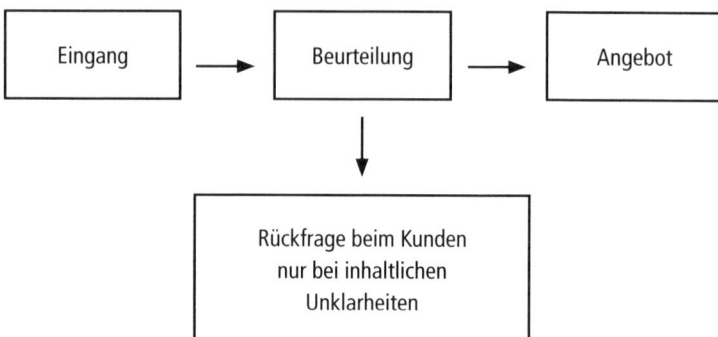

Üblicher Umgang mit Anfragen

Eine Anfrage kommt herein, z.B. per Fax, es gibt eine Beurteilung der Anfrage: Können wir das, wollen wir den Kunden, ist die Sache so weit logisch? Wenn die Anfrage inhaltlich klar ist, wird dann normalerweise ein Angebot erstellt und an den Kunden versandt. Rückfragen beim Kunden gibt es im Regelfall nur bei inhaltlichen oder technischen Unklarheiten, und zwar meistens lediglich bezogen auf ebendiese Unklarheiten.

Es ist nicht schlimm, so mit Anfragen umzugehen. Wenn wir aber im Vertrieb so vorgehen wie der Durchschnitt, werden wir auch nur durchschnittliche Ergebnisse erzielen.

Stellen Sie sich einmal folgende Situation vor: Ein Kunde mit einem konkreten Bedarf fragt schriftlich bei drei potenziellen Anbietern an. Wer von den dreien hat die größten Chancen auf den Auftrag, wenn erschwerend hinzukommt, dass der Kunde zu keinem von den dreien einen persönlichen Kontakt hat? Möglicherweise ist es ein neuer Mitarbeiter, der den Auftrag bekommen hat, bestimmte Leistungen oder Produkte anzufragen. Er schaut in der Datenbank nach, findet drei Anbieter und verschickt per Mail drei Anfragen.

Ein Kunde mit einem konkreten Bedarf fragt schriftlich bei drei möglichen Anbietern an.

Wer hat die größten Erfolgsaussichten?

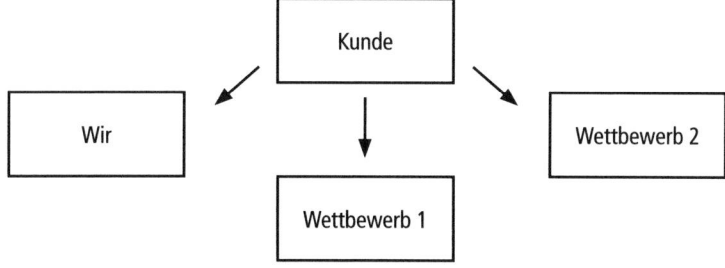

Der Anbieter mit dem größten ehrlichen Interesse an einer optimalen Lösung!

Wer von den Angeschriebenen hat die größten Erfolgsaussichten: der mit dem besten Produkt oder der besten Leistung? Der mit dem besten Preis? Der am schnellsten ist? Der den besten Service bietet? Ein Kunde von mir sagte einmal zu diesem Thema:

Wer hat die größten Erfolgsaussichten?

»Wenn ich einen konkreten Bedarfsfall habe und mehrere Anbieter, die diesen Bedarf decken können, dann hat der die größten Chancen, der mir von Anfang an das Gefühl gibt, dass er das größtmögliche ehrliche Interesse an einer für mich optimalen Lösung hat.«

Das größtmögliche ehrliche Interesse an einer für den Kunden optimalen Lösung! Diese Aussage ist im TQS zum Leitsatz geworden, wenn es darum geht, Anfragen erfolgsorientiert zu bearbeiten.

Aber was genau für unseren Kunden die optimale Lösung darstellt, kann in drei Fällen dreimal komplett verschieden sein. Für den einen ist es der Preis, der entscheidet, für den anderen die Schnelligkeit und für den Dritten der beste Service. Und bei der nächsten Anfrage ist es vielleicht wieder eine andere Priorität.

Um herauszufinden, was für unseren Kunden die höchste Priorität hat, sollten wir mehr und qualifizierter mit unserem Kunden sprechen, bevor wir ein Angebot erstellen!

Vorangebotsgespräche

Zu wenig Kundengespräche Ein Gespräch vor dem Angebot macht nicht immer Sinn. Aber branchenübergreifend betrachtet haben wir in Deutschland nicht so sehr das Problem, dass zu viel gesprochen wird, sondern dass viel zu wenig mit Kunden gesprochen wird. Und das gilt nicht nur für Anfragen, sondern auch und insbesondere für Ausschreibungen.

Wir verschicken Unmengen von Angeboten, statt vorher mehr zu qualifizieren, wo es denn wirklich Sinn macht, ein Angebot zu erstellen. Und da, wo es Sinn macht, können wir unsere Chancen deutlich verbessern, indem wir das Gespräch vor dem Angebot zielorientierter führen.

Ich möchte an dieser Stelle noch einmal ausdrücklich anmerken, dass natürlich Unterschiede in den verschiedenen Branchen existieren. Wenn ich Fertighäuser verkaufe, muss ich im Vorfeld logischerweise intensiver mit einem Kunden sprechen, als wenn ich im Baufachmarkt Schrauben an einen Laufkunden verkaufe.

Aber in beiden Branchen – in praktisch allen Branchen – werden diese Gespräche oft zu sehr auf die reine Lösung bezogen, auf die Technik und auf Mengen und Preise.

Mir geht es im Folgenden eher darum, was wir tun können, damit sich unser Kunde bei uns optimal aufgehoben fühlt, und zwar gerade dann, wenn er bei mehreren Anbietern anfragt. Es geht also nicht so sehr um die technische Ausprägung des sogenannten Vorangebotsgespräches, sondern mehr um die soziale und vertriebliche Ausrichtung.

Welchen Vorteil haben wir, wenn wir vor der Erstellung eines Angebots mit dem Kunden sprechen und der Wettbewerb nicht?

Wenn ein potenzieller Neukunde zum allerersten Mal bei uns anfragt, ist es sicher von Vorteil, wenn wir bereits vor dem Angebot einen Kontakt herstellen. Aber auch der Stammkunde freut sich, wenn wir uns ab und zu einmal für seine Anfragen bedanken.

1. Persönlicher Kontakt zum Kunden

Ist der persönliche Draht heute eigentlich noch wichtig? Es gibt zwei Hauptmeinungen, wenn ich Verkäufern diese Frage stelle. Die einen sagen, dass der persönliche Draht heute wichtiger sei als jemals zuvor, und die anderen vertreten eher das Gegenteil:

»Ich habe vor zwei Wochen einen Auftrag verloren, obwohl wir diesem Kunden schon oft und gut weitergeholfen gehaben, und das wegen eines Preisunterschieds, über den man eigentlich noch einmal hätte reden können!«

Wie so oft sind beide Meinungen ein Stück weit richtig. Der persönliche Draht ist sehr wichtig, aber ich darf mich als Verkäufer nicht ausschließlich darauf verlassen. Wenn früher je nach Branche drei bis fünf Prozent Unterschied in den Preisen toleriert wurden, so muss ein Unternehmen heute ganz klar begründen können, warum es teurer ist als der Wettbewerb.

Der persönliche Sympathiebonus ist sicher noch vorhanden, wird aber im Zuge des allgemeinen Zwangs zur Rentabilität immer schwächer bewertet.

Dennoch verbessert natürlich ein sehr guter persönlicher Draht die Chancen eines Verkäufers auf den Auftrag.

Wenn wir im Vorfeld des Angebots mit dem Kunden sprechen, können wir uns zusätzliche Informationen einholen, die uns möglicherweise in die Situation versetzen, das Angebot viel präziser auf den Kunden auszurichten.

2. Zusätzliche Informationen

An der Bereitschaft, ob uns der Anfragende bestimmte Informationen geben will, können wir testen, wie ernsthaft die Anfrage gemeint ist. Ich hielt vor einiger Zeit ein Seminar in einem Berliner Unternehmen zum Thema Angebotsverfolgung. Es ging insbesondere darum, die Mitarbeiter zu motivieren, offene Angebote qualifiziert nachzufassen. Die Mitarbeiter sagten pauschal: *»Wir haben keine Zeit zum Nachfassen!«* Auf mein weiteres Nachfragen kam dann folgende bemerkenswerte Aussage:

> *»Bei über 40 Prozent der Angebote, die wir schreiben, wissen wir bereits im Vorfeld, dass wir keine Chance auf den Auftrag haben. Wir müssen diese Angebote aber dennoch erstellen, damit wir niemandem auf die Füße treten. Wenn das anders wäre, dann hätten wir auch die Zeit, die Erfolg versprechenden Angebote nachzufassen!«*

Ist es nicht verrückt, über 40 Prozent der Angebotsaktivitäten in dem klarem Wissen durchzuführen, keine Chance zu haben? Es gibt sicherlich Branchen, wo man mal das eine oder andere Gefälligkeitsangebot abgibt, aber das darf doch bitte nicht solche Ausmaße annehmen.

Gerade wenn viel Aufwand in der Erstellung eines Angebots steckt, ist der Test der Ernsthaftigkeit ein sehr wichtiges Ziel des Vorangebotsgesprächs.

4. Kompetenztest

An der Fähigkeit, ob uns der Anfragende bestimmte Informationen fachlicher Art geben kann, können wir testen, wer es ist und welche Position er oder sie innerhalb des Unternehmens hat. Gerade bei Anfragen von neuen potenziellen Kunden erlebe ich häufiger, dass sich Vertriebsmitarbeiter ausschließlich an der Person »festbeißen«, die die Anfrage unterschrieben hat. Die Anfrage ist unterschrieben mit »A. Meier«. Wer ist »A. Meier«: ein Entscheider, ein Auszubildender oder ein Beeinflusser? Keine Ahnung!

Natürlich führe ich das Gespräch im Vorfeld auch, um herauszufinden, mit wem ich spreche und ob es weitere Personen gibt, an die man im Vorfeld sinnvollerweise herangehen könnte.

Das macht nicht immer Sinn. Aber wenn Sie bei 100 Anfragen 30-mal nicht nur mit »A. Meier« im Vorfeld sprechen, sondern auch mit dem Hauptentscheider, wird sich das zwangläufig auf Ihre Erfolgsquote auswirken.

Vertriebliche Fragen

Je nachdem, in welcher Branche Sie zu Hause sind, gibt es natürlich ganz unterschiedliche Dinge, die Sie im Vorfeld klären sollten. Aber unabhängig davon, was wir verkaufen, gibt es Fragen, die wir in jeder Branche klären müssen.

Die Frage, wann der Bedarf konkret wird, wird in 80 Prozent der Fälle von Verkäufern nicht in der Vorangebotsphase, sondern in der Angebotsverfolgung gestellt.

1. Wann wird der Bedarf konkret?

Verkäufer: »*Guten Tag, Herr Kunde, ich wollte kurz nachhören, wie der Stand der Dinge ist.*«
Kunde: »*Wir haben uns noch nicht entschieden!*«
Verkäufer: »*Wann wird der Bedarf konkret? Wann brauchen Sie …?*«

Wenn vorher nicht mit dem Kunden gesprochen wurde, dann muss ich diese Frage in der Angebotsverfolgung stellen, aber richtig wirkungsvoll ist sie eher im Vorangebotsgespräch.

Wenn Sie bereits vor der Angebotserstellung wissen, wie dringend der Bedarf ist, können Sie entsprechenden Druck aufbauen – im positiven Sinne.

Die Frage, wann der Bedarf konkret wird, ist auch noch aus einem anderen Grund sinnvoll. Anfragen sind fast immer eilig, und der Kunde möchte oft umgehend ein Angebot haben.

Verkäufer: »*Bis wann benötigen Sie das Angebot?*«
Kunde: »*Am besten heute noch!*«

Verkäufer: *»Wann wird der Bedarf konkret?«*
Kunde: *»Naja, also so eilig ist es nicht, es reicht eigentlich, wenn ich das Angebot Anfang nächster Woche vorliegen habe!«*

Wenn der Bedarfsfall aber tatsächlich sehr dringend ist, bekommen wir möglicherweise die Chance, unser Angebot kurzfristig persönlich abzugeben.

2. Wann fällt die Entscheidung?

Ich beobachte häufiger, dass der Verkäufer einen späten Bedarfstermin automatisch mit einem späten Entscheidungstermin gleichsetzt. Das kann so sein, muss aber nicht sein.

Verkäufer: *»Wann wird der Bedarf konkret?«*
Kunde: *»Wir planen die Anschaffung der Maschine in ca. sechs Monaten.«*
Verkäufer: *»Wann fällt die Entscheidung?«*
Kunde: *»Die Entscheidung fällt innerhalb der nächsten vier Wochen.«*

Nur wenn wir fragen, haben wir eine Chance auf eine hilfreiche Antwort.

3. Wie wollen Sie die angefragten Produkte einsetzen?

Auch diese Frage wird viel zu oft erst im Rahmen der Angebotsverfolgung gestellt. Hier ein Beispiel für ein typisches Nachfassgespräch:

Verkäufer: *»Wie hat Ihnen mein Angebot gefallen?«*
Kunde: *»Sie waren zu teuer, der Wettbewerber hat ein besseres Angebot gemacht.«*
Verkäufer: *»Wofür benötigen Sie die angefragte Maschine?«*
Kunde: *»Eigentlich nur für leichte Instandhaltungsarbeiten.«*
Verkäufer: *»Ach so! Da kann ich Ihnen natürlich auch noch ein preisgünstigeres Gerät anbieten!«*

Völlig falsch – nicht wegen der Vorgehensweise, sondern wegen des Zeitpunkts. Solche Vorschläge gehören nicht erst in die Phase der Angebotsverfolgung, sondern bereits in die Vorangebotsphase.

Ein Verkäufer hat es einmal perfekt formuliert: »*Fachliche Kompetenz vor dem Angebot wird vom Kunden als Beratung empfunden. Und fachliche Kompetenz nach dem Angebot als Belehrung.*«

Der Kunde, der sich gedanklich mit einer Lösung angefreundet hat, will vielleicht überhaupt nicht mehr hören, dass er auf dem falschen Weg ist. Also, wenn Sie wirklich auf die Entscheidung Ihres Kunden Einfluss nehmen wollen, dann tun Sie das vor dem Angebot.

Übrigens muss das nicht generell dazu führen, dass der Kunde eine preisgünstigere Lösung wählt, als er ursprünglich angefragt hat. Ich habe viele Situationen erlebt, in denen durch fachkundiges Hinterfragen des Einsatzzwecks eine hochwertigere Lösung verkauft wurde, der Verkäufer also gerade dadurch, dass er die beste / teuerste Lösung angeboten hat, den Auftrag gewonnen hat. Lesen Sie hierzu auch den Punkt »Kundenprioritäten« auf Seite 95.

Die Frage, wie die Entscheidung intern abläuft, gilt für Anfragen von neuen potenziellen Kunden, bei denen Sie die Entscheidungswege noch nicht kennen. Mithilfe dieser Frage entsteht im einen oder anderen Fall auch die Chance, im Vorfeld der Angebotsabgabe mit weiteren Entscheidern zu sprechen.

4. Wie läuft die Entscheidung intern ab?

Die Frage, worauf der Kunde persönlich besonderen Wert liegt, wird leider viel zu selten gestellt. Der Verkäufer zeigt damit Interesse an einer wirklich optimalen Lösung. Diese Frage kann man definitiv in jeder Branche stellen.

5. Worauf legen Sie persönlich besonderen Wert?

- Der Steuerberater zum potenziellen Neumandanten: »*Worauf legen Sie bei der Betreuung Ihrer steuerlichen Angelegenheiten besonderen Wert?*«
- Der Heizungsbauer zum potenziellen Neukunden: »*Worauf legen Sie bei der Anschaffung Ihrer neuen Heizung besonderen Wert?*«
- Der Banker zum potenziellen Neukunden: »*Worauf sollten wir aus Ihrer Sicht bei der Anlageentscheidung besonders achten?*«

- Der Händler zum Stammkunden: *»Gibt es Besonderheiten bei diesem Auftrag, die wir berücksichtigen sollen?«*
- Der Verkaufstrainer zum Unternehmer: *»Welche Wünsche und Prioritäten sollten wir bei diesem Projekt aus Ihrer Sicht besonders berücksichtigen?«*

Nehmen wir einmal an, der Kunde benennt Prioritäten, beispielsweise Termine, Ausstattungen, Zusatzleistungen, Ergebnisse oder Ähnliches. Diese Punkte könnten wir geschickterweise im Angebot unterbringen, und zwar in Fett auf der ersten Seite. Das ist die einfachste und gleichzeitig die wirkungsvollste Methode, um jedes Angebot individuell auf den Kunden auszurichten.

6. Welche Budgetgröße müssen wir berücksichtigen? Die Frage nach der Budgetgröße macht bei Investitionsgütern Sinn, insbesondere dann, wenn man in der Angebotsverfolgung häufiger folgende Reaktion hört:

Kunde: *»Ihr Angebot liegt über unserem Budgetrahmen, wir haben mit einer geringeren Investitionssumme gerechnet, daher verschieben wir die Entscheidung erst einmal!«*

Hier muss die Frage nach dem Budget vor dem Angebot gestellt werden. Wichtig ist nur, dass Sie die Frage richtig stellen. Mit Fragen wie *»Was wollen Sie ausgeben für ...?«* zeigt der Verkäufer eher Provisionsinteresse als Interesse an der optimalen Kundenlösung.

Am besten ist es, die Frage im Vorfeld zu begründen:

Verkäufer: *»Wir haben verschiedene Möglichkeiten, wie wir ... ausrüsten / gestalten können. Welche Budgetgröße sollen wir berücksichtigen?«*

Wenn die Budgetvorstellungen unseres Kunden unrealistisch sind, können wir entweder entscheiden, dass es keinen Sinn macht, ein Angebot abzugeben, und damit Zeit sparen, oder wir können versuchen, die Budgetvorstellungen des Kunden nach oben zu korrigieren. Oder wir fragen, wie die Budgetobergrenze zustande gekommen ist und wer noch in diese Überlegung einbezogen ist, um bestenfalls einen Termin zu dritt zu vereinbaren.

Diese Frage führt bei unseren Kunden aus dem technischen Großhandel regelmäßig dazu, dass die Angebotsvolumina um 10 bis 15 Prozent steigen. Der Kunde fragt Schläuche an und könnte dazu auch Befestigungstechnik gebrauchen, oder er fragt Klebstoffe an und braucht dazu eventuell Verarbeitungswerkzeuge. Das erfahren Sie jedoch nur, wenn Sie aktiv nachfragen.

7. Was benötigen Sie noch?

Die Frage, was für den Kunden noch von Interesse sein kann, lässt sich praktisch in jeder Branche stellen. Ich selbst bin bei einer Hotel- oder Tagungsbuchung noch nie gefragt worden, ob man für mich als Trainer der Veranstaltung für den Abend eine entspannende Massage vorbereiten soll. Schade.

Wenn der Kunde weitere Bedarfe nennt, haben wir wiederum die Möglichkeit, unser Angebot gegenüber den Wettbewerbern, die ohne dieses Wissen rein nach Anfrage anbieten, zu optimieren. Und selbst wenn der Kunde keinen weiteren Bedarf hat. Was zeigt der Verkäufer, indem er fragt? Interesse. Ehrliches Interesse an der für den Kunden optimalen Lösung.

Verkäufer wollen in Bezug auf das Nachfassen von Angeboten häufig wissen, wann der richtige Zeitpunkt für ein erneutes Gespräch ist. Wann sollte man Angebote nachfassen? Nach drei Tagen, nach fünf Tagen oder nach einer Woche?

8. Wann sprechen wir wieder?

Nehmen wir einmal an, der Verkäufer fasst sehr kurzfristig nach. Er ruft den Kunden 24 Stunden nach Angebotsversand an. Welche Antworten könnte er hören?

Im positivsten Fall:

Kunde: »*Das trifft sich gut, dass Sie anrufen. Ihr Angebot gefällt mir, außerdem bin ich gerade in Entscheidungslaune. Ich erteile Ihnen hiermit den Auftrag!*«

Es wäre aber auch möglich, dass der Kunde eher genervt reagiert:

Kunde: *»So schnell fallen bei uns solche Entscheidungen nicht. Sie müssen mir schon noch ein wenig mehr Zeit geben!«*

Welche Reaktion könnte aber im negativsten Fall, auch bereits nach 24 Stunden, von unserem Kunden kommen?

Kunde: *»Tut mir leid, der Auftrag ist bereits vergeben!«*

Es ist unmöglich, aus dem Bauch heraus zu entscheiden, welcher Nachfasstermin der richtige ist. Nur der vom Kunden genannte Termin zählt.

Verkäufer: *»Das Angebot liegt … bei Ihnen vor. Wann sprechen wir wieder?«*
Kunde: *»Lassen Sie mir eine Woche Zeit!«*
Verkäufer: *»Dann melde ich mich … wieder bei Ihnen?!«*
Kunde: *»Das passt!«*
Verkäufer: *»Und bis zu unserem nächsten Gespräch fällt noch keine Entscheidung?«*
Kunde: *»Nein, definitiv nicht!«*

Mit dieser Gesprächstechnik ist die Chance deutlich größer, dass der Kunde sich bis zum nächsten Gespräch inhaltlich mit dem Angebot auseinandersetzt und noch keine Entscheidung für den Wettbewerb trifft.

Checkliste Vorangebotsgespräch

Im *TQS-SalesCoach* finden Sie unter der Rubrik *SalesTools* eine Checkliste für das Führen von Vorangebotsgesprächen:

TQS-Checkliste Vorangebotsgespräch

Anfrage vom ....

Firma: ....   Telefonnummer: ....

Name: ....   Faxnummer: ....

Funktion: ....   E-Mail: ....

❏ Produkt 1   ❏ Produkt 2   ❏ Leistung 1   ❏ Leistung 2   ❏ Service

Erläuterung:

Aufgabe – inhaltliche Punkte – Verwendungszweck – Anwendungsfall:

1. ....

2. ....

3. ....

4. ....

( ) Wann wird der Bedarf konkret?   ....

( ) Wann fällt die Entscheidung?   ....

( ) Wie läuft die Entscheidung intern ab?   ....

( ) Welche Budgetgröße müssen wir berücksichtigen?   ....

( ) Worauf legen Sie bei diesem Auftrag besonderen Wert? (Material, Qualität)

....

....

( ) Gibt es Besonderheiten bei diesem Auftrag, die wir berücksichtigen sollen? (Anlieferung, Termine)

....

....

( ) Was benötigen Sie zusätzlich?   ....

( ) Wodurch sind Sie auf uns aufmerksam geworden?   ....

( ) Angebot liegt bis .... vor. Wann sprechen wir wieder?   ....

Weitere Aktivitäten:

❏ Auftrag   ❏ Angebot   ❏ Muster   ❏ Referenzen   ❏ Termin   ....

❏ nächster Kontakt   ....   ❏ Verkäufer   ....

Wenn wir Anfragen so sorgfältig erfassen, zeigen wir unseren Mitarbeitern, welch hohen Stellenwert eine Anfrage hat, und unseren Kunden, wie wichtig sie uns sind.

Anfragekultur Dadurch entwickeln wir im Unternehmen eine echte Anfragekultur, die im optimalen Fall dafür sorgt, dass ein Kunde, der bisher seinen Bedarf zu – sagen wir – 50 Prozent bei uns deckt, von ganz allein auf 60, 70 oder noch mehr Prozentpunkte geht, weil er sich einfach gut bei uns aufgehoben fühlt, und zwar ohne dabei ausschließlich nur auf den Preis zu achten.

Ich werde manchmal gefragt, ob man denn diese Checkliste tatsächlich ausfüllen kann, wenn man persönlich mit einem Kunden spricht. Natürlich können Sie, ich empfehle es Ihnen sogar ausdrücklich. Wenn ich mit einem Verkäufer über einen konkreten Bedarfsfall spreche, hinterlässt es keinen guten Eindruck, wenn der Verkäufer sich keine Notizen macht. Und es ist noch einmal ein Unterschied, ob die Notizen auf einem weißen Blatt gemacht werden oder auf einer eigens entwickelten Checkliste.

Natürlich reagieren gerade die erfahrenen Verkäufer wenig begeistert, wenn eine neue Checkliste eingeführt werden soll. Man hört dann häufig Aussagen wie: *»Ich bin schon sehr lange in dieser Branche, ich brauche keine Checkliste, so etwas habe ich im Kopf!«*

Ich stelle dann gern einen Vergleich mit einer anderen Berufsgruppe an: Berufspiloten. Haben Sie einmal beobachtet, was ein Pilot vor jedem, hoffentlich jedem Start macht? Er geht eine Checkliste durch. Diese Checkliste hilft ihm dabei, Fehler zu vermeiden. Diese entstehen nicht etwa, weil der Pilot keine Ahnung hat von dem, was er tut, sondern aus Routine, weil er bestimmte Dinge einfach vergisst, die er ständig macht. Eine Checkliste ist also niemals ein Zeichen von mangelnder Kompetenz, sondern – im Gegenteil – von besonders hoher Kompetenz und Sorgfalt. Dass es im praktischen Einsatz nicht darum geht, diese Liste stumpf abzulesen, sondern sie eher als begleitendes Werkzeug eingesetzt wird, versteht sich von selbst.

Die Sorgfalt, die ein Verkäufer im Vorfeld des Angebots investiert, wird vom Kunden auf das zu erwartende Ergebnis projiziert. Das heißt, je sorgfältiger Sie im Vorfeld eines Angebots agieren, umso eher geht der Kunde davon aus, dass Ihr Angebot seinen Erwartungen am ehesten gerecht wird.

Und das wird direkten Einfluss auf Ihre Abschlussquote nehmen. Probieren Sie es aus!

1. Entwickeln Sie eine Checkliste für Vorangebotsgespräche gemäß dem gezeigten Muster, oder nutzen Sie die TQS-Checkliste für Vorangebotsgespräche, die auf der beigefügten CD und im *TQS-SalesCoach* verfügbar ist.
2. Passen Sie die Checkliste an Ihre Firma und Branche an.
3. Führen Sie Ihre Vorangebotsgespräche mithilfe dieser Checkliste.

Praxisaufgaben

Eine wichtige Bitte habe ich an Sie: Informieren Sie uns über Ihre Ergebnisse! Unter *info@deutschevertriebsberatung.de* können Sie uns erreichen, Ihre Fragen stellen und auch von erzielten Erfolgen berichten.

Prioritätenbestimmung

Eine eingehende Anfrage so sorgfältig zu behandeln, wie im vorhergehenden Kapitel beschrieben, kostet natürlich Zeit – Zeit, die in immer mehr Unternehmen immer weniger vorhanden ist.

Ein Kollege von mir hat einmal gesagt: *»Die meisten Unternehmer arbeiten viel zu viel* in *der Firma, aber viel zu wenig* an *der Firma!«*

Das Gleiche gilt für auch für Verkäufer und Vertriebe. Die richtige Mischung aus Quantität und Qualität zu finden ist ein weiterer wichtiger Schlüssel zu mehr Vertriebserfolg, und auch hierfür bietet TQS ein Praxiswerkzeug.

Auf der beigefügten CD finden Sie unter dem Stichwort »Anfragetools« eine Checkliste zur Bestimmung der Priorität von Anfragen:

Checkliste

Kriterien	Hoch	Mittel	Tief
Kunde			
Interessent			
Volumen			
Potenzial			
Aufwand			
Bonität			
Erreichbarkeit			
Termine			
Auswertung			

Wenn ein Verkäufer nur wenige Anfragen in der Woche bekommt, hat jede Anfrage oberste Priorität und sollte sorgfältigst behandelt werden. Abgesehen davon sollte hier natürlich am Akquisitionsmanagement gearbeitet werden, um die Anfragesituation zu verbessern.

Wenn die Anzahl der eingehenden Anfragen höher ist, kann Ihnen diese Checkliste dabei helfen, die Prioritäten richtig zu setzen.

Beispiel Einer meiner Kunden hat eine Papiergroßhandlung. Hier rufen zu 95 Prozent Stammkunden an und fragen telefonisch Preise und Produkte ab, und zwar pro Kunde bis zu 10-mal am Tag. Insgesamt sind es mehr als 100 Anfragen pro Tag. Die Mitarbeiter würden es einfach zeitlich nicht schaffen, jede Anfrage so sorgfältig zu behandeln. Hier haben wir als Priorität eine Mengenuntergrenze festgesetzt; erst ab dieser Grenze wird ein Vorangebotsgespräch nach oben beschriebenem Muster geführt.

Im Rahmen interner TQS-Einführungen wird mit allen Beteiligten gemeinsam erarbeitet, in welchen Fällen ein Vorangebotsgespräch verbindlich zu führen ist. Nachfolgend sehen Sie eine entsprechende Aufstellung aus einem technischen Handelsbetrieb.

Kriterien für ein Vorangebotsgespräch

Kriterien:

1. Neukunde
2. Alibianfragen
3. Bestandskunde mit neuem Produkt oder neuer Ansprechpartner
4. Kunde hat länger als 6 Monate nichts gekauft
5. Technische Unklarheiten
6. Wenn die oben genannten Kriterien nicht erfüllt sind – ab einem Auftragswert von 400 Euro
7. Direkter Auftrag möglich
8. Vertriebliche Unklarheiten

Das gemeinsame Festlegen der Kriterien führt zu einem breiten Konsens bei den Mitarbeitern.

Im Zweifelsfalle ist es natürlich besser, eine Anfrage eher mit Priorität A zu behandeln. Jeder Verkäufer kennt Beispiele, wo hinter kleinen Anfragen große Aufträge verborgen waren.

Gerade bei Ausschreibungen wird enorm viel Zeit ver(sch)wendet mit dem Ausfüllen von Leistungsverzeichnissen. Rücklaufquoten von durchschnittlich vier Prozent können schon als gut bezeichnet werden. Wenn Sie mit Ihren Ergebnissen in diesem Bereich zufrieden sind, dann behalten Sie ihre bisherige Vorgehensweise bei, wenn nicht, empfiehlt es sich, gerade in diesem Bereich im Vorfeld mehr über die eigenen Chancen nachzudenken. TQS bietet dazu ein Werkzeug, eine Checkliste.

Chancenermittlung bei Ausschreibungen

TQS-Checkliste Chancenermittlung – Leistungsverzeichnisse

Ausschreibende Stelle: .... Planer: ....

Objekt: .... Nutzer: ....

Abgabetermin: .... Telefon: ....

( ) öffentlich ( ) beschränkt ( ) freihändig ( ) GU ( ) Elektriker/WV

Besonderheiten der Ausschreibung: ....

....

Welche inhaltlichen Punkte sind noch zu klären?

1. .... durch: ....

2. .... durch: ....

3. .... durch: ....

Allgemeines:

1. Wie hoch ist der Anteil Eigenprodukte / Fremdprodukte? .... % / .... %

....

2. Wie hoch ist der Fremdleistungsaufwand (Leitungsnetze / Installationen / Sonstiges)?

....

3. Wie schätzt der Verkäufer die Auftragschancen ein (mit Begründung)? .... %

....

4. Besondere Risiken: ....

....

5. Gesamtbewertung: ....

....

Weitere Aktivitäten:

( ) Angebotserstellung ( ) Absage durch: ....

Datum / Unterschrift: ....

Diese Checkliste sollte im Vorfeld der Angebotserstellung von allen am Prozess Beteiligten, also beispielsweise Planungsabteilung und Vertrieb, gemeinsam genutzt werden, um die Chancen zu ermitteln und um zu entscheiden, wie man sich verhält, wenn die Chancen eher als schlecht bewertet werden. Das führt in jedem Fall zu mehr Effizienz in diesem Bereich.

1. Entwickeln Sie eine Checkliste zur Prioritätenbestimmung gemäß dem gezeigten Muster, oder nutzen Sie die TQS-Checkliste Prioritätenbestimmung, die auf der beigefügten CD und im *TQS-SalesCoach* verfügbar ist.
2. Passen Sie die Checkliste an Ihre Firma und Branche an.
3. Bestimmen Sie mithilfe dieser Checkliste die Priorität eingehender Anfragen. Legen Sie Parameter fest für das Führen von Vorangebotsgesprächen.
4. Passen Sie die TQS-Checkliste Chancenermittlung für Leistungsverzeichnisse an Ihre Firma und Branche an und nutzen Sie diese wie beschrieben.

Eine wichtige Bitte habe ich an Sie: Informieren Sie uns über Ihre Ergebnisse! Unter *info@deutschevertriebsberatung.de* können Sie uns erreichen, Ihre Fragen stellen und auch von erzielten Erfolgen berichten.

Kritische Situationen im Vorangebotsgespräch

Der Kunde holt weitere Wettbewerbsangebote ein

Wenn der Kunde in der Vorangebotsphase erwähnt, dass er noch andere Angebote einholen wird, haben Sie eine weitere Chance, Ihre Erfolgsaussichten zu verbessern. Wie reagiert man richtig auf diese Aussage?

Kunde: *»Gut, dann erwarte ich Ihr Angebot über die besprochenen Produkte! Ich weise Sie der Fairness halber noch darauf hin, dass ich mir weitere Angebote von zwei Wettbewerbern einholen werde.«*

Häufig kommt folgende Antwort vom Verkäufer: *»Gut, machen Sie das.«* Oder: *»Herr Kunde, das kann ich gut verstehen.«*

Diese Reaktion ist nicht schädlich, sie bringt dem Verkäufer allerdings auch keinen direkten Vorteil.

Wenn der Kunde sich mehrere Angebote einholt, wollen wir erreichen, dass er die Angebote inhaltlich genau vergleicht und nicht nur auf den Preis schaut.

Vielleicht befürchten wir, dass ein Wettbewerber nicht alles oder unfair anbietet und wir somit mit unserem Angebot preislich deutlich höher liegen werden. Das Werkzeug hierzu nennt sich vorgezogene Verunsicherung.

Vorgezogene Verunsicherung

Vorgezogen deshalb, weil die Verunsicherung als Werkzeug häufig erst in der Angebotsverfolgung eingesetzt wird. Vorgezogen zu verunsichern bedeutet, dem Kunden zu verdeutlichen, dass es in Ihrer Branche Unterschiede geben kann, was Qualität, Ausstattung, Leistungsfähigkeit oder Ähnliches anbelangt. Wenn Sie das schaffen, erhöhen Sie die Chance, dass Ihr Kunde die Angebote inhaltlich genauer vergleicht oder Ihnen im besten Fall die Möglichkeit gibt, die Angebote gemeinsam zu vergleichen.

Vorgezogen zu verunsichern bedeutet nicht, unqualifiziert gegen den Wettbewerb zu argumentieren, da das bekanntermaßen eher dazu führt, dass der Kunde den verunglimpften Marktbegleiter in Schutz nimmt.

In Bezug auf die konkrete Formulierung ist besonders wichtig, ob man es mit einem Kunden zu tun hat, der etwas zum ersten Mal kauft, oder mit einem Kunden spricht, der sich bereits sehr gut auskennt. Die folgenden Formulierungen habe ich in vielen Branchen getestet, sie funktionieren hervorragend.

Der Erstkäufer oder Laie

Kunde: »*Gut, dann schicken Sie mir ein Angebot über die besprochenen Produkte! Ich weise Sie der Fairness halber noch darauf hin, dass ich mir noch weitere Angebote von zwei Wettbewerbern einholen werde.*«
Verkäufer: »*Das kann ich gut verstehen, Herr Kunde, es geht ja immerhin um eine größere Investition.*«

Diese erste Reaktion ist absolut professionell, da Sie damit klar zum Ausdruck bringen, dass Sie Vergleiche mit dem Wettbewerb in keiner Weise fürchten.

Verkäufer weiter: »*Herr Kunde, ich bitte Sie nur darauf zu achten, dass es gerade im Bereich … zum Teil erhebliche Unterschiede geben kann, was die … und die … anbelangt.*«

Ersetzen Sie einfach die Pünktchen durch Ihr Produkt und die entsprechenden Kriterien, und Sie haben eine Formulierung, die in der Praxis sehr gut funktioniert. Wichtig ist, dass diese Aussage nicht in einem belehrenden Tonfall kommt, sondern eher beiläufig informativ.

Ich verspreche Ihnen keine Wunder, aber Sie können sicher sein, dass Ihr Kunde, so gebrieft, die Angebote wesentlich kritischer vergleichen wird.

Er wird auch eventuelle hohe Preisunterschiede besser zu gewichten wissen und Ihnen eher die Chance geben, in einem weiteren Gespräch die Preisunterschiede zu relativieren.

Die Formulierung können Sie allerdings nur bei Kunden anwenden, die nicht über umfangreiches Fachwissen oder Erfahrungen im Einkauf Ihrer Produkte und Dienstleistungen verfügen.

Bei einem echten Profi müssten Sie folgende Reaktion befürchten: **Echter Profi**

Kunde: »*Ich arbeite seit zehn Jahren in dieser Branche. Wollen Sie mir unterstellen, dass ich inkompetent bin?!*«

Wenn Sie es mit einem Kunden zu tun haben, der über Ihren Produktbereich bereits informiert ist, müssen Sie die Verunsicherung natürlich etwas anders formulieren. Formulieren Sie sie so, dass Ihnen sonnenklar ist, dass Ihr Kunde weiß, dass es Unterschiede bei verschiedenen Kriterien geben kann und Sie dies ja eigentlich gar nicht erwähnen müssten.

Kunde: »*Gut, dann schicken Sie mir ein Angebot über die besprochenen Produkte! Ich weise Sie der Fairness halber noch darauf hin, dass ich mir noch weitere Angebote einholen werde.*«

Verkäufer: »*Das kann ich gut verstehen, Herr Kunde, es geht ja immerhin um eine größere Investition.*«

Verkäufer beiläufig: »*Und Sie wissen, dass es gerade im Bereich ... zum Teil erhebliche Unterschiede geben kann, was die ... und die ... anbelangt.*«

Kunde: »*Ja, das weiß ich.*«

Mit dem kleinen Zusatz »*Und Sie wissen ...*« verhindern Sie, dass der Kunde Ihre Verunsicherung als Belehrung empfindet.

Natürlich spricht der Kunde nicht immer offen aus, dass er sich noch weitere Angebote einholen wird. Wenn es in Ihrer Branche in 99,9 Prozent der Fälle allerdings üblich ist, dass weitere Angebote eingeholt werden, dann und nur dann können Sie die vorgezogene Verunsicherung installieren, auch wenn der Kunde es nicht von allein anspricht.

Keine Angst vor Wettbewerbsangeboten Sie signalisieren damit Ihrem Kunden, dass Sie Wettbewerbsangebote nicht »fürchten« und selbstbewusst zu Ihrem Angebot stehen.

Verkäufer: »*Ich könnte mir vorstellen, dass Sie bei diesem Investitionsumfang noch weitere Angebote einholen werden?!*«

Kunde: »*Ja, das werde ich in jedem Fall tun!*«

Verkäufer weiter: »*Herr Kunde, das kann ich verstehen, und Sie wissen, dass es gerade im Bereich ... zum Teil erhebliche Unterschiede geben kann.*«

Für den Fall, dass der Kunde die Verunsicherung aushebelt, indem er mögliche Unterschiede verneint, sollte Ihre Argumentation natürlich so stark sein, dass Sie eine Begründung für Ihre Aussage parat haben.

Kunde: »*So groß werden die Unterschiede schon nicht sein!*«

Verkäufer weiter: »*Herr Kunde, ich hatte vor einiger Zeit eine ähnliche*

Situation, bei genauem Vergleich der Angebote gab es ganz erhebliche Unterschiede im Serviceumfang und bei der Ausstattung!«

Es gibt einen wichtigen Grundsatz im Zusammenhang mit Preis-argumentationen:

Preisdiskussionen

Führen Sie, wann immer möglich, eine Preisdiskussion vor dem Angebot durch und nicht erst danach!

Probieren Sie diese Vorgehensweise bei Ihren nächsten Vorange-botsgesprächen einmal aus. Sie verbessern damit Ihre Chancen erheblich.

Zum einen wird die Reaktion *»Sie sind zu teuer!«* in der weiteren Angebotsverfolgung häufig weniger massiv kommen, zum anderen werden Sie öfter die Chance bekommen, Ihren Preis richtig zu erklären und eventuelle Preisdifferenzen zu relativieren.

Die vorgezogene Verunsicherung ist eines der wichtigen Werkzeuge von überdurchschnittlich erfolgreichen Verkäufern.

Der Kunde verweigert einen Wiedervorlagetermin

Es gibt Kunden, die sich nicht auf einen festen Termin zur Wiedervorlage bzw. zum Nachfassen des Angebots einlassen möchten.

»Schicken Sie mir das Angebot zu, ich melde mich, wenn ich so weit bin!«

Man kann das akzeptieren, und es gibt sicher auch den einen oder anderen Kunden, der auch wirklich anruft, bevor die Entscheidung fällt. Aber abgesehen davon sollte man nicht zu schnell aufgeben und zumindest versuchen, einen Termin zu bekommen.

Verkäufer: *»Herr ..., ich bin im Moment viel unterwegs. Wann kann ich es wieder versuchen?«*

1. Möglichkeit

Erklären Sie nicht, dass Sie nie zu erreichen sind, da dies unnötige Vorbehalte beim Kunden wecken kann. Drücken Sie es, wie gerade gezeigt, eher unverfänglich aus.

2. Möglichkeit Einige Verkäufer fragen den Kunden: »*Wann kann ich denn mit Ihrem Anruf rechnen?*« Besser funktioniert eine andere Fragestellung.

Verkäufer: »*Herr ..., für wann kann ich mir das Angebot auf Termin legen?*«

Beide Male fragt der Verkäufer nach einem Zeitpunkt. Die letztgenannte Variante funktioniert jedoch besser. Warum? Im ersten Beispiel fragt der Verkäufer den Kunden nach dem Schema: »Sag du, Kunde, mir, wann du aktiv wirst«. Im zweiten Beispiel fragt der Verkäufer nach dem Schema: »Sag du, Kunde, mir, was ich machen soll«.

In den meisten Fällen bekommen Sie einen Zeitpunkt genannt. Notieren Sie den genannten Termin und fassen Sie nach.

Es gibt auch Kunden, die antworten: »*Kann ich Ihnen nicht sagen, am besten heften Sie das Angebot ab, ich melde mich, wie gesagt!*«

Entscheidungs-beschleuniger Hier bietet sich der Einsatz eines Entscheidungsbeschleunigers an, wenn man den Bedarfstermin kennt.

Verkäufer: »*Herr ..., Sie sagten vorhin, dass Sie die Produkte bis spätestens Ende des Monats benötigen. Wenn das konkret ist, müssen wir spätestens Anfang nächster Woche noch einmal sprechen, damit wir Ihren Wunschtermin halten können.*«

Wenn es diesen konkreten Bedarfstermin nicht gibt, besteht möglicherweise Gelegenheit, über einen eigenen Vorlauftermin etwas Druck aufzubauen:

Verkäufer: »*Herr ..., ich bitte Sie nur zu berücksichtigen, dass wir zur Ausführung der Arbeiten einen zeitlichen Vorlauf von ... Wochen benötigen, um eine wirklich sorgfältige Ausführung sicherzustellen!«*

Anhand der Kundenreaktion kann man an dieser Stelle auch noch einmal die Ernsthaftigkeit bzw. die Dringlichkeit der Anfrage bestimmen.

Verhindern, dass der Kunde sich bis zum nächsten Gespräch für einen Wettbewerber entscheidet

Zu den weniger schönen Erlebnissen im Verkäuferleben gehören ganz sicher Angebotsverfolgungen mit der Auskunft des Kunden: *»Ich habe mich bereits gestern für einen Wettbewerber von Ihnen entschieden!«*

Eine Möglichkeit, dies immer zu vermeiden, gibt es natürlich nicht. Dennoch haben Sie im Vorangebotsgespräch die Chance, dieser Situation vorzubeugen.

> **Der wirklich konkrete Wiedervorlagetermin macht es dem Kunden tatsächlich schwerer, sich bereits vorher für einen Wettbewerber zu entscheiden. Wenn Sie mit dem Kunden fest vereinbart haben, am Tag X noch einmal über das Angebot zu sprechen, dann werden viele Kunden auch bis dahin ihre Kaufentscheidung offenhalten.**

Noch besser werden Ihre Chancen allerdings, wenn Sie den konkreten Wiedervorlagetermin mit einem weiteren verkäuferischen Werkzeug verknüpfen. Im Vorangebotsgespräch kann man normalerweise nur sehr sanften Druck auf den Kunden ausüben, gerade wenn man ihn noch nicht genau kennt und seine Reaktionen noch nicht abschätzbar sind. Beobachten wir unseren Verkäufer:

Mit verkäuferischem Werkzeug verbinden

Verkäufer: *»Gut, Herr ..., dann melde ich mich am ... um ... bei Ihnen, um die weitere Vorgehensweise abzustimmen!«*
Kunde: *»Machen Sie das!«*

Verkäufer weiter: »*Und bis … können Sie Ihre Entscheidung auch noch offenhalten!?*«
Kunde überlegt kurz und sagt dann: »*Bis … halte ich mir die Entscheidung offen!*«

Das ist natürlich keine Garantie dafür, dass der Kunde sich nicht vorher entscheidet, aber es wird ihm nach dieser Aussage zumindest schwerer fallen. Natürlich kann es passieren, dass der Kunde diese Zusage verweigert.

Kunde: »*Das kann ich Ihnen nicht versprechen!*«

Entscheiden Sie anhand Ihrer Verhandlungsposition, wie Sie hier weiter vorgehen, akzeptieren oder dagegenhalten.

Verkäufer weiter: »*Herr Kunde, ich erstelle gern ein komplettes Angebot für Sie, aber ich möchte dann von Ihnen auch die Zusage, dass wir noch einmal miteinander sprechen, bevor Sie die Entscheidung treffen!*«

Es gibt kaum Kunden, die diese Zusage verweigern, wenn doch, würde ich nur im Ausnahmefall ein komplettes Angebot erstellen.

Umgang mit Alibianfragen

Kennen Sie das? Sie bekommen eine Anfrage auf den Tisch und denken: »*Bei dieser Firma haben wir schon so viele Angebote abgegeben, aber noch nie einen Auftrag erhalten.*«

Wie geht man mit Alibianfragen um? Wenn ich Verkäufer zu diesem Punkt befrage, kommen die unterschiedlichsten Antworten.

Beispiele
- »*Alibianfragen wandern direkt in den Müll, die Zeit spare ich mir!*«
- »*Da gebe ich einfach einen überhöhten Preis ab, das erschreckt den Alibianfrager so, dass der nie wieder anfragt.*«

- *»Da gebe ich einen Kampfpreis ab und schade damit meinem Wettbewerber!«*
- *»Ich mache erst mal gar nichts. Wenn der Anfrager wirklich was will, meldet er sich noch einmal.«*
- *»Ich schreibe zurück, dass wir im Moment keine Kapazitäten frei haben.«*

Zum Teil kann ich diese Reaktionen verstehen, aber so richtig geschickt ist es nicht, so zu verfahren. Andere wiederum geben immer weiter Angebote ab und hoffen, irgendwann einmal doch einen Zuschlag zu erhalten.

Zu Alibiangeboten gehören immer zwei: einer, der es versucht, und einer, der mitspielt.

Die oben genannten Reaktionen berücksichtigen dies nicht, darüber hinaus vergisst der Verkäufer, dass auch eine Alibianfrage zunächst einmal eine Umsatzchance ist, wenn sie richtig bedient wird. Versuchen Sie es einmal mit diesem Gesprächsansatz:

Umsatzchance

Verkäufer: *»Vielen Dank für Ihre erneute Anfrage, ich habe vorab noch eine Frage. Sie haben von uns bereits eine Reihe von Angeboten erhalten. Bisher konnten wir leider keinen Auftrag für Sie ausführen. Woran liegt das?«*
Kunde: *»Sie waren immer zu teuer!«*
Verkäufer: *»Und mal ganz abgesehen vom Preis, woran hat es noch gelegen?«* oder
Verkäufer: *»Was müssen wir diesmal besonders beachten, um einmal einen Auftrag zu erhalten?«*

Entscheiden Sie anhand der Antwort, ob Sie

- ein weiteres komplettes Angebot erstellen,
- ein weiteres komplettes Angebot gegen Projektierungskosten erstellen,
- ein Kurzangebot erstellen oder
- eine Absage erteilen.

Ich kenne etliche Beispiele aus fast jeder Branche, wo allein ein Ansprechen der Thematik nach dem gerade aufgezeigten Muster zu Aufträgen geführt hat, weil der Kunde diesen Anbieter nicht ganz verlieren wollte.

Wie zu Anfang des Kapitels bereits gesagt, sollten wir mehr mit unseren Kunden sprechen, *bevor* wir ein Angebot erstellen.

Praxisaufgaben

1. Überlegen Sie, ob der Erwerb des *TQS-SalesCoach* für Sie persönlich nutzbringend ist.
2. Wenn ja, laden Sie ihn von unserer Homepage *www.deutschevertriebsberatung.de* herunter und installieren Sie ihn auf Ihrem Computer.
3. Machen Sie sich mit der Funktionsweise des *SalesCoach* vertraut.
4. Führen Sie Vorangebotsgespräche, bevor Sie ein Angebot erstellen. Viel Erfolg!

Eine wichtige Bitte habe ich an Sie: Informieren Sie uns über Ihre Ergebnisse! Unter *info@deutschevertriebsberatung.de* können Sie uns erreichen, Ihre Fragen stellen und auch von erzielten Erfolgen berichten.

3. TQS – Angebotsgestaltung

Die professionelle Gestaltung von Angeboten ist der nächste wichtige Schritt im TQS. Wie kundenorientiert und wie verkaufsorientiert ist das Angebot des Verkäufers gestaltet? Ich habe bereits im Vorwort erwähnt, dass etliche Angebote heute eher aussehen wie Lieferscheine oder Gesetzestexte. Der Kunde findet viele technische und rechtliche Informationen, aber kaum Argumente, die ihm helfen, sich für das jeweilige Angebot zu entscheiden.

Die häufigsten Gestaltungsfehler

Schauen wir uns einmal die häufigsten Fehler an, die in der Gestaltung von Angeboten zu finden sind.

Angebote, die direkt aus Warenwirtschaftsprogrammen heraus erstellt werden, sind häufig von der äußeren Form her eine Katastrophe.

1. Zu technische Angebote

Der Kunde findet in Tabellen- oder Absatzform technische Bezeichnungen und rechts daneben die Preise. Natürlich sind diese Informationen wichtig. Aber die Frage ist doch, was wir zusätzlich tun können, um unsere Preise, Leistungen und Produkte im richtigen Verhältnis darzustellen.

2. Preise auf der ersten Seite Gerade Branchen, die unter starkem Preisverfall leiden, geben häufig Angebote ab, auf denen der Preis auf der ersten Seite steht, am besten in der Mitte und fett gedruckt. Es macht aber nur dann Sinn, den Preis derartig in den Vordergrund zu stellen, wenn die Firma der absolute Preisbrecher im Markt und der Preis das Hauptverkaufsargument ist.

Es wird jedoch auch in vielen anderen Angeboten der Preis unangemessen besonders oder ausschließlich hervorgehoben.

3. Unklare Bezeichnungen Oft sind Anbieter so technikorientiert, dass vergessen wird, dass der Kunde möglicherweise über weniger fachspezifisches Wissen verfügt als der Anbieter. Zwei Beispiele:

> ... Nach interner Prüfung können wir Ihnen wie folgt anbieten:
>
> a) Herstellung nach Ihrer Rezeptur und Herstellvorschrift
>
> b) Abfüllung und Konfektionierung
>
> - Spender mit 100 ml Bulk befüllen und Kolben aufbringen
> - Spender steeven und codieren
> - Tray aufrichten und mit Leim besprühen
> - Bodeneinlage in Tray legen und nochmals mit Leim besprühen
> - 10 Spender aufrichten und in Tray einstellen
> - Stülper aufrichten und über Tray stülpen
> - Tray und Stülper mit Klebeband verschließen und codieren
> - Palettieren und stretchen ...

> ...
> Drehrahmen für Türen, nach außen öffnend,
> verkehrsweiß   220,00 Euro
> Spannrahmen in Winkellaschenmontage   112,00 Euro
> ...

Raten Sie einmal, was im zweiten Beispiel verkauft werden soll: Türen? Fenster? Zargen? Oder Beschläge?

Im Beratungsgespräch riet ich dem Anbieter bezüglich seiner Gestaltung, in die Angebote hineinzuschreiben, was er überhaupt verkaufen möchte.

Darauf der Anbieter empört: »*Steht doch drin!*«
Ich: »*Nein, es steht nicht drin, dass Sie hochwertige Insektenschutzgitter verkaufen!*«
Anbieter erstaunt: »*Tatsächlich, das ist mir die letzten Jahre überhaupt nicht mehr aufgefallen. Aber wir haben trotzdem ganz gut verkauft!*«
Ich: »*Wer weiß, wie viel mehr Sie hätten verkaufen können, wenn die Angebote anders ausgesehen hätten.*«

Vor einiger Zeit erhielt ich ein Angebot von einer Druckerei, von der ich weiß, dass sie wirklich hervorragende Arbeit leistet. Das Problem hier war jedoch die Lesbarkeit: eine Schriftgröße von 7 Punkt, also winzig klein und praktisch nur mit Lupe zu entziffern. Zudem führte die Versendung als Fax dazu, dass dieses Angebot gänzlich unlesbar wurde.

4. Zu kleine Schriftgröße und undeutliche Schreibweise

Das Ende jeglicher Verkaufskultur sind handschriftliche Angebote auf der Anfrage eines Kunden. Ich habe Beispiele vorliegen, bei denen der Absender zweimal durchgestrichen, ein Firmenstempel schief in der Mitte aufgedrückt und dann mit einer undeutlichen Handschrift der Preis dazugekritzelt wurde.

5. Handschriftliche Angebote auf schriftliche Kundenanfragen

Muss man wegen jedes Kleinangebots extra eine Werbeagentur beauftragen? Sicher nicht, aber auch kleinvolumige Angebote müssen / sollten so nicht aussehen.

Ein Angebot ist immer auch die Visitenkarte des Unternehmens, aus der ein Kunde Rückschlüsse zieht auf die Qualität der zu erwartenden Leistung.

Grundregeln der Angebotsgestaltung

Hier ein anderes Beispiel, unabhängig von einer speziellen Branche.

Beispiel für ein
schlechtes
Angebotsschreiben

> Muster GmbH
> Herrn Muster
> Musterstr. 1
>
> 00000 Musterstadt
>
> 00.00.0000
>
> **Angebot für ...**
>
> Sehr geehrte Damen und Herren,
>
> nachfolgend unterbreiten wir Ihnen unser Angebot:
>
> Menge: 1.000
> Preis/Stück: 1,00 Euro
> Gesamt: 1.000,00 Euro zzgl. MwSt und Versandkosten
> Angebotsfrist: 00.00.00
>
> Wir hoffen, dass Ihnen unser Angebot zusagt, und würden
> uns über eine Auftragserteilung sehr freuen.
>
> Mit freundlichen Grüßen
>
> *Beispiel AG*

Persönliche Anrede Es fällt sofort auf, dass dieses Angebot nicht auf den Kunden ausgerichtet ist, weil die Anrede »*Sehr geehrte Damen und Herren*« verwendet wird. Wenn der Kundenname verfügbar ist, sollte der Kunde auch persönlich angesprochen werden. Und wenn kein Name vorhanden ist, dann sollten Sie vorher anrufen, um herauszufinden, wer Ihr Ansprechpartner ist.

Die Formulierung »*Wir hoffen ...*« ist auch nicht ganz glücklich gewählt, auch wenn sie in 80 Prozent aller Angebote zu finden ist.

Angebote sollten immer mit Wiedervorlagetermin versehen werden, sofern dieser im Vorangebotsgespräch vereinbart wurde, etwa mit folgendem Satz:

Wiedervorlage-termin

»Herr / Frau ... wird sich am ... mit Ihnen in Verbindung setzen, um die weitere Vorgehensweise abzustimmen.«

Sie erhöhen dadurch die Chance, dass der Kunde sich bis zum Termin eher mit dem Angebot beschäftigt, und verringern gleichzeitig die Gefahr, dass er sich vor dem Termin bereits für einen Wettbewerber entscheidet.

Was dem Kunden persönlich wichtig ist – seine Prioritäten und Wünsche –, sollte im Angebot besonders hervorgehoben werden, auch typografisch.

Kundenprioritäten

Beispiel AG

Beispiel für ein gelungenes Angebotsschreiben

Sehr geehrter Herr *Muster*,

nachfolgend erhalten Sie Ihr gewünschtes Angebot.

Menge: 1.000
Preis / Stück: 1,00 Euro
Gesamt: 1.000,00 Euro zzgl. MwSt und Versandkosten
Angebotsfrist: 00.00.00

Sie baten uns insbesondere, auf folgende Punkte zu achten:

1. Ausführung / Lieferung in KW ...

2. Gebrauchsanweisung mehrsprachig

3. Anwendungssicherheit im Bereich ...

Die Einhaltung des Termins können wir bei Auftragserhalt bis ... gewährleisten.

Herr / Frau ... wird sich am ... mit Ihnen in Verbindung setzen, um die weitere Vorgehensweise abzustimmen.

Mit freundlichen Grüßen

Beispiel AG

Die hervorgehobenen Prioritäten sind die Antworten auf unsere Fragen im Vorangebotsgespräch:

- *»Worauf legen Sie bei diesem Auftrag persönlich besonderen Wert?«*
- *»Gibt es bei diesem Auftrag Besonderheiten, die wir berücksichtigen sollen?«*

Und genau diese Kundenprioritäten gehören *in die Mitte* des Angebotes – und nicht etwa der Preis oder der Gerichtsstand.

Rechtliche Bestandteile gehören natürlich ebenfalls zu einem seriösen Angebot. Die Frage ist aber immer, wo und in welcher Reihenfolge die verschiedenen Angebotselemente stehen. Wie führen wir unseren Kunden durch das Angebot, um ihm die Chance zu geben, alle Bestandteile des Angebots richtig zu bewerten?

Bei technischen Angeboten Wenn Ihre Angebote eher technisch gehalten sind und Sie Textänderungen nicht ohne Weiteres vornehmen können, dann empfehle ich Ihnen folgende Vorgehensweise:

1. Lassen Sie die technische Beschreibung, wie sie ist, aber verwenden Sie sie nur als Anlage.
2. Verfassen Sie zu Ihren Angeboten ein Anschreiben gemäß dem nachfolgenden Musterbrief.
3. Oder fügen Sie, wenn möglich, dieses Anschreiben als Textbaustein vor die technische Beschreibung ein.

Mithilfe des nebenstehenden Anschreibens können Sie die Erfolgsaussichten Ihrer Angebote optimieren, da der Kunde zum einen seine Prioritäten und zum anderen Vorteile wiederfindet, die ihm dabei helfen, sich für Ihr Angebot zu entscheiden.

Auf den folgenden Seiten finden Sie einige Angebote, wie sie ursprünglich und wie sie nach der Optimierung mittels TQS aussahen.

Beispiel AG

Muster GmbH
Herrn Muster
Musterstr. 1
00000 Musterstadt

Beispiel für ein
gelungenes
Angebotsschreiben

00.00.0000

Angebot für ...

Guten Tag, Herr *Muster*,

vielen Dank für Ihre Anfrage. Nachfolgend erhalten Sie Ihr
gewünschtes Angebot.

Die *Beispiel AG* ist seit ... Jahren auf ... spezialisiert *[nur in
Erstangeboten erwähnen]*.

Sie baten uns, insbesondere auf folgende Punkte zu achten:

1.

2.

3.

**Wir bitten Sie, insbesondere auf folgende Vorteile zu
achten:**

1.

2.

3.

Herr / Frau ... wird sich am ... mit Ihnen in Verbindung
setzen, um weitere Details abzustimmen.

Wir freuen uns auf Ihren Auftrag und stehen für Fragen
gern unter: 0000-00 00 00 zu Ihrer Verfügung.

Beste Grüße nach *Musterstadt*

Beispiel AG

Sabine Musterfrau

MUSTER & MUSTER

TECHNISCHER GROSSHANDEL

Angebot

Muster & Muster GmbH & Co., Postfach 00 00 00, 12345 Musterhausen

Muster Möbelwerk	
GmbH & Co. KG	
Alter Musterweg 00	
23456 Musterstadt	

Nummer	Kd.Nummer	Datum	Seite
0508224-1	102116	00.00.0000	1

Bitte stets angeben

Angebot	: 0508224
Ihre Anfrage	: Telefon
Anfragedatum	: 00.00.0000
Ihre Angaben	:
Kontakt	: Frau Muster
Lieferart	: Unser LKW
Lieferbedingungen	: Frei Haus
Fachberater	: Barthel Mustermann
Fachb. Telefon	: 0123/000-000 Fax.: -000
Fachb. E-Mail	: b.mustermann@muster.de
Zahlung	: netto 30 Tage
	30 Tage 3 %

Muster GmbH & Co. KG
Warenaufnahme
Musterstr., 23456 Musterstadt

Artikelnummer	PE	Menge ME	E-Preis	Zu-/Abschlag	Betrag
804540117007	1000	25 Stck	247,50		6187,50

PE-Müllsack, blau, 1100 x 700 x 0,07 mm, Rolle à 25 Stück
Lieferzeit ab Lager

4180011000

Nettowarenwert: 6187,50 EUR

Musterstr. 60, 23456 Musterhausen	Muster & Muster GmbH & Co. KG, AG Musterhausen HRA 0000	Volksbank Musterstadt (BLZ 000 000 00) 00 000 000
Telefon 0123-000-0	Pers. haft. Ges.: M&M Verwaltungs GmbH, AG Musterstadt HRA 1111	IBAN DE 00 0000 000 00 000 000
Telefax 0123-000-000	Geschäftsführer: Dipl.-Betriebsw. Thomas Mustermann	BIC GENODEM0BIE
E-Mail info@muster.de	Herbert Muster	Sparkasse Musterstadt (BLZ 000 000 00) 00 000 000
www.muster-muster.de	Ust-IdNr. DE 123456789	Postbank Musterhausen (BLZ 000 000 00) 00 000 000

Es handelt sich um ein typisches Angebot aus einem Warenwirtschaftsprogramm: sehr technisch, sehr kleine Schrift. Es enthält keine Prioritäten, keine Vorteile und auch keine vertrieblichen Werkzeuge, wie z.B. Wiedervorlagetermine. Der Anbieter reduziert sich damit ausschließlich auf den Preis.

Nach der Optimierung des Angebots findet sich der Kunde mit seinen Prioritäten und Vorteilen wieder. Und der vereinbarte Wiedervorlagetermin ist eine Hemmschwelle für den Kunden, schon vorher eine Entscheidung zu treffen. Den technischen Part findet der Kunde dann *als Anlage* zum folgenden Anschreiben.

Angebot für Frau Muster

– Ihre Anfrage –

Guten Tag, Frau *Muster*,

vielen Dank für Ihre Anfrage. Nachfolgend erhalten Sie Ihr gewünschtes Angebot.

Die *Beispiel KG* ist Ihr zuverlässiger Partner rund um das Thema Arbeitsschutz.

Sie haben uns gebeten, Folgendes zu berücksichtigen:

Staffelpreise

Kurzfristig lieferbar

Beachten Sie folgende Vorteile als Kunde der *Beispiel KG*:

1. Höchste Verfügbarkeit und Lieferqualität
2. Fachgerechte Warenbevorratung
3. Marktgerechte Preise
4. Markenprodukte führender Hersteller
5. Optimale Beratung und Service

Frau *Sabine Mustermann* wird sich am 00.00.00 mit Ihnen in Verbindung setzen, um die weiteren Details abzustimmen.

Wir freuen uns auf Ihren Auftrag und stehen für Fragen gern unter 0000-00 00-00 zu Ihrer Verfügung.

Beste Grüße nach *Musterhausen*

Beispiel KG

Linke Seite: Angebot vor der Korrektur, rechte Seite: optimiertes Angebot

Arbeitsbühnenvermietung

Firma
Karl Muster
Inh. Walter Muster
Musterstraße 31
D 23456 Musterstadt

NL Musterhausen
Musterstraße 000, 12345 Musterhausen

Kontakt:	Carsten Muster
Telefon:	0123 - 123450
Telefax:	0123 - 1234510
Mobil:	0160 - 00 00 00 00
E-Mail:	Carsten.Muster@muster.de
Internet:	www.muster.de

Ihr Tel.: 1234 - 00 00 00   Ihr Fax: 1234 - 00 00 00   Musterhausen, den 00.00.0000

Angebots-Nr.:   **200660543**
BV: **Musterstadt-Hafen - Malerarbeiten - Miete ca. 1. Woche**

Sehr geehrter Herr Muster,

vielen Dank für das freundliche Gespräch. Auf der Grundlage unserer allgemeinen Geschäftsbedingungen
erhalten Sie nachfolgend das Angebot für o.g. Bauvorhaben.

Menge	Einheit	Bezeichnung		Einzelpreis (€)
1,00	Tag(e)	Teleskopgelenk - Arbeitsbühne TG 160 / Allrad		85,00
		Arbeitshöhe:	16,00 m	
		L x B x H der Bühne:	6,95 m x 2,30 m x 2,35 m	
		Antrieb:	Diesel / Allrad	
		Korblast max.:	230 kg	
		Plattformgröße:	1,80 m x 0,80 m	
		Gewicht:	7.240 kg	
1,00	Tag(e)	Maschinenbruchversicherung		11,00
		Die Selbstbeteiligung beträgt je Schadensfall 1023,00 €		
1,00	pauschal	Anlieferung		85,00
1,00	pauschal	Abholung		85,00
1,00	Liter	Dieselkraftstoff		1,49

Bei Verschmutzung und Beschädigungen an der Arbeitsbühne entstehen Kosten für die Anmiete.
Das Angebot gilt auf der Grundlage unserer AGB, nachlesbar im Internet unter www.muster.de
Die o.g. Preise verstehen sich netto zzgl. der jeweils gültigen Mehrwertsteuer.
Dieses Angebot gilt bis zum: 00.00.0000.

Mit freundlichen Grüßen

C. Muster

Carsten Muster
Niederlassungsleiter

VERMIETUNG

SERVICE

TRAINING

VERKAUF

MUSTER - Arbeitsbühnenvermietung GmbH · Musterstraße 000 · 12345 Musterhausen
Bankverbindung: Vereins- und Westbank Musterstadt, Konto-Nr. 00 00 00, BLZ: 200 000 00
Geschäftsführer: Günther Muster · David Mustermann · Handelsregister Musterstadt: MRB 00000

Ein weiteres Beispiel, in dem der Text unterhalb des kaufmännischen Bereiches – mit dem Verweis auf Verschmutzungen und Beschädigungen – eher abschreckend als verkaufsfördernd wirkt. Ein Angebot muss zwar den Anbieter absichern, aber es gibt eine wichtige Grundregel im Verkauf:

Man muss den Auftrag erst einmal haben, bevor man eine Reklamation behandeln kann!

Und die Frage ist eben, ob abschreckende Angebotsinhalte unbedingt auf der ersten Seite stehen müssen. Ich meine: nein.

Angebot Nr. 010101001

Ihre Anfrage / Unser Telefonat vom 17.05.0000

Guten Tag, Herr *Muster*,

wir bedanken uns für Ihr Interesse. Nachfolgend erhalten Sie das gewünschte Angebot. Das Unternehmen *Beispiel AG* ist ein zuverlässiger und leistungsstarker Vermieter von Arbeitsbühnen.

Wir haben Ihre besonderen Wünsche und Prioritäten wie folgt berücksichtigt:

1. Anlieferung am: 17.05.0000
2. Lieferort ist: Musterhausen
3. Geplante Einsatzzeit: für ca. 1 Monat
4. Weitere Präferenzen: extra abgeklebte Reifen

Bitte beachten Sie insbesondere folgende Vorteile als Kunde der *Beispiel AG*:

1. Komplette Produktpalette aus einer Hand = Zeit- und Aufwandsersparnis
2. Ganzheitliches Qualitäts- und Servicemanagement = hohe Sicherheit
3. Hohe Verfügbarkeit der Arbeitsbühnen = flexible + schnelle Bereitstellung

[Es folgt auf Seite 2 des Briefes der technische Part inkl. Preisangaben, dann folgender Text:]

b. w.

Linke Seite: Angebot vor der Korrektur, rechte Seite: optimiertes Angebot

> Zur Abstimmung weiterer Details werde ich Sie in den nächsten Tagen anrufen.
>
> Die o. g. Preise verstehen sich netto zzgl. der jeweils gültigen MwSt.
>
> Dieses Angebot gilt bis zum: 16.06.0000
>
> Wir freuen uns auf Ihren Auftrag und stehen für weitere Fragen unter 000/0000-000 zu Ihrer Verfügung.
>
> *Mit freundlichen Grüßen nach* Musterhausen
>
> *Sabine Musterfrau*
>
> Disponentin

Im korrigierten Anschreiben sieht der Kunde deutlich, dass seine Prioritäten und Vorteile berücksichtigt wurden. Der Verweis auf die Reinigungskosten wurde in die Auftragsbestätigung verlegt, und der Wiedervorlagetermin ist eingefügt.

Die wichtigsten Grundregeln der Angebotsgestaltung:

1. Angebote immer mit Namen des Kunden personifizieren

2. Angebote immer mit Wiedervorlagetermin versehen, wenn dieser im Vorangebotsgespräch vereinbart wurde

3. Im Angebotsschreiben (Seite 1) immer die Kundenprioritäten berücksichtigen

Rechte Seite: Angebot vor der Korrektur

Es folgt ein weiteres Beispiel für ein Angebot aus einem Warenwirtschaftssystem. Besonders auffällig hier sind neben den unverständlichen Formulierungen unterschiedliche Schriftarten und -größen sowie der versetzte Seitenrand. Dieses Unternehmen entwickelt wirkliche Spitzentechnologie, aber die Angebotsgestaltung gibt das nicht wieder.

ANGEBOT   Original

Firma   Versandadresse
Muster - Engineering GmbH   Muster - Engineering GmbH
Musterfeldweg 31   Musterfeldweg 31
D-12345 Musterberg   D-12345 Musterberg

                                                 54321 Musterbach, 00.00.00

Sehr geehrte Damen und Herren,   Kunde: 62438
                                                 Faxnummer: 0000 98 76 54 321
wir danken Ihnen für Ihre Anfrage   Angebot: 10069
                                                 Angebotsdatum: 00.00.0000
                                                 Unser Ansprechp.:
                                                 Bezug: Proj. CRH Neukauf

Pos.	Menge Einh Artikel	Preis	Einh USt	Rabatt	Lieferdatum	Betrag
	Sehr geehrter Herr Muster,					
	bezugnehmend darauf möchten wir Ihnen wie folgt freibleibend anbieten:					
10	4,0000 stk KOS-E00001-00000 Kostenartikel / Stück	7640,0000	stk v	35,00 %	0Kalender- tage nach AE	19864,00
	Phoenix 330 RC ColdArc Art.-Nr.: 090-004986-00102					
20	4,0000 stk 094-000207-00000 CEE KRAGENSTECKER 32A	13,3000	stk v	35,00 %	0Kalender- tage nach AE	34,58
30	4,0000 stk KOS-E00001-00000 Kostenartikel / Stück	2275,0000	stk v	35,00 %	0Kalender- tage nach AE	5915,00
	PhoenixDrive 4 Rob ColdArc Art.-Nr.: 090-004989-00102					
50	4,0000 stk 094-010328-R0001 70QMM ROBO MIG/TIG 2,5M WASSER ZWISCHENSCHLAUCHPAKET	1100,0000	stk v	35,00 %	0Kalender- tage nach AE	2886,00
80	1,0000 stk 090-008206-00000 PC300 SCHWEIßPARAM. SOFTWARE	440,0000	stk v	35,00 %	0Kalender- tage nach AE	286,00

                                                 Übertrag: 28985,58

Angebot für Meyer-Schweißmaschine

Sehr geehrter Herr Müller,

vielen Dank für Ihre Anfrage. Nachfolgend erhalten Sie Ihr gewünschtes Angebot. *Meyer Schweißtechnik* ist Ihr zuverlässiger Partner rund um das Thema Schweißen.

Sie baten uns, insbesondere folgende Punkte zu berücksichtigen:

1. Leistungsstarke Schweißmaschinen speziell für die Edelstahlverarbeitung
2. Einfache Bedienbarkeit und vielseitige Einsatzmöglichkeiten

Die Einhaltung des Liefertermins können wir bei Auftragserhalt bis KW 23 gewährleisten.

Bitte beachten Sie insbesondere folgende Vorteile als Meyer-Kunde:

1. Zuverlässiger Vorortservice und eigene Reparaturwerkstatt für sämtliche Fabrikate
2. Robuste und langlebige Qualität – Zuverlässigkeit
3. Breites Sortiment direkt vom Lager – kurze Liefertermine

Wir freuen uns auf Ihren Auftrag und stehen für Fragen gern unter: 0000/00 00-00 zu Ihrer Verfügung.

Beste Grüße nach Musterstadt

Meyer Schweißtechnik Handels-GmbH

Theo Muster
Außendienst

Anlage: Angebot

Alternativangebote entwickeln

Als Anlage wird dem obigen Schreiben auf Seite 2 die nachfolgend abgebildete Aufstellung mit zwei Alternativen beigefügt.

Vorschlag 1	Vorschlag 2
Schweißmaschine Meyer XYZ 290 C	Schweißmaschine Meyer XYZ 290 C
Spot-ARC Punktschweiß-brenner 4 mtr.	Spot-ARC Punktschweiß-brenner 4 mtr.
WIG-Brenner SR 20-8 mtr.	WIG-Brenner SR 20-8 mtr.
Werkstückleitung 50 qmm – 8 mtr.	Werkstückleitung 50 qmm – 8 mtr.
Gasschlauch	Gasschlauch
Fernsteller RTP mit 5 mtr. Kabel	Fernsteller RTP mit 5 mtr. Kabel
Kühlmodul stellt Fa. Dorn zur Verfügung	Kühlmodul Meyer Cool 30 U 20
Preis: 4821 € + MwSt.	Preis: 5631 € + MwSt.

Leasingangebot: Laufzeit 36 Monate

Vorschlag 1: mit einer Rate von 157,65 €/Monat

Vorschlag 2: mit einer Rate von 184,13 €/Monat

Optimiertes Angebot, Seite 2

Alternativen werden bei Angeboten insgesamt viel zu wenig unterbreitet. Es ist für den Kunden eine Entscheidungshilfe, wenn er innerhalb eines Angebots auswählen kann.

Geschickt ist es, wie im obigen Beispiel die Finanzierung mit anzubieten und auch entsprechend hervorzuheben.

Es bedeutet sicher einen erhöhten Aufwand, Angebote so sorgfältig zu gestalten, aber es ist ein Aufwand, der sich für Sie lohnen wird.

Die Ergebnisse, die wir bei verschiedenen Projekten in ganz unterschiedlichen Branchen erzielt haben, sind wirklich eindrucksvoll: Die optimierte Angebotsgestaltung führt zu 10 bis über 150 Prozent höheren Abschlussquoten. Eine Verbesserung von 10 Prozent war in praktisch allen Fällen erreichbar.

Chancen optimierter Angebots- gestaltung

Ich möchte allerdings betonen, dass das nicht ausschließlich an der optimierten Angebotsgestaltung gelegen hat, sondern an einer Optimierung des gesamten Vertriebsprozesses.

Wir führen regelmäßig branchenübergreifende Befragungen durch, um die Entscheidungswege von Kunden zu erforschen. Eine beispielhafte Aussage eines Kunden, warum er sich für einen Anbieter entschieden hat, der *Total Quality Selling* einsetzt, ist die folgende:

> *»Der Verkäufer hat zügig auf unsere Anfrage reagiert, er hat uns mit seinen Fragen das Gefühl gegeben, dass er an einer für uns optimalen Lösung interessiert ist. Unsere Prioritäten haben wir im Angebot wiedergefunden, auf der zweiten Seite konnten wir auch noch auswählen. – Wir haben uns spontan für die günstigere Variante entschieden!«*

So einfach kann wirklich gutes und erfolgreiches Verkaufen sein! Herausfinden, was für den Kunden wichtig ist, darstellen, dass man diese Leistung erbringen kann, und dem Kunden dabei helfen, eine klare Entscheidung zu treffen.

Dufte Angebote Neulich sagte ein Verkäufer zu mir: *»Neben der inhaltlichen Angebotsgestaltung ist es auch wichtig, wie das Angebot duftet!«*

Dieser Verkäufer war felsenfest der Meinung, dass er die bessere Quote hat, wenn er seine Angebote kurz vor dem Verschließen des Umschlags mit einem Hauch Limonenaroma besprüht. Er arbeitet aber nicht in der Mode- oder Kosmetikbranche, sondern bei einer Maschinenbaufirma!

Ein anderer Seminarteilnehmer bemerkte: *»Angebote sollten zumindest nicht stinken!«* Er erzählte, dass er einmal ein Angebot auf den Tisch bekam, das extrem nach Zigarettenrauch roch. Das verursacht einen negativen ersten Eindruck, unabhängig davon, ob der Kunde selbst Raucher oder Nichtraucher ist.

Man kann darüber diskutieren, ob das »Beduften« sinnvoll ist oder nicht. Was ich an der Idee generell bemerkenswert finde, ist, einmal etwas Neues auszuprobieren und eben nicht nur alte Muster weiterzuverfolgen.

Wichtiger als das Beduften ist ganz sicher, dass der Kunde sich im Angebot wiederfindet – mit seinen Prioritäten und seinen Vorteilen. Dafür bietet Ihnen das *TQS-Angebotsmodell* die optimale Vorlage. Dieses finden Sie auf der beigefügten CD und im *SalesCoach*.

1. Gestalten Sie Ihre Angebote nach den TQS-Grundregeln neu und vermeiden Sie dabei die beschriebenen typischen Fehler.   **Praxisaufgaben**
2. Entwickeln Sie eine Seite mit Alternativangeboten für Ihre Kunden, statt nur ein Produkt oder eine Leistung anzubieten.
3. Verwenden Sie zukünftig nur noch die optimierte Angebotsversion.

Eine wichtige Bitte habe ich an Sie: Informieren Sie uns über Ihre Ergebnisse! Unter *info@deutschevertriebsberatung.de* können Sie uns erreichen, Ihre Fragen stellen und auch von erzielten Erfolgen berichten.

4. TQS – Angebotsverfolgungs-
management

**Keine »Kunden-
verfolgung«** Lassen Sie mich zunächst die Begrifflichkeit der Angebotsverfolgung klären. Professionelle Angebotsverfolgung hat nichts,
wirklich gar nichts damit zu tun, einen Kunden so lange zu »verfolgen«, bis dieser entnervt aufgibt oder überhaupt nicht mehr
ansprechbar ist.

**Angebotsverfolgung im Sinne von TQS hat vielmehr im
Wesentlichen zwei Hauptaufgaben:**

1. **Herauszufinden, ob es Sinn macht, dieses Angebot
   weiterzuverfolgen oder die Zeit besser anders zu nutzen.**
2. **Dem Kunden dabei zu helfen, eine klare Entscheidung zu
   treffen.**

Sinn und Notwendigkeit der Angebotsverfolgung

In meinen Seminaren und Vorträgen höre ich zum Thema Angebotsverfolgung manchmal folgenden Einwand: *»Warum soll ich
meine Angebote nachfassen? Wenn der Kunde wirkliches Interesse an
mir und meiner Leistung hat, meldet er sich bei mir, wenn er so weit
ist!«*

Das ist, grundsätzlich betrachtet, sicherlich nicht ganz falsch. Natürlich gibt es Kunden, die sich nach Angebotsabgabe von selbst melden. Aber betrachten wir die Sache doch einmal aus einem anderen Blickwinkel. Was könnte denn den Kunden davon abhalten, sich bei uns zu melden, *obwohl* er Interesse an unserem Angebot hat?

Viele Entscheider sind heute so stark zeitlich eingebunden, dass sie einfach nicht dazu kommen, sich um offene Angebote zu kümmern. Sie verschieben und verschieben die Entscheidung. Wenn sie sich dann endlich entschieden haben, muss aber auch spätestens nächste Woche geliefert werden. Wenn wir als Verkäufer dem Kunden diese »Mühe« abnehmen und für ihn mitdenken, kann das natürlich unsere Chancen verbessern.

1. Keine Zeit

Was meinen Sie, was Einkäufer im Rahmen ihrer Ausbildung lernen, wenn es darum geht, bessere Preise zu erzielen? Dass sie permanent beim Anbieter anrufen sollen, um den Preis zu drücken?

2. Einkäufer

Das Gegenteil ist eher der Fall. Der Einkäufer lernt, den Anbieter im Unklaren zu lassen, er täuscht vielleicht sogar bis zu einem gewissen Maß Desinteresse vor, um die Verhandlungsbereitschaft des Verkäufers zu beeinflussen. Vielleicht erwartet er aber auch ein Stück weit, dass der Verkäufer sein Interesse unter Beweis stellt.

Ich fasse ein Angebot nach, und der Kunde reagiert wie folgt:

3. Missverständnisse im Angebot

Kunde: »*Wir haben uns gegen Ihr Angebot entschieden!*«
Ich: »*Das finde ich sehr schade. Aus welchem Grund?*«
Kunde: »*Ihre Preise sind utopisch hoch!*«

Was war passiert? Obwohl ich denke, dass unsere Angebote gut gestaltet sind, kommt es gelegentlich zu Missverständnissen. Ich hatte dem Kunden zwei Alternativen angeboten. Der Kunde hat jedoch die Konditionen für beide Varianten addiert und ist damit natürlich auf eine stolze Summe gekommen.

Sie können nach Abgabe eines Angebots nicht automatisch davon ausgehen, dass der Kunde von allein anruft. Er denkt sich seinen Teil und ruft vielleicht nie wieder an.

4. Das Angebot ist verloren gegangen

Rein statistisch gesehen gehen von 100 Angeboten 2,75 verloren, und zwar auf dem Weg zum Kunden oder innerhalb des Kundenunternehmens. Gibt es Kunden, die nach ein paar Tagen nachfragen, wo das versprochene Angebot bleibt? Ganz sicher gibt es die. Aber Sie können davon ausgehen, dass die Mehrheit nicht anruft und möglicherweise denkt, dass der Verkäufer wohl keine Lust hatte, ein Angebot zu erstellen.

Warum ist es gerade bei Stammkunden wichtig, Angebote nachzufassen? Stellen Sie sich einen treuen Kunden vor. Sie haben mit ihm faire Konditionen vereinbart und ein Wettbewerber will Ihnen diesen Kunden abnehmen. Er platziert ein Lockangebot, indem er sich, sagen wir, 15 Prozent unter Ihren Preis legt.

Nun denkt Ihr Kunde möglicherweise, dass er vielleicht die letzten Jahre zu viel bei Ihnen bezahlt hat. Es gibt auch hier Kunden, die anrufen und um Klärung bitten, aber Sie können darauf wetten, dass die Mehrheit der Kunden nicht anruft, sondern wegbleibt.

Ein Verkäufer, der sich die Mühe macht, ein qualifiziertes Angebot zu erstellen und abzugeben, dann aber die weitere Entwicklung dem Zufall überlässt, handelt nicht klug. Er überlässt dem Wettbewerb das Feld und er selbst kann im besten Fall noch reagieren, wenn sein Kunde anruft und einen Nachlass verhandeln will.

Es ist aus meiner Sicht wenig sinnvoll, viel Geld für Werbung auszugeben, viel Zeit damit zu verbringen, Kunden zu besuchen oder mit ihnen zu telefonieren sowie Angebote zu verschicken – wenn anschließend die Angebote nicht nachgefasst werden.

Das ist so, als wenn Sie Tag für Tag fleißig Auftragschancen säen, die Ernte der reifen Früchte aber jemand anderem überlassen oder die Früchte am Baum vertrocknen lassen.

Wer die Angebote nachfassen sollte

Stellen Sie sich bitte einmal folgende Situation vor: Sie haben Interesse an einer Vertriebsschulung zum Thema TQS und richten eine entsprechende Anfrage an die *Deutsche Vertriebsberatung*. Ich rufe Sie daraufhin persönlich an und führe ein Vorangebotsgespräch mit Ihnen. Es wird Interesse an einer für Sie optimalen Lösung deutlich, Sie werden sich sehr wahrscheinlich mit Ihrem Anliegen gut aufgehoben fühlen, und möglicherweise entsteht so etwas wie ein Sympathiebonus. **Beispiel**

Sie fordern mich auf, ein Angebot auf der Basis der besprochenen Fakten zu erstellen, und wir vereinbaren einen Wiedervorlagetermin für nächste Woche Dienstag. Am nächsten Dienstag melde ich mich aber nicht persönlich bei Ihnen, sondern meine Sekretärin Frau Hammele, die sich auch sehr gut mit firmeninternen Weiterbildungsprojekten auskennt.

Welcher Eindruck entsteht bei Ihnen? Es wird eine Mischung sein aus: *»So wichtig bin ich als Kunde wohl doch nicht!«* oder vielleicht noch schlimmer: *»Der ist sich wahrscheinlich schon sehr sicher, dass er meinen Auftrag bekommt.«* Und weil der Kunde sich zurückgesetzt fühlt, blockt er ab und wir verlieren im schlimmsten Fall den Auftrag.

Aus meiner Sicht sollte immer der- oder diejenige nachfassen, der oder die bezogen auf das aktuelle Angebot den besten persönlichen Draht zum Kunden hat. Und das ist im Regelfall der Mitarbeiter, der das Vorangebotsgespräch mit dem Kunden geführt hat.

Wenn Anfragen im Innendienst intensiv behandelt werden und der Außendienst nachfassen soll, ist dies genauso wenig optimal wie im umgekehrten Fall. Besonders kritisch wird es, wenn Vorgesetzte die Vorangebotsphase intensiv betreuen und das Angebot dann »nur« von einem Vertriebsmitarbeiter nachgefasst wird. Hier lohnt es sich, genau zu überlegen, wie der Vertriebsprozess optimiert werden kann.

Wenn sich an dieser Reihenfolge nichts ändern lässt, sollte der Kunde zumindest im Vorfeld darüber informiert werden, dass ein anderer Mitarbeiter für den weiteren Verlauf verantwortlich ist.

Der richtige Zeitpunkt, um Angebote nachzufassen

Es ist nicht optimal, einfach nach zwei oder vier oder sieben Tagen nachzufassen. Der Zeitpunkt kann im Idealfall passen, es kann aber auch sein, dass Sie viel zu früh anrufen oder schlimmstenfalls der Auftrag bereits vergeben ist.

Schnellere Ergebnisse Wenn Sie zukünftig vor Erstellung eines Angebots ein Vorangebotsgespräch führen und vor dem Angebot bereits einen Wiedervorlagetermin zum Nachfassen des Angebots vereinbaren, werden Sie schnellere und bessere Ergebnisse erzielen.

Falls das Führen von Vorangebotsgesprächen nicht möglich ist und Sie auch keine relevanten Informationen zum weiteren Entscheidungsverlauf vorliegen haben, würde ich so kurzfristig wie möglich nachfassen, um zumindest die Gefahr zu verringern, dass der Kunde sich bereits für einen Wettbewerber entschieden hat.

Optimale Vorbereitung auf die Angebotsverfolgung

Wenn wir im Rahmen von firmeninternen Ausbildungsprogrammen gemeinsam mit Verkäufern offene Angebote live antelefonieren, dann stelle ich häufiger fest, dass es eine Gesprächsvorbereitung im eigentlichen Sinne meistens gar nicht gibt. Der Verkäufer greift zum Telefon, wählt die Nummer des Kunden, und in den verbleibenden Sekunden bis zum eigentlichen Gespräch wird noch mal flüchtig über das Angebot geschaut. Entsprechend mager sind dann auch meistens die Gesprächsergebnisse.

Mithilfe der *TQS-Checkliste Angebotsverfolgung* können Sie Ihre Vorbereitung optimal gestalten.

TQS-Checkliste Angebotsverfolgung

Nachfassaktion vom ....

( ) Wie hat mein / unser Angebot gefallen?
( ) Wie ist der Stand der Dinge?

Welche Einwände sind zu erwarten? ....

Welche Punkte sind noch zu klären? (von Kundenseite und von uns)

1. ....

2. ....

3. ....

Wie kann ich Sie noch unterstützen? (Referenzen, Alternativen etc.)

1. ....

2. ....

3. ....

( ) Wann wird der Bedarf konkret? bzw. ursprünglichen Termin bestätigen ....

( ) Wann fällt die Entscheidung?   ....

( ) Wer ist noch einbezogen?   ....

( ) Welche Budgetgröße müssen wir berücksichtigen?   ....

( ) Gibt es neue oder weitere Besonderheiten bei diesem Auftrag, die wir berücksichtigen sollen?

....

....

( ) Was steht aktuell noch an?   ....

( ) Wann sprechen wir wieder?   ....

Und bis zum nächsten Gespräch können Sie die Entscheidung noch offenhalten! (nur bei erw. WB)

Weitere Aktivitäten:

❏ AB   ❏ Folgeangebot   ❏ Referenzen   ❏ DEMO   ❏ Termin im Haus   ❏ Nachbestätigung

❏ nächster Kontakt   ....   ❏ Verkäufer   ....

❏ weitere Bemerkungen

Die Ähnlichkeit zur TQS-Checkliste für Vorangebotsgespräche ist nicht zufällig, da möglicherweise bestimmte Informationen erst im Nachfassgespräch verfügbar sind.

Zur professionellen Gesprächsvorbereitung gehört für mich auch, darüber nachzudenken, welche Einwände möglicherweise vom Kunden vorgebracht werden und wie ich darauf reagiere.

Natürlich muss an dieser Stelle noch einmal gesagt werden, dass es Unterschiede in den verschiedenen Branchen gibt, die einen kleineren oder umfangreicheren Vorbereitungsaufwand sinnvoll erscheinen lassen. Wenn ich ein Angebot für eine Werkzeugmaschine im Wert von 500 000 EUR nachfasse, werde ich wahrscheinlich mehr Zeit in die Vorbereitung investieren, als wenn ich Schweißzubehör für 500 EUR telefonisch nachfasse.

Vertriebliche Sorgfalt Das Prinzip ist aber das Gleiche: vertriebliche Sorgfalt. Das kostet einerseits Zeit, aber andererseits auch wieder nicht, weil Sie durch schnellere Entscheidungen, höhere Auftragssummen und bessere Margen belohnt werden.

Richtiges Nachfassen

Schauen wir uns zunächst einmal an, welche Fragen wir in der Angebotsverfolgung besser vermeiden sollten.

Unpassende Fragen *»Haben Sie mein Angebot erhalten?«*

Wenn der Kunde den Verkäufer loswerden will, antwortet der Kunde mit Nein, und der Verkäufer muss das Angebot noch einmal ausdrucken, versenden, auf Wiedervorlage legen und so weiter.

»Hatten Sie schon Zeit, mein Angebot zu lesen?«

Genau das Gleiche in Grün. Wenn ich den Verkäufer vertrösten möchte, antworte ich mit Nein und bin ihn los.

»Haben Sie sich schon entschieden?«

Auch diese Frage macht wenig Sinn. Erinnern wir uns an das Vorangebotsgespräch. Ziel war es auch, den Kunden dazu zu bringen, die Entscheidung bis zum nächsten Gespräch offenzuhalten. Von daher ist es unsinnig, dem Kunden diese Frage zu stellen, denn eigentlich müsste er antworten: *»Natürlich nicht, Sie baten mich ja darum, die Entscheidung bis heute offenzuhalten!«*

»Ist der Preis in Ordnung?«

Wie wahrscheinlich ist es, dass dem Kunden der Preis gefällt?! Selbst wenn wir den günstigsten Preis angeboten haben, provozieren wir mit dieser Frage einen Preiseinwand des Kunden.

Vergessen Sie einmal alle Fragen, die Sie bisher gestellt haben, und fragen Sie, wenn Sie ein Angebot zum ersten Mal nachfassen:

Geeignete Fragen

»Wie hat Ihnen mein Angebot gefallen?!«

Sie werden feststellen, dass der Kunde, selbst wenn er Vorbehalte hat, dazu neigt, positiv zu antworten: *»Hat mir eigentlich ganz gut gefallen, aber ...«*

Wirklich wichtig ist, dass Sie eine offene Frage stellen und eben nicht geschlossen fragen: *»Hat Ihnen mein Angebot gefallen?«*

Wenn Sie ein Angebot zum wiederholten Mal nachfassen, können Sie schlechterdings fragen: *»Hallo, Herr Kunde, ich wollte mal nachhören, ob Ihnen mein Angebot immer noch gefällt.«* Hier fragen Sie besser:

»Wie ist der Stand der Dinge?«

Natürlich kann ein Kunde auch auf diese beiden Fragen antworten: *»Ich hatte noch keine Zeit, mir Ihr Angebot genauer anzusehen.«*

Aber ich denke, es ist ein großer Unterschied, ob der Kunde diesen Satz ausformuliert oder ich als Verkäufer ein einfaches Nein provoziere, indem ich geschlossen frage: *»Hatten Sie mittlerweile Zeit, mein Angebot zu lesen?«*

Wenn der Kunde den Verkäufer vertröstet oder Einwände vorbringt

Die Fähigkeit, mit der Thematik des Vertröstens richtig umzugehen und Einwände sicher parieren zu können, hat logischerweise einen direkten Einfluss auf die Abschlussquote des Verkäufers. Aus diesem Grund werden wir uns sehr genau damit beschäftigen.

Der Kunde vertröstet den Verkäufer

Wir haben ein Angebot abgegeben, fassen zum vereinbarten Termin nach und hören vom Kunden folgende Antwort auf unsere Frage, wie ihm das Angebot gefallen hat.

Kunde: *»Vielen Dank für Ihr Angebot. Wir haben uns noch nicht entschieden.«*

Achten Sie einmal genau darauf, was Sie antworten, wenn Ihr Kunde so reagiert. Viele Verkäufer antworten darauf:

Verkäufer: *»Wann darf ich mich dazu noch einmal melden?«*

Offene Fragen stellen An sich ist diese Antwort ganz logisch: Der Kunde sagt, dass er noch nicht so weit ist, und der Verkäufer vereinbart den nächsten Termin. Und dennoch ist diese Reaktion schlicht falsch.

Viel interessanter als die Frage nach dem Wann ist natürlich das Warum. Schauen wir uns den richtigen Gesprächsablauf an:

Verkäufer: *»Welche Punkte müssen noch geklärt werden?«*

Diese Frage ist besser geeignet als die direkte Frage: *»Warum haben Sie sich noch nicht entschieden?«* Was könnte unser Kunde darauf antworten?

1. *»Vor einer endgültigen Entscheidung müssen noch bestimmte Genehmigungen eingeholt werden.«*
2. *»Ich hatte noch keine Zeit, mir das Angebot in Ruhe anzusehen.«*
3. *»Ich habe den Auftrag selbst noch nicht.«*
4. *»Das Angebot liegt bei meinem Chef, der hat sich noch nicht dazu geäußert.«*
5. *»Wir wollen noch weitere Angebote einholen.«*

Nur wenn wir fragen, welche Punkte noch geklärt werden müssen, können wir auf die Aussagen unseres Kunden richtig reagieren.

Verkäufer: *»Wie kann ich Sie noch unterstützen?«*

Achten Sie auch hier darauf, dass Sie offen fragen und eben nicht geschlossen: *»Kann ich Sie noch irgendwie unterstützen?«* Bringen Sie Ihre Überzeugung ein, dass der Kunde mit der Auftragsabwicklung sehr zufrieden sein wird.

Verkäufer: *»Ich bin fest davon überzeugt, dass Sie mit ... sehr zufrieden sein werden!«*

Zum einen ist es eine wichtige Grundhaltung des Verkäufers, überzeugt zu sein, und zum anderen können wir anhand der Reaktion des Kunden testen, ob er eher pro oder kontra oder neutral reagiert, und unsere weitere Argumentation darauf abstimmen.

Wenn für den Kunden im Vorfeld ein Termin wichtig war, können Sie das an dieser Stelle noch einmal erwähnen.

Verkäufer: *»Sie sagten mir in unserem ersten Gespräch, dass der Bedarf am ... konkret wird. Wenn das noch der Fall ist, sollten* *wir spätestens ... wieder sprechen, damit wir Ihren Wunschtermin einhalten können.«*

Erst jetzt vereinbaren wir einen weiteren Termin, nachdem wir zumindest versucht haben, die Gründe für das Verschieben der Entscheidung herauszufinden.

Wenn der Kunde einen nachvollziehbaren Grund nennt, kann man ein solches Gespräch schriftlich nachbestätigen:

TQS-Nachfass-
schreiben

Angebot über ...

Unser Gespräch vom 00.00.0000

Guten Tag, Herr *Muster,*

vielen Dank für das Gespräch.

Wir freuen uns, dass Sie unser Angebot in Ihre Entscheidung einbeziehen.

Folgende Details sind noch zu klären:

1.

2.

3.

Wir sind überzeugt davon, dass Sie mit ... sehr zufrieden sein werden, und melden uns, wie vereinbart, am 00.00.00 wieder bei Ihnen.

Für Fragen vorab stehen wir gern zu Ihrer Verfügung.

Beste Grüße nach *Musterstadt*

Beispiel KG

Wenn der Verkäufer wichtige Gesprächsinhalte schriftlich zusammenfasst, anstatt nur mit dem Kunden zu sprechen, wird die Angelegenheit viel verbindlicher, und die Chance, dass bis zum nächsten Termin die Punkte geklärt werden, auf die Sie vielleicht keinen Einfluss haben, steigt deutlich.

Natürlich macht ein solcher Aufwand nicht immer Sinn. Aber auf Dauer macht sich dieser zusätzliche Einsatz bezahlt. Das ist Verkaufen im Sinne von TQS.

Wenn der Kunde das Angebot noch nicht gelesen hat

Einen Auftrag zu erhalten, ohne dass der Kunde das Angebot gelesen hat, ist sicher hier und da auch schon vorgekommen. Der Regelfall ist das jedoch nicht. Wie verhalten wir uns also, wenn der Kunde sagt:

Kunde: »*Ich hatte noch keine Zeit, mir Ihr Angebot genau durchzulesen!*«

Beobachten Sie bei nächster Gelegenheit einmal Ihre Reaktion, denn die Mehrzahl der Verkäufer fragt hier nach dem nächsten Termin.

Reaktion beobachten

Verkäufer: »*Was meinen Sie, bis wann Sie dazu kommen und wann ich mich wieder melden kann?*«

Diese Reaktion ist nicht direkt falsch, aber bringt natürlich eine Verzögerung in den Vertriebsablauf.

Etwas übermotiviert war dagegen die Reaktion eines Verkäufers, der mich vor einiger Zeit anrief und sein Angebot nachfasste:

Verkäufer: »*Soll ich es Ihnen vorlesen?*«

Der richtige Ansatz ist aber schon da. Denn wenn das Angebot unter fünf Seiten stark ist, kann man natürlich den Vorschlag unterbreiten, es jetzt gemeinsam durchzugehen:

Verkäufer: »*Sollen wir das Angebot eben gemeinsam durchgehen?*«

Wenn der Kunde jetzt keine Zeit hat, können Sie immer noch einen weiteren Termin vereinbaren. »*Wie gehen wir weiter vor?*«

Auch hier ist es richtig, mithilfe einer Überzeugungsformel den
Zustimmungsgrad des Kunden zu testen:

Verkäufer: »*Ich bin fest davon überzeugt, dass Sie mit … sehr zufrieden
sein werden!*«

Wenn für Ihren Kunden ursprünglich ein bestimmter Termin
relevant war, so können Sie einen Entscheidungsbeschleuniger
anwenden.

Verkäufer: »*Sie sagten mir in unserem ersten Gespräch, dass der
Bedarf am … konkret wird. Wenn das noch der Fall ist, sollten
wir spätestens … wieder sprechen, damit wir Ihren Wunschtermin
einhalten können.*«

Wenn der Kunde den Auftrag selbst noch nicht hat

Im dreistufigen Vertrieb findet sich häufiger die Aussage, dass der
Kunde den Auftrag von seinem Kunden selbst noch nicht erhalten hat. Bestenfalls erfahren Sie dies aber bereits im Vorangebotsgespräch und können sich entsprechend darauf einstellen. Auch
hier ist der Verkäufer häufig zu schnell beim nächsten Termin, wie
die Erfahrung zeigt:

Verkäufer: »*Was schätzen Sie, bis wann Ihr Kunde …?*«

Sinnvolle Fragen Schauen wir uns einmal an, welche Fragen man sinnvollerweise
stellen kann.

1. »*Welche Punkte müssen bei Ihrem Kunden noch geklärt
werden?*«

Damit testet der Verkäufer, ob sein Kunde sorgfältig nachgefasst
hat oder sich selber vertrösten lässt.

2. »*Worauf legt Ihr Kunde besonderen Wert?*«

Damit testet der Verkäufer, wie gut sein Kunde auf die Wünsche des Anfragenden eingegangen ist.

3. »Wann wird der Bedarf bei Ihrem Kunden konkret?«

Diese Frage dient dazu, möglicherweise Druck aufzubauen im Sinne eines Entscheidungsbeschleunigers. Wobei gerade diese Frage bereits im Vorangebotsgespräch gestellt werden sollte.

4. »Wie schätzen Sie Ihre Chancen ein?«

Mithilfe dieser Frage regt man den Kunden zum Nachdenken an. Möglicherweise ergeben sich auch Ideen, wie sich die Chancen verbessern lassen.

5. »Also angenommen, Sie bekommen den Auftrag, sind wir zusammen?«

Diese Frage dient als Test, ob der noch nicht erhaltene Auftrag ein Vorwand ist, um den Verkäufer zu vertrösten.

6. »Ich wünsche Ihnen, dass Sie den Auftrag bekommen, und freue mich auf eine mögliche Zusammenarbeit!«

Diese Formulierung ist einfach nett und freundlich. Gerade wenn Sie von diesem Kunden bisher noch keinen Auftrag erhalten haben, kann es Ihre Chancen ein wenig verbessern.

7. »Für wann kann ich mir das Angebot auf Termin legen?«

Jetzt wird der nächste Termin vereinbart.

**Terminverein-
barung am Schluss**

8. »Und bis dahin fällt keine Entscheidung?«

Und der Kunde »verpflichtet« sich, bis zum nächsten Gespräch die Entscheidung offenzuhalten.

Kann man alle diese Fragen und Aussagen in einem Gespräch unterbringen? Man kann durchaus, wir haben Verkaufsgespräche aufgezeichnet, bei denen der Verkäufer präzise alle Fragen und Formulierungen in einem Gespräch anwendet. Wenn Sie unser Seminar zum Thema Angebotsverfolgungsmanagement besuchen, können Sie diese Live-Gespräche zu ganz verschiedenen Situationen erleben.

Es ist aber natürlich kein Muss, alle Fragen zu verwenden, Sie können eine Auswahl treffen. Ich erlebe häufiger in den verschiedensten Branchen, dass der Kunde kurze Zeit später von selbst noch einmal anruft:

Kunde: *»Mir ist Ihr Gespräch nicht aus dem Kopf gegangen! Ich habe jetzt doch noch mal meinen Kunden angerufen und dabei ist herausgekommen, dass er ein modifiziertes Angebot braucht, um sich klar für uns zu entscheiden!«*

Was war passiert? Durch die Sorgfalt im Nachfassen hat der Verkäufer seinen Kunden motiviert, selbst genauer nachzufragen. Das ist ein schöner und wichtiger Effekt, der die Erfolgsaussichten im dreistufigen Vertrieb deutlich verbessert. Natürlich gilt dieser »Erziehungsprozess« nicht nur fürs Nachfassen, sondern genauso für die Vorangebotsphase.

Sicher wird sich nicht jeder darauf einlassen, aber mithilfe dieses Prozesses können Sie entscheiden, bei welchem Kunden wie viel Mühe wirklich Sinn macht.

Wenn das Angebot noch beim Vorgesetzten liegt

Sie ahnen es: Auch der Einwand gegen die Aussage »Das Angebot liegt beim Chef und ist noch nicht entschieden« ist viel zu schnell bei der Wann-Frage. Zur optimalen Erläuterung der richtigen Strategie gebe ich nachfolgend ein Live-Gespräch einer echten Angebotsverfolgung wieder. Nur die Namen sind verändert.

Verkäufer: »*Guten Tag, Herr Müller, ich wollte mal nachhören, wie der* **Live-Gespräch**
Stand der Dinge ist!«
Kunde: »*Ich habe Ihr Angebot an meinen Chef weitergeleitet, dem hat*
es gefallen, allerdings meint er, dieses Jahr hätten wir dafür kein
Budget mehr. Und dann Anfang nächsten Jahres müssten wir noch-
mals die Gesamtkosten neu verhandeln.«
Verkäufer: »*Sind Sie persönlich denn dafür, dass wir das Projekt so*
umsetzen?«
Kunde: »*Also aus technischer Sicht auf jeden Fall. Aus preislicher Sicht*
eigentlich auch. Aber Sie wissen ja, wie Chefs sind. Es soll alles
einwandfrei funktionieren, aber Geld ist nicht da!«
Verkäufer: »*Dann macht es also Sinn, wenn ich mich einmal mit Ihrem*
Chef auseinandersetze!«
Kunde: »*Tja, äh, ... Das können Sie tun, ich habe nichts dagegen!*«
Verkäufer: »*Sie haben nichts dagegen, wenn ich mit Ihrem Chef*
spreche?!«
Kunde: »*Nein, um Gottes willen. Ist mir sogar recht, wenn Sie das*
übernehmen. Denn wir haben immer die Schwierigkeiten in der
Produktion und der Chef sagt nur, dass kein Geld da ist!«
Verkäufer: »*Ich halte Sie auf dem Laufenden! Bis bald!*«

Dieser Fall ist ein wunderbares Beispiel für eine qualifizierte Angebotsverfolgung, aber genau genommen hätte das alles schon
viel früher stattfinden können, nämlich im Vorangebotsgespräch.
Wie dem auch sei, natürlich ist der Auftrag mittlerweile erteilt
worden.

Nicht immer wird der persönliche Kontakt zum Chef erwünscht
sein, wobei die Frage ist, woran das liegt. Wird der Chef nur vorgeschoben oder macht es aus anderen Gründen einfach keinen
Sinn, mit ihm zu sprechen? Wenn Sie nicht ganz sicher sind, kann
ein kurzer Brief an den Chef hilfreich sein.

TQS-Nachfass-
schreiben an
Chef/Vorstand

**Direktkontakt
zum Entscheider** Es geht hier keinesfalls darum, eine wichtige Person im Kunden-
unternehmen zu übergehen. Aber ich habe viele Belegbeispiele
dafür, dass der direkte Kontakt zum Entscheider eine schnellere
Entscheidung herbeiführen kann.

Positiv ist es sowohl, wenn der Auftrag schneller erteilt wird, als
auch, wenn ein klares Nein zu hören ist – Letzteres, weil man
dadurch Zeit gewinnt, um die nächste Auftragschance wahrzu-
nehmen.

Wenn der Kunde weitere Wettbewerbsangebote abwartet

Verkäufer: *»Guten Tag, Herr Kunde, ich möchte kurz nachhören, wie
Ihnen mein Angebot gefallen hat.«*

Kunde: »*So weit ganz gut, allerdings haben wir uns noch nicht entschieden.*«

Verkäufer: »*Welche Punkte müssen noch geklärt werden?*«

Kunde: »*Vor einer endgültigen Entscheidung wollen wir noch zwei Wettbewerbsangebote abwarten!*«

Verkäufer: »*Das kann ich gut verstehen, Herr Kunde, es geht ja immerhin um eine größere Investition.*«

Verkäufer beiläufig: »*Und Sie wissen, dass es gerade im Bereich … zum Teil erhebliche Unterschiede geben kann, was die … und die … anbelangt.*«

Kunde: »*Das ist bekannt, ja!*«

Verkäufer: »*Für wann kann ich mir das Angebot auf Termin legen?*«

Kunde: »*Für Ende nächster Woche!*«

Verkäufer: »*Und bis dahin können Sie die Entscheidung auch noch offenhalten?!*«

Kunde: »*Ja, in jedem Fall!*«

Je entspannter Ihre Reaktion auf den Wettbewerbshinweis ausfällt, umso besser, denn in einigen Fällen ist die Konfrontation mit dem Wettbewerb nur ein Test des Kunden, was die Glaubwürdigkeit und das Standing des Verkäufers anbelangt. Dazu später mehr beim Thema Preiseinwände. **Glaubwürdigkeitstest**

Wenn der Auftrag bereits vergeben ist

Zu den am wenigsten wünschenswerten Aussagen in der Angebotsverfolgung gehört sicher der Auftragsverlust. Wenn Sie die Aussage, der Auftrag sei bereits vergeben, allerdings häufiger in der Angebotsverfolgung hören, dann sollten Sie verstärkt darauf achten, den Kunden im Vorangebotsgespräch zum Offenhalten der Entscheidung zu bewegen. Dennoch kann diese Aussage natürlich vorkommen.

Das Verhalten des Verkäufers im Falle eines Auftragsverlustes ist von entscheidender Bedeutung für seine zukünftigen Chancen bei diesem Kunden.

Verkäufer: *»Guten Tag, Herr Kunde, ich wollte kurz nachhören, wie Ihnen mein Angebot gefallen hat.«*
Kunde: *»Der Auftrag ist leider schon vergeben.«*

1. Grundregel: Reagieren Sie weder verärgert noch beleidigt. Sie machen damit Ihre Chancen auf zukünftige Geschäfte mit diesem Kunden zunichte. Eine ehrlich enttäuschte Reaktion, ohne allerdings gleich in Tränen auszubrechen, ist eher angebracht.

Verkäufer: *»Herr Kunde, ich finde es sehr schade, dass wir diesmal nicht zusammenkommen.«*

Ehrliche Enttäuschung Unterschätzen Sie nicht die Wichtigkeit einer ehrlich enttäuschten Reaktion. Der Verkäufer macht einen groben Fehler, wenn er die Enttäuschung, die er hat, hinter coolen Sprüchen verbirgt wie:

- *»Man kann nicht jeden Auftrag kriegen!«*
- *»Ich hoffe, dass Sie mit dem Wettbewerber zufrieden sein werden!«*

Mit der ehrlich enttäuschten Reaktion zeigt der Verkäufer, dass er wirklich ehrlich interessiert gewesen ist. Viele Verkäufer verlieren schlagartig das Interesse am Kunden, wenn sie hören, dass der Auftrag weg ist, und bei einigen Verkäufern lässt spürbar das Interesse nach, wenn sie hören, dass der Auftrag da ist. Vielleicht ist Letzteres sogar noch schlimmer.

2. Grundregel: Fragen Sie nach den Gründen, aber stellen Sie die richtigen Fragen.

Viele Verkäufer fragen an dieser Stelle:

- *»Wer hat den Auftrag bekommen?«*
- *»Und zu welchen Konditionen?«*

Antworten Kunden auf diese Fragen gern? Nein, deswegen stelle ich diese Fragen nie. Besser ist hier eine allgemeinere Formulierung:

Verkäufer: »*Woran hat es denn gelegen?*«

Wenn als Antwort sehr schnell der Preis genannt wird, sollten Sie noch einmal ausschließend nachfragen:

Verkäufer: »*Und mal ganz abgesehen vom Preis, woran hat es noch gelegen?*«

Sollte der Kunde auf die zweite Frage wiederum mit »zu teuer« reagieren, ist diese zweite Antwort zumindest ehrlicher als die erste.

Diese Vorgehensweise hat drei entscheidende Vorteile: **Vorteile**

1. Sie haben die Möglichkeit, eher an die wahren Beweggründe für den Auftragsverlust zu kommen.
2. Sie können diese Informationen bei weiteren Gesprächen mit diesem Kunden nutzen.
3. Sie testen mit diesen Fragen noch einmal das Interesse des Kunden an einer Zusammenarbeit. Je ehrlicher das Interesse im Vorfeld war, umso ausführlicher wird die Antwort des Kunden ausfallen.

Kommt diese Sorgfalt des Verkäufers beim Kunden gut an oder geht er mit seiner Fragerei dem Kunden auf die Nerven? Wenn der Kunde wirklich ehrliches Kaufinteresse hatte, so wird er die Sorgfalt des Verkäufers schätzen, vor allen Dingen, weil sie dessen Glaubwürdigkeit unterstreicht.

Interessant wird die Thematik Auftragsverlust, wenn wir die Angelegenheit einmal unter einem anderen Gesichtspunkt betrachten: Wenn Sie hören, dass der Auftrag bereits vergeben ist, entspricht das immer den Tatsachen? Ist der Auftrag definitiv und unwiederbringlich vergeben?

Branchenübergreifend ist ein angeblich schon vergebener Auftrag in sechs von zehn Fällen wirklich vergeben, in vier Fällen also noch nicht!

Wir haben ein interessantes Angebot vor uns liegen, greifen gespannt zum Telefonhörer, rufen unseren Kunden an und fassen nach. Was passiert mit unserer Spannung, wenn der Kunde äußert, dass der Auftrag an den Wettbewerb gegangen ist? Die Spannung bricht in sich zusammen, meistens. Weil wir zu oft alles sofort und uneingeschränkt glauben, was der Kunde sagt.

Testen, ob der Auftrag vergeben ist Wie können wir testen, ob der Auftrag tatsächlich oder erst einmal gedanklich vom Kunden vergeben wurde? Indem wir nachfragen, mit der richtigen Frage zum richtigen Zeitpunkt. Ein häufiger Fehler ist das zu frühe Fragen in der falschen Form:

Verkäufer: »*Ist der Auftrag wirklich weg?*«

Der Kunde wird kaum zugeben, dass er Sie angelogen hat, aber genau das drückt diese Frage aus.

Erfolg versprechender ist die folgende Gesprächsstrategie:

Verkäufer: »*Guten Tag, Herr Kunde, ich wollte kurz nachhören, wie Ihnen mein Angebot gefallen hat.*«
Kunde: »*Der Auftrag ist leider schon vergeben.*«
Verkäufer: »*Herr Kunde, ich finde es sehr schade, dass wir diesmal nicht zusammenkommen!*«
Kunde: »*Mir tut es auch leid, aber Ihr Wettbewerb war günstiger als Sie!*«
Verkäufer: »*Und mal ganz abgesehen vom Preis, woran hat es noch gelegen?*«

Genau zuhören Der Verkäufer sollte ganz genau hinhören: Wenn der Kunde jetzt zögerlich antwortet, kann das bedeuten, dass der Auftrag eben noch nicht eindeutig vergeben ist.

Verkäufer: »*Herr Kunde, ist der Auftrag definitiv vergeben, oder ist die Entscheidung erst einmal gedanklich gegen uns gefallen?*«

Oder, wenn Ihnen das zu geschwollen ist:

Verkäufer: »*Herr Kunde, ist der Auftrag definitiv vergeben, oder haben wir noch eine Chance?*«

Sie werden sich wundern, wie oft die Entscheidung eben doch noch nicht endgültig gefallen ist. Ich wünsche Ihnen natürlich nicht, dass Sie Aufträge verlieren, aber ich wünsche Ihnen, dass Sie einmal einen verloren geglaubten Auftrag in dieser Phase zurückholen, weil das gut ist für das verkäuferische Selbstvertrauen.

Wenn der Auftrag wirklich an den Wettbewerb gegangen ist, halten Sie sich zurück mit unterstellenden Äußerungen, was die Qualität und Leistungsfähigkeit des anderen Anbieters anbelangt.

Denn wenn die Entscheidung wirklich gefallen ist, vernichten Sie damit jede Chance, dass der Kunde zurückkommt, wenn er mit dem Wettbewerb unzufrieden ist. Es gibt viele Beispiele dafür, dass ein solcher Kunde eher für immer wegbleibt, als seine Fehlentscheidung zuzugeben.

Wenn der Auftrag definitiv vergeben ist, zeigen Sie einfach noch einmal Ihr Bedauern und bauen Sie, wenn möglich, eine Brücke zum nächsten Bedarfsfall. **Brücke bauen**

Verkäufer: »*Wie gesagt, ich finde es sehr schade, dass wir dieses Projekt nicht gemeinsam abwickeln! Ich habe diesen Auftrag verloren, aber nicht den ganzen Kunden, oder?*«
Kunde: »*Nein, nein, beim nächsten Mal sind Sie wieder mit dabei!*«

Und gerade, wenn der Auftrag unwiederbringlich verloren ist, gilt es auch hier nachzubestätigen. Eine Verkäuferin eines großen Unternehmens der Eventbranche zeigte mir einmal die schriftliche Antwort eines Kunden auf ihre Verlustbestätigung:

»*Sehr geehrte Frau ...,*
Respekt, gleich im Anschluss an ein Telefonat eine Bestätigung zu senden, zeigt Professionalität. Was ich sehr schätze. Ich werde Sie und Ihre Firma in guter Erinnerung halten ...«

Mittlerweile ist er Stammkunde des Unternehmens.

Wenn Sie diese Empfehlungen berücksichtigen, können Sie sogar dieser im Grunde negativen Thematik noch eine positive Seite abgewinnen und Ihre Chancen für die nächste Anfrage verbessern.

Umgang mit schriftlichen Absagen

Neue Möglichkeiten

Schriftliche Absagen landen normalerweise in Ablage P wie Papierkorb. Das ist zwar verständlich, dennoch sollten sie anders behandelt werden, denn auch sie sind Umsatzchancen und stellen eine gute Möglichkeit dar, den Kontakt zum Kunden zu verbessern, selbst wenn Sie das aktuelle Projekt nicht bekommen. Warum ist das so?

> **Ein Kunde, der schriftlich absagt, wertschätzt den Einsatz des Verkäufers. Allein diese Tatsache macht es sinnvoll, dass sich der Verkäufer grundsätzlich für eine schriftliche Absage bedanken sollte.**

Es gibt aber noch einen weiteren Grund. Es gab eine Geschichte im Internet über das angeblich erste Verkaufstraining der Geschichte. Das hat irgendwann um 1890 in der Nähe von Nürnberg stattgefunden. Ein Hersteller von Bürstenwaren unterrichtete seine Verkäufer im Verkaufen von Bürsten und verwandten Produkten. In einer der ersten Lektionen gab es laut dieser Geschichte die Aufforderung, zuerst an Türen zu klopfen, an denen ein besonders großes Schild hing: »Betteln und Hausieren verboten«.

Warum bringt jemand ein solches Schild an seiner Tür an? Wahrscheinlich, weil er seine Ruhe haben will. Aber ist das der einzige Grund oder gibt es noch einen weiteren? In vielen Fällen hängt dieses Schild auch zum Selbstschutz da: Der Betreffende weiß, dass er bei drei oder vier guten Argumenten dem Bürstenverkäufer nicht widerstehen kann.

Eine schriftliche Absage hat eine ähnlich hohe Priorität wie eine schriftliche Anfrage. Sie macht ein Telefonat notwendig. Wie man ein solches Gespräch führt, habe ich nachfolgend dargestellt.

Telefonat

Verkäufer: *»Guten Tag, Herr Kunde, Deutsche Vertriebsberatung, Ulrich Dietze!«*
Kunde: *»Tag, Herr Dietze, haben Sie meine Post nicht bekommen?!«*
Verkäufer: *»Doch doch, habe ich bekommen, aber deswegen rufe ich ja an! Auch wenn ich es sehr schade finde, dass wir dieses Projekt nicht gemeinsam durchführen, möchte ich mich zumindest für die Chance bedanken und dafür, dass Sie mir klar sagen, wie der Stand der Dinge ist!«*
Kunde: *»Das ist doch das Mindeste, Sie haben ja auch eine Menge Einsatz gezeigt!«*
Verkäufer: *»Woran hat es in diesem Fall gelegen?«*
Kunde: *»Wir sind einfach der Meinung, dass Ihr Wettbewerber im Vorteil ist, weil er schon mehrere Projekte in unserer Branche durchgeführt hat!«*
Verkäufer: *»Herr Kunde, ist der Auftrag definitiv vergeben, oder ist die Entscheidung erst mal gedanklich gegen uns gefallen?«*

Sie ahnen schon, was jetzt kommt. Und ganz wichtig bei dieser Herangehensweise ist, dass der Verkäufer nicht in erster Linie beim Kunden anruft, um den Auftrag zu reaktivieren, sondern nur, um sich für die Chance und die Sorgfalt des Kunden zu bedanken. Das kommt bei einem Entscheider unglaublich gut an und er stellt sich möglicherweise die Frage: »Wie gut mag sich dieser Verkäufer um uns kümmern, wenn ich ihm beim nächsten Mal einen Auftrag gebe?«

Wenn der Kunde in der Angebotsverfolgung völlig blockiert

Sie haben bestimmt schon einmal die folgende Situation erlebt: Sie haben ein Angebot abgegeben, fassen nach, und der Kunde reagiert positiv, er hat sich das Angebot bereits genauer angesehen, er hat noch ein paar Fragen, Sie haben die richtigen Antworten parat, das Gespräch entwickelt sich und Sie haben ein

Gespräch in der falschen Richtung

positives Bauchgefühl – frei nach dem Motto: »Ich glaube, diesen Auftrag kriege ich!« Kennen Sie diese Situation? Ich hoffe doch. Aber kennen Sie auch das Gegenteil? Gespräche, in denen es in die völlig falsche Richtung läuft? Hier ein Beispiel:

Verkäufer: »*Guten Tag, Herr Kunde, ich wollte kurz nachhören, wie Ihnen mein Angebot gefallen hat.*«
Kunde: »*Wir haben uns noch nicht entschieden.*«
Verkäufer: »*Welche Punkte müssen noch geklärt werden?*«
Kunde: »*Da gibt es einige Punkte, die möchte ich jetzt aber nicht mit Ihnen besprechen!*«
Verkäufer: »*Ich bin fest davon überzeugt, dass Sie mit den Ergebnissen des Projektes sehr zufrieden sein werden!*«
Kunde: »*Hm!*«
Verkäufer: »*Wie kann ich Sie noch unterstützen?*«
Kunde: »*Gar nicht!*«
Verkäufer: »*Sie sagten mir in unserem ersten Gespräch, dass der Bedarf am … konkret wird. Ist das noch der Fall?*«
Kunde: »*Mehr oder weniger!*«
Verkäufer: »*Wann sprechen wir wieder?*«
Kunde: »*Wir melden uns.*«

Wie reagiert man in einer solchen Situation? Macht es hier Sinn, einen weiteren Termin zu erzwingen und zu hoffen, dass der Kunde beim nächsten Mal besser drauf ist? Viele Verkäufer suchen beim Thema Vertrösten immer nach einem schlagenden Argument. Dieser Ansatz ist nicht ganz richtig: Wenn der Kunde sich nicht überzeugen lassen will, kann sich der Verkäufer auf den Kopf stellen. Der Kunde wird seine Argumente wahrscheinlich gar nicht hören.

Was kann in einer solchen Situation helfen, wenn der Kunde total verschlossen ist? Das richtige Werkzeug hierfür ist das Öffnen des Kunden und das funktioniert wie folgt.

Öffnen des Kunden

Verkäufer: »*Können wir ganz offen miteinander sprechen?*«
Kunde: »*Äh, ja.*«
Verkäufer: »*Ich habe den Eindruck, dass ich Sie von den Vorteilen*

meines Angebots nicht wirklich überzeugen konnte. Ist das richtig?«

Kunde: *»Der Eindruck ist nicht ganz falsch!«*

Verkäufer: *»Was lässt Sie im Moment konkret noch zögern?«*

Manchmal hört man erst jetzt die wirklich wahren Beweggründe des Kunden. Ob Sie diese dann entkräften können, steht auf einem ganz anderen Blatt. Aber Sie müssen erst mal an diese Beweggründe herankommen. Viele Verkäufer schaffen das nicht und sind viel zu schnell im nächsten Termin.

Das Öffnen des Kunden ist eines der wichtigsten Werkzeuge für Verkäufer in der Angebotsverfolgung.

Wenn das Angebot den Budgetrahmen des Kunden übersteigt

Der Budgeteinwand ist häufig ein Vorwand, hinter dem der Kunde versteckt, dass er vom Angebot an sich oder vom Verkäufer nicht wirklich überzeugt ist. Deswegen gilt es hier, zunächst herauszufinden, ob der Kunde vom Angebotsinhalt überzeugt ist.

Kunde: *»Danke für Ihr Angebot, aber es passt nicht in unseren Budgetrahmen!«*

Ist der Kunde überzeugt?

Verkäufer: *»Also mit anderen Worten, ich konnte Sie nicht mit meinem Angebot überzeugen!«*

An dieser Stelle gibt es mehrere Möglichkeiten, wie ein Kunde reagieren kann. Möglicherweise bringt er vor, dass das Angebot beim Chef liegt oder bessere Wettbewerbsangebote vorliegen, oder es kommen inhaltliche Vorbehalte, die wir jetzt versuchen müssen auszuräumen.

Der Budgeteinwand wird von Kunden auch häufig genutzt, um eine hochwertige Lösung zu einem besseren Preis zu erhalten, ohne dabei auf Leistung zu verzichten.

Kunde: »*Nein, nein, das Angebot hat uns schon überzeugt, aber es passt, wie gesagt, nicht in unseren Budgetrahmen! Was können Sie denn noch für uns tun?*«

An dieser Stelle empfiehlt es sich, weitere Fragen zu stellen:

- »*Wie ist der Budgetrahmen zustande gekommen?*«
- »*Worauf können Sie beim Leistungsumfang möglicherweise verzichten?*«
- »*Wer ist noch in die Budgetentscheidung einbezogen?*«

Es gibt auch Kunden, die mit dem Budgeteinwand testen wollen, ob der Verkäufer die optimale, eine überrüstete oder eine überteuerte Lösung angeboten hat. In dieser Situation war ich selbst als Kunde vor einiger Zeit. Schauen Sie sich einmal an, wie der Verkäufer damals reagierte.

Kunde: »*Danke für Ihr Angebot, aber es passt nicht in unseren Budgetrahmen!*«

Verkäufer: »*Wir können uns natürlich noch einmal zusammensetzen und gemeinsam überlegen, ob und an welcher Stelle eine Leistungsreduzierung Sinn machen könnte. Aber ich sage Ihnen eines ganz offen. Ich nehme Ihren Auftrag nur dann an, wenn ich sicher sein kann, dass Sie mit den zu erwartenden Ergebnissen wirklich zufrieden sein werden. Und dazu ist einfach ein gewisser Aufwand unabdingbar!*«

Vom Erfolg
überzeugt

Was für ein hervorragender Verkäufer: Er nimmt den Auftrag nur an, wenn er vom Erfolg des Projektes überzeugt ist! Ich habe mich natürlich für diesen Anbieter entschieden und bin auch tatsächlich nicht enttäuscht worden.

Abschließend möchte ich auch hier noch einmal betonen, dass der Budgeteinwand im besten Fall bereits im Vorangebotsgespräch behandelt wird. Vor dem Angebot sollte klar sein, ob Leistungsanforderung und Budget zusammenpassen oder ob einer dieser beiden Parameter verändert werden sollte.

Wie wir uns verhalten, wenn aus Kundensicht bessere Wettbewerbsangebote vorliegen, behandeln wir in Kapitel 5.

Die Zwei-Gespräche-Methode

Bei der Vielzahl der möglichen Kundenreaktionen kann es natürlich vorkommen, dass dem Verkäufer erst nach Ende des Telefonats die richtige Antwort einfällt. Was macht man in einem solchen Fall? Richtig, noch einmal anrufen.

Wir haben eine Anfrage bekommen, ein sehr gutes Vorangebotsgespräch mit dem Kunden geführt, das Angebot pünktlich abgegeben und erwarten im anstehenden Telefonat eigentlich den Auftrag, aber es kommt ganz anders.

Verkäufer: *»Guten Tag, Herr Kunde, ich wollte kurz nachhören, wie Ihnen mein Angebot gefallen hat.«*
Kunde: *»Wir haben uns vorerst dagegen entschieden und melden uns bei Ihnen, wenn wir so weit sind.«*
Verkäufer: *»Aus welchem Grund?«*
Kunde: *»Da gibt es verschiedene Gründe, es ist aber müßig, jetzt darüber zu sprechen. Ich muss auch gleich weg. Wie gesagt, wir melden uns!«*

Der Kunde beendet das Telefonat und wir können im Prinzip nichts tun, außer uns zu wundern, was mit diesem Kunden plötzlich los ist. Vor einer Woche war er noch sehr interessiert und jetzt das komplette Gegenteil.

Genau hier setzt die Zwei-Gespräche-Methode an. Wir lassen dem Kunden eine halbe Stunde Zeit und rufen ihn dann noch einmal an.

Verkäufer: *»Guten Tag, Herr Kunde, mir geht unser Gespräch von gerade eben nicht aus dem Kopf. Ich habe mir noch einmal Ihre Anfrage vorgenommen und meine Notizen von unserem Termin letzte Woche und das Ganze mit unserem Angebot verglichen. Ehrlich gesagt, ich verstehe einfach nicht, woher Ihre plötzliche Ablehnung kommt!«*

Nochmals anrufen

Kunde: »*Also gut! Wir haben natürlich weitere Angebote eingeholt. Ein Wettbewerber ist fast 50 Prozent günstiger als Sie!*«

Verkäufer: »*Mit Verlaub, Herr Kunde, dann kann das Angebot definitiv nicht vergleichbar sein. Kommt es Ihnen bei diesem Projekt definitiv nur auf den Preis an?*«

Kunde: »*Nein, natürlich nicht! Wir müssen in erster Linie sicher sein, dass die Inhalte erfolgreich umgesetzt werden.*«

Verkäufer: »*Dann mache ich Ihnen einen Vorschlag: Wir vereinbaren einen weiteren Termin und klären alle offenen Fragen.*«

Kunde: »*In Ordnung!*«

Die Zwei-Gespräche-Methode ist sehr wirksam, wenn dem Verkäufer im ersten Gespräch die richtigen Antworten nicht eingefallen sind oder der Kunde ein richtiges Gespräch nicht zugelassen hat. Und sie funktioniert bei sehr vielen Sachverhalten ausgesprochen gut.

TQS-Praxistage Ein Beispiel zum Thema Auftragsverlust verdeutlicht das. Ich führe im Rahmen firmeninterner Vertriebsseminare sogenannte Praxistage durch. Sinn solcher Praxistage ist das Vertiefen von Schulungsinhalten durch die konkrete Anwendung im Tagesgeschäft. Es gibt z. B. Praxistage zum Thema Angebotsverfolgung, zu denen die Verkäufer aktuelle Angebote mitbringen, die unter Anleitung des Trainers nachgefasst werden. Das heißt, der Trainer hört mit und unterstützt den Verkäufer behutsam, wenn kritische Situationen entstehen.

Bei einem dieser Praxistage trug sich die folgende Geschichte zu: Ein Verkäufer hatte ein Angebot mitgebracht, zu dem er einen Tag vorher eine Absage des Kunden bekommen hatte. Er war darüber verständlicherweise nicht gerade glücklich, da er viel Zeit in dieses Angebot investiert hatte. Ich fragte ihn, ob der Auftrag wirklich definitiv vergeben sei, und er meinte, er sei vergeben. Wir haben den Kunden dennoch erneut angerufen:

Verkäufer: »*Guten Tag, Herr Kunde, hier ist noch mal Meier von der Firma Müller!*«

Kunde: »*Guten Tag, Herr Meier!*«

Verkäufer: »*Herr Kunde, mir geht unser Gespräch von gestern einfach nicht aus dem Sinn! Wissen Sie, ich finde es einfach richtig schade, dass wir dieses Projekt nicht gemeinsam abwickeln, weil ich fest davon überzeugt bin, dass die von uns vorgeschlagene Lösung perfekt zu Ihren Anforderungen passt! Ist der Auftrag definitiv vergeben, oder ist die Entscheidung erstmal gedanklich gegen uns gefallen?*«
Kunde: »*Was wäre ich froh, wenn unsere Verkäufer so überzeugt wären! Also in Gottes Namen, dann kommen Sie noch mal vorbei, und wir reden noch einmal.*«

Ein weiteres Beispiel aus dem Bereich Investitionsgüter finde ich besonders gelungen, da der Verkäufer hier im ersten Gespräch klar abgeblockt wird und im zweiten Gespräch einen Abschlusstermin vereinbart.

Erfolg im zweiten Anlauf

Verkäufer: »*Guten Tag, Frau Kundin, Meier von der Firma Müller!*«
Kundin: »*Guten Tag, Herr Meier!*«
Verkäufer: »*Frau Kundin, ich wollte kurz nachhören, wie Ihnen mein Angebot gefallen hat.*«
Kundin: »*An sich ganz gut, aber in diesem Jahr werden wir da nichts machen!*«
Verkäufer: »*Aus welchem Grund nicht?*«
Kundin: »*Wir mussten im Produktionsbereich dringend in neue Anlagen investieren, und da haben wir für neue Beleuchtungen einfach nicht mehr genug Geld übrig!*«
Verkäufer: »*Aber abgesehen vom Preis hat Ihnen das Angebot gefallen?*«
Kundin: »*Ja, sehr gut, aber in diesem Jahr werden wir das nicht schaffen!*«
Verkäufer: »*Das heißt, wir sprechen Anfang des nächsten Jahres wieder.*«
Kundin: »*Genauso machen wir es!*«

Ich sprach den Verkäufer nach Beendigung des Telefonates darauf an, wie er denn jetzt weiter vorgehen will, und er meinte, er werde die Kundin Anfang des nächsten Jahres anrufen und dann sicher einen Auftrag bekommen.

Wenn ein Kunde klar zugibt, dass ihm das Angebot gefällt, er es sich aber nicht leisten kann, dann kann das der Wahrheit entsprechen, aber auch eine weitere Variante des Vertröstens sein. Denn bevor ein Kunde zum Verkäufer sagt: *»Ich bin noch nicht ganz überzeugt! Überzeug mich doch bitte mal!«*, sagt er eher: *»Finde ich ganz toll, kann ich mir aber nicht leisten!«*

Das findet man heraus, indem man nochmals anruft und nett unterstellt, dass man die Kundin offensichtlich nicht überzeugen konnte.

Verkäufer: *»Guten Tag, Frau Kundin, hier ist noch mal Meier von der Firma Müller!«*
Kundin: *»Guten Tag, Herr Meier!«*
Verkäufer: *»Frau Kundin, mir geht unser Gespräch von gerade eben nicht aus dem Kopf! Haben Sie noch mal zwei Minuten Zeit für mich?«*
Kundin: *»Ja, zwei Minuten habe ich noch!«*
Verkäufer: *»Frau Kundin, ich habe so ein bisschen den Eindruck, dass ich Sie von den Vorteilen der Beleuchtungsmodernisierung nicht überzeugen konnte.«*
Kundin: *»Dooooch, ich bin fest überzeugt, aber es fehlt mir auf gut Deutsch gesagt einfach die Kohle!«*

Wenn Sie diese Technik anwenden, werden Sie feststellen, dass der Kunde fast immer betont, dass er überzeugt ist. Interessanterweise führt das dazu, dass sich der Kunde ein Stück weit selbst auf den Abschluss zubewegt.

Verkäufer: *»Dann mache ich Ihnen einen Vorschlag, den Sie nicht ablehnen können.«*
Kundin (mittlerweile echt amüsiert): *»Dann schießen Sie mal los!«*
Verkäufer: *»Wir modernisieren vor dem Weihnachtsgeschäft bei Ihnen jetzt die Beleuchtung. Sie erhöhen damit Ihre Kundenfrequenz und auch Ihren Umsatz und das Zahlungsziel legen wir auf Anfang des nächsten Jahres fest!«*
Kundin: *»Auf Anfang nächsten Jahres? Das wird nicht hinhauen, bis dahin habe ich das Geld noch nicht zusammen.«*

Verkäufer: »*Frau Kundin, ich möchte nicht, dass Sie mich falsch verstehen. Ich möchte Ihnen hier nicht irgendetwas aufschwatzen, ich bin einfach nur fest davon überzeugt, dass Sie mit der Modernisierung Ihrer Beleuchtung entscheidende Vorteile gewinnen!*«

Kundin: »*Ja ja, das ist mir schon klar!*«

Verkäufer: »*Und was halten Sie von einem komfortablen Finanzierungsvorschlag?*«

Kundin (nachdenklich): »*Hmm ..., Finanzierung ..., da müsste ich erst noch mal mit meinem Mann sprechen.*«

Verkäufer: »*Ich arbeite zwei Finanzierungsvorschläge für Sie aus und wir vereinbaren jetzt einen Termin zu dritt mit Ihrem Mann. Was halten Sie von der Idee?*«

Kundin: »*Die Idee gefällt mir, das können wir so machen!*«

Der Verkäufer kam zum Termin, und der Ehemann war überhaupt nicht von der Notwendigkeit der Investition überzeugt. Also musste der Verkäufer noch einmal komplett von vorn anfangen. Zuerst eine Präsentation der Technik und eine Zusammenfassung der Vorteile. Das reichte dem Kunden allerdings nicht aus, daher besuchte der Verkäufer vier Referenzkunden. So langsam, aber sicher wuchs die Überzeugung und vier Wochen nach dem zweiten Gespräch kam der Auftrag in Höhe von 36 000 Euro zustande. Ein Auftrag, den der Verkäufer sonst bis heute nicht geschrieben hätte.

Geduld macht sich bezahlt

Natürlich bekommt man mit dieser Technik nicht jeden Auftrag. Aber wenn der Verkäufer sie beherrscht, wird er insgesamt deutlich mehr Aufträge abschließen als der Durchschnitt.

Der TQS-SalesCoach

Ich habe lange nach einem Werkzeug für Verkäufer gesucht, das dabei hilft, in den verschiedenen Vertriebsphasen die richtigen Argumente und Vorgehensweisen zu erinnern. Kaum ein Verkäufer schaut in ein Buch, während er zum Beispiel ein Angebot nachfasst. Da es ein solches Werkzeug nicht gab, haben wir es entwickelt: den *TQS-SalesCoach*.

Navigationssystem Genauso wie Ihnen ein Navigationssystem hilft, in einer fremden Stadt die gesuchte Straße zu finden, so hilft Ihnen der *TQS-Sales-Coach*, in kritischen Vertriebssituationen die richtige Antwort zu finden.

Den *SalesCoach* finden Sie auf unserer Homepage: *www.deutschevertriebsberatung.de*

Den *SalesCoach* gibt es für folgende Bereiche:

1. Akquisitionsmanagement
2. Anfragemanagement
3. Angebotsverfolgungsmanagement
4. Konfliktmanagement
5. *TQS-SalesTools*

Zusätzlich haben wir mit dem Bereich *My Tools* eine Möglichkeit geschaffen, eigene Leitfäden einzustellen. Dieser Bereich ist besonders wichtig. Ermöglicht er doch, das vertriebliche und technische Wissen der erfahrenen Mitarbeiter zu erfassen und es neuen Kollegen zur Verfügung zu stellen. Dadurch verkürzen wir auch die Einarbeitungszeiten neuer Mitarbeiter im Vertrieb.

Ob Sie nun 10, 30 oder 150 Prozent mehr Umsatz machen, der *SalesCoach* wird sich schnell für Sie amortisieren und Ihre Freude am Verkaufen steigern.

Wichtig ist nur, dass Sie wirklich regelmäßig mit dem *SalesCoach* arbeiten:

- als Direktunterstützung im Kundengespräch
- als Trainingswerkzeug außerhalb konkreter Verkaufssituationen
- als Vorbereitungshilfsmittel für Angebotspräsentationen und Verhandlungen

Die verwendeten Inhalte sind in über tausend Einzelcoachings entstanden und nach und nach immer weiter verfeinert worden. Somit haben Sie die Gewähr, dass die Inhalte nachweisbar in jeder Branche funktionieren.

Eigenorganisation in der Angebotsverfolgung

Der *TQS-Navigator*

Im Rahmen unserer Projekte treffen wir häufiger auf die Situation, dass wichtige Vertriebskennzahlen nicht verfügbar sind.

- Wie viele Anfragen haben wir in welcher Zeit erhalten?
- Welche Produkte und Leistungen werden prozentual gewichtet angefragt?
- Welche Angebotsvolumina sind offen?
- Welchen Forecast hat welcher Verkäufer zu erwarten?
- Wie hoch sind die Abschlussquoten in Bezug auf einzelne Verkäufer?
- Wie hoch sind die Abschlussquoten in Bezug auf einzelne Kunden?
- Wie hoch sind die Abschlussquoten in Bezug auf einzelne Produkte und Leistungen?
- Was sind die Hauptgründe für Auftragsverluste?

Wirksame Kontrolle

Ich möchte Ihnen mit dem *TQS-Navigator* ein weiteres, hilfreiches Werkzeug vorstellen, um all diese Punkte sorgfältig bestimmen zu können und gleichzeitig die Einhaltung des Vertriebsprozesses wirksam kontrollieren zu können.

Mittels Eingabemaske können Anfragen von Kunden und Interessenten erfasst und Bedarfe, Termine und Umsatzwahrscheinlichkeiten definiert werden. Je nach Status, den Sie vergeben, werden die einzelnen Vorgänge verschiedenfarbig unterlegt, dadurch entsteht eine besondere Übersichtlichkeit. Der Forecast und die Abschlussquoten werden halbautomatisch ermittelt und können, wie in Excel üblich, nach bestimmten Vorgaben gefiltert werden.

Alle Adressdatensätze können zur weiteren Bearbeitung bequem in Outlook importiert werden. Eine Grafik, ähnlich einem Verkaufstrichter, zeigt übersichtlich alle Möglichkeiten und Potenziale auf.

Der Unterschied zu dem in Kapitel 1 vorgestellten *TQS-Explorer* besteht in der präziseren Abbildung der Phasen: Anfrage, Angebot, Angebotsverfolgung.

Ich schenke Ihnen dieses Tool. Sie können es auch gern an Vertriebskollegen der eigenen oder anderer Firmen weitergeben.

Das richtige Wiedervorlagesystem

Ob Sie Ihre Angebotsverfolgung manuell oder lieber elektronisch organisieren oder eine Kombination aus beidem bevorzugen, ist in diesem Zusammenhang nicht unbedingt wichtig.

Wichtig ist, dass ein praktikables Wiedervorlagesystem zwei Voraussetzungen erfüllt:

1. Angebote dürfen nicht verloren gehen.
2. Wir sollten rechtzeitig an den Wiedervorlagetermin erinnert werden.

Jederzeit auffindbar Bei der Zeit und Mühe, die heute häufig in Angebote investiert wird, ist es einfach ein Muss, dass Angebote jederzeit auffindbar sind.

Das Angebot wird geschrieben, im Kundendatensatz abgespeichert, ausgedruckt und verschickt, eine Kopie geht an den Bearbeiter zum Nachfassen, und eine weitere Kopie wird bei uns trotz aller Elektronik im alphabetischen Angebotsordner abgelegt. Somit ist sichergestellt, dass jeder Mitarbeiter auf Anforderung ein Angebot wiederfinden kann.

Der Verkäufer kommt morgens an seinen Arbeitsplatz, nimmt sich einen Stapel offener Angebote vor und überlegt, wen er heute als Erstes anruft. Dabei fällt ihm ein Angebot in die Hände, das er eigentlich bereits vor einer Woche nachfassen wollte. Übertrieben? Keineswegs.

Rechtzeitige Erinnerung

Elektronische Wiedervorlagesysteme bieten heute vielfältige Möglichkeiten, um an offene Termine und Projekte erinnert zu werden, sofern der Verkäufer einsieht, dass eine professionelle Eigenorganisation und eine sorgfältige Angebotsverfolgung genauso wichtig sind wie fachspezifische Kenntnisse in der jeweiligen Branche, und diese Werkzeuge auch tatsächlich genutzt werden.

Wenn Sie sich weitergehend für diese Thematik interessieren, lesen Sie bitte hierzu Kapitel 8. Hier stelle ich Ihnen die erste CRM-Lösung vor, die *Total Quality Selling* perfekt abbildet und unterstützt.

Praxisaufgaben

1. Nutzen Sie den *TQS-Navigator* zum Erfassen Ihrer Anfragen und Angebote. Dieses Werkzeug finden Sie auf der beigefügten CD.
2. Tragen Sie im *TQS-Navigator* alle Anfragen und Angebote ein und bewerten Sie die Auftragschance wie vorgegeben.
3. Passen Sie die *TQS-Checkliste Angebotsverfolgung* an Ihre Firma und Branche an.
4. Bereiten Sie sich mithilfe der *TQS-Checkliste Angebotsverfolgung* und des *TQS-SalesCoach* sorgfältig auf Nachfassgespräche vor.
5. Fassen Sie Ihre Angebote zum vereinbarten Termin nach.
6. Bestätigen Sie Zwischenergebnisse mit den *TQS-Nachfassschreiben* schriftlich.

Eine wichtige Bitte habe ich an Sie: Informieren Sie uns über Ihre Ergebnisse! Unter *info@deutschevertriebsberatung.de* können Sie uns erreichen, Ihre Fragen stellen und auch von erzielten Erfolgen berichten.

5. TQS – Preisverhandlungsstrategie

Die professionelle Verhandlung von Preisen und Konditionen ist ein ganz besonderes Thema. Bei kaum einem anderen Vertriebsthema gibt es mehr Unklarheiten als in dieser Königsdisziplin des Verkaufs: der Preisverhandlung.

Ungerechtfertigte Nachlässe

Wir haben in einer branchenübergreifenden Untersuchung festgestellt, dass 80 Prozent aller Nachlässe entweder ungerechtfertigterweise gegeben werden – weil der Verkäufer selber zu schnell davon ausgeht, dass die Wettbewerbsangebote inhaltlich vergleichbar sind – oder aber aus verhandlungstaktischer Sicht zu früh – was immer eine negative Auswirkung auf die Höhe der vom Kunden erwarteten Preisreduzierung hat.

Darüber hinaus verstehen es nur wenige Verkäufer, ihre Vorteile so zu formulieren, dass der Kunde bereit ist, auch höhere Preise zu akzeptieren. Die TQS-Preisverhandlungsstrategie konzentriert sich deshalb auf ebendiese drei Bereiche:

1. die Vergleichbarkeit der Angebote wirksam testen,
2. die Vorteile der eigenen Leistung optimal darstellen,
3. die Preise und Konditionen richtig, sprich deckungsbeitragsorientiert, zu verhandeln.

Es wird sich für Sie lohnen, diese Strategie anzuwenden.

Warum der Kunde einen Nachlass will

Der Kunde will weniger bezahlen – oder warum will er sonst einen Nachlass? Ganz so einfach ist es jedoch nicht. Es gibt über 40 Gründe, warum Kunden sagen, dass ihnen etwas zu teuer ist. Schauen wir uns sieben Gründe näher an, um besser zu verstehen, wie man auf einen Preiseinwand richtig reagiert.

1. Herunterhandeln des Preises zahlt sich aus

Folgende Erfahrung haben wir bereits selbst einmal gemacht: Wir gehen am Samstag durch die Stadt und sehen uns Dinge des täglichen Bedarfs an: Fernseher, Autos, Küchengeräte, Kleidung. Was haben viele Kunden gerade in der letzten Zeit gelernt? Die angegebenen Preise sind nicht mehr fest, sondern verhandelbar.

**Handeln,
weil es »in« ist**

Man ist heutzutage sogar dumm, wenn man nicht nach Nachlässen fragt, wie uns die Presse immer wieder suggeriert, weil man Geld verschenkt. Mittlerweile gibt es sogar Nachlässe in Branchen, die früher im Traum nicht daran gedacht hätten.

2. Der Kunde ist selbst Einkäufer

Ein Einkäufer will mit einem erzielten Nachlass letztlich auch seine eigene Leistungsfähigkeit unter Beweis stellen. Er versucht, im Interesse seines Unternehmens und im Eigeninteresse den günstigsten Preis zu erzielen.

3. Der Kunde will oder muss günstiger einkaufen

Es gibt auch ganz offene und klare Gründe für eine Nachlassforderung: Der Kunde hat nicht genug Geld, oder er ist vielleicht von seinem Kunden im Preis gedrückt worden und muss diesen Kostendruck weitergeben.

4. Der Kunde will seinen bestehenden Lieferanten nicht wechseln

Bevor der Kunde zugibt, dass er unser Angebot nur vergleichsweise benötigt, wird er sagen, dass unser Preis zu hoch ist.

5. Der Kunde will seinen bestehenden Lieferanten im Preis drücken

Der bestehende Lieferant des Kunden hat keine freie Hand bei den Konditionen. Was könnte der Kunde also mit dem von uns gewährten Nachlass versuchen? Seinen Lieferanten wiederum unter Druck zu setzen, um dort bessere Preise zu erhalten.

6. Der Kunde ist vom Preis-Leistungs-Verhältnis nicht überzeugt

Nehmen wir an, der Kunde hat zwei Angebote vorliegen: eins von uns über 900 Euro und ein Angebot vom Wettbewerb über 750 Euro.

Der spontane Gedanke des Kunden ist nicht: »*Toll, für 900 Euro bekomme ich bestimmt die viel bessere Leistung!*«, sondern die Mehrzahl der Kunden denkt eher: »*Warum soll ich bei Anbieter A 150 Euro mehr bezahlen als bei Anbieter B?*«

Und er reagiert auf unser Angebot mit einem »*Zu teuer!*«, weil er nicht davon überzeugt ist, für die 150 Euro mehr auch mehr Leistung zu bekommen.

7. Der Kunde wurde schon einmal übervorteilt

Abgezockt Es reicht oft aus, dass ein Kunde einmal in seinem Leben für etwas zu viel bezahlt hat oder zumindest meint, dass er zu viel bezahlt habe. Eine Erfahrung in dieser Richtung kann genügen, um bei jeder Kaufentscheidung die Frage aufzuwerfen: »Wer weiß, ob der Verkäufer es ehrlich meint und ich nicht wieder zu viel bezahle!«

Es gibt mittlerweile einige Kunden, die jeden Preis grundsätzlich als zu hoch abtun, um anhand der Reaktion des Verkäufers die Ehrlichkeit des Preises zu beurteilen.

Weitere Gründe für Preiseinwände liegen in den Feldern: persönliche Sympathien, finanzielle Möglichkeiten, tatsächliche Verhandlungskompetenzen sowie versteckte Vorbehalte gegen Personen, Produkte und Leistungen.

Richtig auf Preiseinwände reagieren

Bevor wir uns richtige Reaktionsmöglichkeiten ansehen, möchte ich Ihnen einige Beispiele dafür geben, was Sie besser nicht sagen sollten.

Negativbeispiele

Kunde: *»Vielen Dank für das Angebot, aber Sie sind zu teuer! Wir haben günstigere Angebote von Ihren Wettbewerbern vorliegen!«*
Verkäufer: *»Das kann ich mir nicht vorstellen!«*

Was unterstelle ich damit meinem Kunden? Dass er lügt, ganz klar. Und selbst wenn der Bluff auffliegt, erhöht das nicht unbedingt die Chancen des Verkäufers.

Unterstellung

Kunde: *»Vielen Dank für das Angebot, aber Sie sind zu teuer! Wir haben günstigere Angebote von Ihren Wettbewerbern vorliegen!«*
Verkäufer: *»Sind Sie sicher, dass Sie da nicht Äpfel mit Birnen vergleichen?«*

Natürlich ist es häufig so, dass Kunden Äpfel mit Birnen vergleichen, und dennoch sollte man nicht derartig grob die Fachkompetenz des Kunden mit Füßen treten.

Wenn Ihnen gerade zwei Fälle einfallen, wo Sie es getan haben, können wir es nicht mehr ändern, aber zukünftig sollten Sie das eher vermeiden.

Kunde: »*Ihre Preise sind aber sehr hoch!*«
Verkäufer: »*Qualität hat nun mal ihren Preis!*«

Klar hat Qualität ihren Preis. Aber auch diese Formulierung unterstellt indirekt, dass der Kunde wenig Ahnung hat. Und auch wenn er gar keine Ahnung hat, verbessern wir unsere Chancen nicht unbedingt, wenn wir ihm seine Inkompetenz zu sehr vor Augen führen.

Extremreaktion Die allerextremste Reaktion habe ich einmal in einem Möbelhaus in der Küchenabteilung miterlebt: Eine Kundin fragte nach einem Rabatt für ihre neue Küche, der Verkäufer lief sichtbar dunkler an (er konnte es wohl an diesem Tag nicht mehr hören) und fuhr seine Kundin an:

> »*Wir verkaufen Küchen! Wenn Sie Rabatt wollen, dann müssen Sie nach Marokko fahren. Die Hauptstadt von Marokko heißt Rabat(t).*«

Daraufhin drehte er sich um und ließ seine Kundin stehen. Ganz ehrlich, ich weiß, dass es Kunden gibt, die mit der Art und Weise, wie sie einen Preiseinwand vorbringen, einen Verkäufer zur Verzweiflung treiben, aber die erste Grundregel im Umgang mit Preiseinwänden lautet:

Im Kundengespräch auch bei Preisverhandlungen immer schön entspannt bleiben. Wer sich aufregt, macht Fehler in der Verhandlung.

Machen Sie bitte einmal einen Selbsttest. Stellen Sie sich vor, Sie haben ein Angebot abgegeben, und der Kunde sagt einfach: »*Sie sind zu teuer!*« Welche spontane Antwortidee kommt Ihnen zuerst in den Sinn?

Bitte notieren Sie diese Antwort hier:

_____

_____

Auf den Preiseinwand »*Sie sind zu teuer!*« reagieren ca. 60 Prozent mit einer sogenannten qualitativen Argumentation. Ein Beispiel dafür:

Verkäufer: »*Sie haben Recht, wir gehören in diesem Leistungssegment nicht gerade zu den billigen Anbietern, dafür haben Sie bei uns eine Reihe von Vorteilen, als da wären …!*«

Ist es schädlich, so zu reagieren? Ich denke nicht, aber was meinen Sie: Bringt es in dieser Phase wirklich etwas, mit Vorteilen zu argumentieren? Was wird der Kunde in vielen Fällen darauf antworten?

Kunde: »*Ja gut, aber das sagt mir der Wettbewerb auch!*«

Etwa 20 Prozent aller Verkäufer reagieren auf den Preiseinwand mit einem direkten oder indirekten Nachlassvorschlag.

Nachlassvorschlag

Kunde: »*Sie sind zu teuer!*«
Verkäufer: »*Wo liegen Ihre Vorstellungen?*«

Das kann gut gehen, wenn der Verkäufer einen reinen Rabattkäufer vor sich hat, muss aber nicht. Es geht hingegen völlig daneben, wenn der Verkäufer einen Kunden vor sich hat, der vom Preis-Leistungs-Verhältnis her noch nicht überzeugt ist oder gar Angst hat, zu viel zu bezahlen. Bei diesem Kunden bestätigen wir die Befürchtungen und verlieren jegliche Glaubwürdigkeit und damit auch die Verkaufschance.

Ein weiterer Fehler ist es, prinzipiell davon auszugehen, dass der Kunde Wettbewerbsangebote zum Vergleich heranzieht, auch wenn das natürlich in vielen Fällen so ist.

Kunde: »*Sie sind zu teuer!*«
Verkäufer: »*Ach so, Sie haben weitere Angebote eingeholt?*«
Kunde: »*Bisher noch nicht!*«

Spätestens jetzt wird der Kunde weitere Angebote einholen, weil auch hier die Glaubwürdigkeit des Verkäufers stark gelitten hat. Wie reagiert man nun richtig?

Ich möchte bei Ihnen Folgendes erreichen: Wenn Sie demnächst ein Angebot abgeben und hören: »*Vielen Dank, aber das Angebot ist mir zu teuer!*«, dann möchte ich, dass Sie an dieses Buch denken und sich daran erinnern, dass hinter Preiseinwänden sehr viele unterschiedliche Gründe stecken können, von denen Sie sieben jetzt genauer kennen.

Wenn der Kunde den Preis ohne Angabe von Gründen als zu teuer hinstellt, müsste man zunächst einmal herausfinden, welcher Grund hinter dem Preiseinwand steckt.

Und wie finden wir etwas heraus? Genau, mithilfe von Fragen.

Die richtigen Einstiegsfragen

Vergleich Verkäufer: »*Womit vergleichen Sie uns?*«

Was könnte ein Kunde darauf sagen?

Kunde: »*Mit gar nichts. Ihre Preise passen einfach nicht zu meinem Budget!*«

Oder:

Kunde: »*Wir haben bessere Wettbewerbsangebote vorliegen!*«

In beiden Fällen sieht die weitere Vorgehensweise komplett unterschiedlich aus. Während ich im ersten Fall versuchen kann, die Budgetgrößen anzupassen oder meine Preise gegen Leistungsreduzierung oder Entgegenkommen des Kunden zu verhandeln, muss ich im zweiten Fall versuchen, die Vergleichbarkeit der vorliegenden Angebote zu definieren, bevor ich weitere Entscheidungen treffen kann.

Aber nur wenn wir fragen, haben wir eine Chance, den Beweggrund dahinter herauszufinden, und das ist sehr wichtig, damit unsere weitere Vorgehensweise Erfolg hat und nicht in die völlig falsche Richtung geht.

Alternativ können Sie auch fragen:

»Im Verhältnis wozu sind wir zu teuer?«

Oder:

»Inwiefern sind wir zu teuer?«

Kunde: *»Sie sind zu teuer!«*
Verkäufer: *»Womit vergleichen Sie uns?«*
Kunde: *»Mit Ihrem Wettbewerb!«*

Was ist jetzt der nächste richtige Schritt, wenn wir hören, dass der Kunde bessere Angebote vorliegen hat? Ein Nachlass? Nein, nicht an dieser Stelle, der Kunde würde denken, dass unser erster Preis durch Würfeln ermittelt worden wäre, und unsere Glaubwürdigkeit würde leiden.

Wie sieht es mit Argumenten für einen höheren Preis unsererseits aus? Service, Qualität oder Erfahrung vielleicht?

Argumente für einen höheren Preis

> **Es gibt eine wichtige Erkenntnis aus den vielen, vielen Preisgesprächen, die wir in den verschiedensten Branchen begleitet haben: Solange der Kunde davon ausgeht, dass die Angebote inhaltlich vergleichbar sind, so lange wird er qualitativen Argumenten gegenüber verschlossen sein.**

Natürlich sind die Möglichkeiten für Kunden, vergleichbare Angebote einzuholen, heute vielfältiger, aber dennoch ist es fatal, zu schnell davon auszugehen, dass die vorliegenden Angebote wirklich vergleichbar sind. Das würde bedeuten – und das geschieht sehr oft –, dass ungerechtfertigterweise ein Nachlass gegeben wird.

Also muss der nächste logische Schritt ein inhaltlicher Vergleich sein.

Zusammenhang zwischen Nachlass- vorstellungen und Zeit Es gibt einen direkten Zusammenhang zwischen den Nachlass- vorstellungen eines Kunden und dem zeitlichen Verlauf einer Preisverhandlung. Das bedeutet: Je schneller der Verkäufer die Bereitschaft signalisiert, Preiszugeständnisse zu machen, umso höher werden die Nachlassvorstellungen des Kunden sein, da die Glaubwürdigkeit des Verkäufers leidet. Oder andersherum ausge- drückt: Je mehr der Verkäufer es versteht, sein Preis-Leistungs- Verhältnis mit den richtigen Werkzeugen in der richtigen Reihen- folge zu verhandeln, umso größer ist die Chance, dass sich die Nachlassvorstellungen eines Kunden reduzieren, weil die Glaub- würdigkeit des Verkäufers steigt.

Um die Chance zu erhöhen, dass unser Kunde ebenfalls einen Sinn darin sieht, die Angebote zu vergleichen, kommt vor dem inhaltlichen Vergleich noch ein weiteres Werkzeug zur Anwen- dung.

Die professionelle Verunsicherung

> **Zweifeln Sie positiv die direkte Vergleichbarkeit Ihrer Angebote an, zweifeln Sie aber nicht an der Fach- kompetenz Ihres Kunden (»… da haben Sie bestimmt wieder Äpfel mit Birnen verglichen«).**

Kunde: »*Wir haben bessere Angebote vom Wettbewerb vorliegen!*«
Verkäufer: »*Dann gibt's wahrscheinlich Unterschiede?*«
Kunde: »*Glaube ich nicht, wir haben überall das Gleiche angefragt!*«
Verkäufer: »*Sie wissen, dass es gerade bei … immer Unterschiede geben kann, die sich auf den Preis auswirken?*«
Kunde: »*Ja, wo sollen denn da Unterschiede sein!*«

Dieses Werkzeug ist kein Muss, aber es erhöht die Chance, dass der Kunde selbst einen Sinn darin sieht, die Angebote genauer zu vergleichen.

Der inhaltliche Vergleich

Der nächste Schritt ist dann der inhaltliche Vergleich der Angebote. Hier wird häufig ein kleiner, aber entscheidender Fehler vom Verkäufer begangen. Achten Sie bitte auf die Frageform.

Verkäufer: »*Haben Sie die Angebote auch wirklich genau verglichen?*«

Entscheidender Fehler

Ich glaube, kaum ein Kunde wird auf diese Frage hin zugeben, dass er im Wesentlichen nur auf den Preis geachtet hat. Er wird mit Ja antworten.

Verkäufer: »*Hat der Wettbewerb denn auch vergleichbare Leistungen und Produkte angeboten?*«

Oder:

Verkäufer: »*Ist denn beim Wettbewerb auch die erste Wartung mit im Preis enthalten?*«

Oder:

Verkäufer: »*Hat der Wettbewerb auch Referenzkunden benannt?*« Usw.

Der Kunde wird in allen Fällen wahrscheinlich meistens mit Ja antworten, weil er durch die geschlossenen Fragen dazu animiert wird.

Schauen wir uns die bessere Fragetechnik an:

Bessere Technik

Verkäufer: »*An welchen Punkten machen Sie die Vergleichbarkeit fest?*«

Da kann ein Kunde zwar auch antworten: »*An mehreren Punkten!*«, aber das ist schon einmal mehr als nur ein Ja.

Weitere positive Beispiele. Der Verkäufer könnte fragen:

- *»Was für ein Konzept hat der Wettbewerb angeboten?«*
- *»Wie stellt der Wettbewerb sicher, dass …?«*
- *»Welche Nebenkosten sind enthalten?«*
- *»Welche Zahlungsbedingungen bietet der Wettbewerb an?«*
- *»Welche Lieferbedingungen bietet der Wettbewerb an?«*

Und wenn der Verkäufer mit einem Stammkunden spricht, der ein Billigangebot von einem unbekannten Wettbewerber vorliegen hat, stellt er diese Frage:

> *»Welche Erfahrung haben Sie mit diesem Anbieter hinsichtlich Qualität und Zuverlässigkeit?«*

Der Kunde kann in diesem Fall nur mit *»keine«* antworten. Gleichzeitig stellt er sich möglicherweise die Frage, worauf der Wettbewerb verzichtet, er wird unsicher hinsichtlich der direkten Vergleichbarkeit der Angebote.

Nehmen wir einmal an, wir stellen die richtigen Fragen: offene Fragen, die zu unseren Produkten und Leistungen passen. Welche Ergebnisse könnten am Ende des inhaltlichen Vergleiches entstehen?

Mögliche Ergebnisse

1. *Ein für uns positives Ergebnis:* Das ist dann gegeben, wenn unser höherer Preis durch eine höherwertige oder umfangreichere Leistung gerechtfertigt ist.
2. *Ein für uns negatives Ergebnis:* Der Wettbewerb hat definitiv vergleichbare Leistungen angeboten und ist dabei preislich attraktiver.
3. *Ein Sowohl-als-auch-Ergebnis:* Einige Angebotsdetails sprechen für uns, einige gegen uns.

Es gibt Verkäufer, die sich von vornherein gegen einen inhaltlichen Vergleich entscheiden, weil sie das negative Ergebnis befürchten. Jetzt kommt ein entscheidend wichtiger Punkt. Wenn Sie diesen einmal richtig verstanden haben, werden Sie es danach viel leichter haben, mit dieser Thematik umzugehen.

Das Ziel des inhaltlichen Vergleiches ist es nicht zu hoffen, dass ein positives Ergebnis herauskommt oder dass man wesentliche Unterschiede herausfindet, die den eigenen höheren Preis rechtfertigen.

Wenn das passiert, ist es hervorragend, und es wird passieren, wenn Sie diese Technik anwenden, aber es ist eben nicht das Ziel. Ziel des Vergleiches ist es logischerweise auch nicht, auf ein negatives Ergebnis zu hoffen. Auch wenn das nicht schlimm ist, wie Sie später noch erfahren werden.

Die Ziele des inhaltlichen Vergleiches sind:

- **Erhöhung der Glaubwürdigkeit**
- **Reduzierung der Nachlassforderungen**
- **Blufftest**

Mit seinen Fragen zeigt der Verkäufer, dass er zu seinem Angebot steht und ehrlich ist. Je schneller ein Verkäufer beim Preis in die Knie geht, umso eher denkt der Kunde: »*Der hat versucht, mir einen überhöhten Preis anzubieten, den er nicht begründen kann.*«

1. Glaubwürdigkeit erhöhen

Im gleichen Maße, wie der Verkäufer seine Glaubwürdigkeit untermauert, reduziert er auf der Kundenseite die Vorstellung darüber, was am Preis tatsächlich noch zu machen ist.

2. Nachlassvorstellungen reduzieren

Anhand der Kundenreaktionen auf unsere offenen Fragen können wir sehr gut testen, ob der Kunde überhaupt ein Vergleichsangebot vorliegen hat und wenn ja, ob er sich wirklich mit den Angeboten auseinandergesetzt oder tatsächlich nur die Zahlen verglichen hat. Der Blufftest als Ziel ist in einigen Branchen der wichtigste Grund für den inhaltlichen Vergleich.

3. Blufftest

Es kann passieren, dass der Kunde den inhaltlichen Vergleich ablehnt. Die Frage ist nur, warum er das tut, wenn er wirklich am besten Preis-Leistungs-Verhältnis interessiert wäre. Dazu mehr am Ende des Kapitels.

Test Ich möchte gern mit Ihnen einen weiteren Test durchführen: Schauen Sie bitte einmal auf Ihre Uhr. Ich gebe Ihnen 15 Sekunden Zeit, und Sie stellen bitte einmal fünf offene Fragen zu Ihren Produkten und Leistungen. Okay? Los geht's.

Gar nicht mal so einfach, oder? Ich mache es Ihnen etwas leichter. Wir wechseln jetzt einfach mal die Branche und stellen uns vor, wir verkaufen hochwertige Gebrauchtwagen. Ein Kunde kommt zu uns ins Büro.

Kunde: »*Guten Tag, mir gefällt der Jahreswagen hier vorne rechts, was kostet der denn?*«

Wir schauen in unseren Unterlagen nach und nennen den Preis. Der Wagen kostet 30 000 Euro. Die Reaktion des Kunden kommt sofort.

Kunde: »*Das ist aber sehr teuer!*«
Verkäufer: »*Womit vergleichen Sie unsere Preise?*«
Kunde: »*Ich habe praktisch den gleichen Wagen im Nachbarort gesehen, bei einem anderen Händler. Dort kostet der Wagen aber nur 25 000 Euro!*«

Was würde darauf ein schlechter Verkäufer sagen?: »*Okay, war ein Versuch, ich komme Ihnen 5000 Euro entgegen und hier sind die Schlüssel!*«

Wie würde ein guter Verkäufer reagieren – wie würden wir selbst reagieren, wenn wir z. B. privat ein Auto verkaufen möchten? Was würden wir erst mal fragen, bevor wir auf die Idee kämen, auch nur einen einzigen Euro Nachlass zu geben?

1. Wie alt ist das andere Auto?
2. Wie viele Kilometer hat das andere Auto gelaufen?
3. Welche Ausstattung hat das andere Auto?
4. In welchem Zustand ist der Lack?
5. Wie viele Vorbesitzer? Usw.

Interessanterweise fällt es den meisten Verkäufern bei Gebrauchtwagen leichter, Unterschiede herauszuarbeiten, als im eigenen
Produkt- oder Leistungsbereich. Vielleicht ging es Ihnen ja gerade
ähnlich.

Bitte nehmen Sie sich etwas Zeit und entwickeln Sie mindestens fünf offene **Praxisaufgabe**
Fragen zu Ihren Produkten und Leistungen. Noch ein Tipp dazu: Fangen Sie
bei grundlegenden Dingen an (Qualitäten oder Konzeptaufbau), ehe Sie z. B.
Zahlungsziele oder Lieferbedingungen vergleichen. Eine Frage, die in fast allen
Branchen sehr gut als Einstiegsfrage geeignet ist, gebe ich Ihnen vor:

1) An welchen Punkten machen Sie die Vergleichbarkeit fest?

2) _____

   _____

3) _____

   _____

4) _____

   _____

5) _____

   _____

Worin besteht der Unterschied, ob der Verkäufer seine Unterschei- **Fragen stellen**
dungsmerkmale nur aufzählt oder jedem möglichen Unterschied **oder Unterschiede**
eine offene Frage voranstellt? Wenn der Verkäufer nur aufzählt, **aufzählen**
sind die Unterschiede weniger eingängig, als wenn er vorher den
Kunden mit seiner Frage zum Nachdenken anregt.

Wichtig ist in diesem Zusammenhang auch, wie, also mit welcher
Betonung, der Verkäufer seine Fragen stellt. Weder ein – nennen
wir es mal – »Verhörton« noch ein unterstellender Unterton ist

hier angebracht. Am besten funktioniert diese Methode, wenn man ehrlich interessiert fragt und sich dabei im persönlichen Gespräch Notizen macht.

Kann man einen Kunden dazu bewegen, das Wettbewerbsangebot zu zeigen? Was denkt ein Kunde, wenn ihn der Verkäufer um Einsicht in das Angebot des Wettbewerbers bittet, was dieser wohl sehen will und ihn am meisten interessiert? Den Preis im Wettbewerbsangebot.

Stellen wir uns vor, wir sitzen im Kundengespräch. Der Kunde hat ein Angebot des Wettbewerbers vor sich liegen und empfindet unsere Preise als zu hoch. Beobachten wir, wie ein guter Verkäufer versucht, an das Angebot zu kommen.

Kunde: »*Also, wie gesagt, wir haben hier ein günstigeres Angebot von Ihrem Wettbewerb vorliegen. Wenn Sie den Auftrag haben möchten, dann müssen Sie am Preis noch etwas tun!*«

Verkäufer: »*Herr Kunde, Sie wissen, dass es gerade bei diesen Produkten / Leistungen immer Unterschiede in den Angeboten geben kann, die sich auf den Preis auswirken!*«

Kunde: »*Ich denke, dass die Angebote vergleichbar sind!*«

Verkäufer: »*Herr Kunde, ist es definitiv nur der Preis, der bei diesem Auftrag entscheidet?*«

Egal, ob der Kunde mit Ja oder Nein antwortet:

Angebot des Wettbewerbs einsehen

Verkäufer: »*Dann mache ich Ihnen einen Vorschlag, ich habe hier diese gelben Haftnotizzettel. Decken Sie einfach den Namen des Wettbewerbers und vor allem die Preise ab. Wir vergleichen nur die Inhalte, und Sie können dann wirklich sicher sein, dass Sie sich für den Anbieter mit dem besten Preis-Leistungs-Verhältnis entscheiden.*«

Bekommt der Verkäufer mit dieser Methode jedes Angebot zu Gesicht? Nein, natürlich nicht. Was könnte denn einen Kunden davon abhalten, uns das Wettbewerbsangebot zu zeigen, obwohl er Namen und Preise abdecken kann? Es wäre doch nur zu seinem Vorteil, oder?

Möglicherweise hat er gar kein Angebot vom Wettbewerb – oder das Angebot ist schlechter als Ihres, aber er versucht dennoch, damit Druck aufzubauen.

Gehen Sie nicht mit dem Gedanken an dieses Vorhaben: »Hoffentlich verweigert mir der Kunde nicht die Einsicht in das Angebot des Wettbewerbers!« Denn die Frage nach dem Wettbewerbsangebot ist in erster Linie ein Blufftest, ob der Kunde wirklich ein besseres Angebot von Ihrem Konkurrenten vorliegen hat.

Übrigens wendet ein professioneller Verkäufer diese Methode genauso am Telefon an. Der Kunde soll Namen und Preise abdecken und einfach die Inhalte zufaxen.

Dies ist eine Übung, die wir im Rahmen von firmeninternen Vertriebsseminaren mit den Verkäufern durchführen. In vielen Fällen hat das auch dazu geführt, dass die Verkäufer wirklich eingesehen haben, dass die Wettbewerber oft nicht ohne Grund billiger anbieten als das eigene Unternehmen. Das ist eine sehr wichtige Erkenntnis für jeden Verkäufer, da es sich positiv auf das verkäuferische Selbstvertrauen auswirkt.

Nicht grundlos billiger

Nehmen wir einmal an, der inhaltliche Vergleich gehe zu unseren Gunsten aus. Unser höherer Preis ist also gerechtfertigt, aber der Kunde will dennoch einen Nachlass. Wozu müsste unser Kunde in diesem Fall dann aber auch bereit sein?

Er müsste bereit sein, auf Leistungen zu verzichten, oder er müsste in der Lage sein, uns entgegenzukommen, z. B. bei den Zahlungszielen. Wie man diese Zugeständnisse und Gegenleistungen richtig verhandelt, erfahren Sie ab Seite 183.

Wenn der inhaltliche Vergleich nicht möglich ist oder zu unseren Ungunsten ausgeht, verlangt der Kunde natürlich weiterhin einen Nachlass oder er fragt uns:

»Warum soll ich eigentlich bei Ihnen mehr bezahlen als bei Ihrem Wettbewerber?«

Das ist eine sehr interessante Frage, die uns zur nächsten Stufe unserer Methode führt und die ich für eine nächste Aufgabe nutzen möchte.

Die qualitative Argumentation

Praxisaufgabe Bitte nehmen Sie sich etwas Zeit. Schreiben Sie drei Gründe auf, die Ihnen spontan einfallen, warum ein Kunde bereit sein könnte, bei Ihnen mehr zu bezahlen als bei Ihrem Wettbewerb, wenn die Angebote rein inhaltlich oder technisch vergleichbar sind:

1) _____

_____

2) _____

_____

3) _____

_____

Kennen Sie den Unterschied zwischen einem Leistungsmerkmal, einem Leistungsvorteil und einem Kundenvorteil?

Leistungsvorteil Die weitaus meisten Argumentationen werden von Verkäufern nicht als Kundenvorteil ausformuliert, sondern eher als Leistungsmerkmal oder bestenfalls Leistungsvorteil. Dazu ein Beispiel:

Der Autoverkäufer zu seinem Kunden: *»Dieses Auto ist ein Traum, es hat 328 PS und fährt 283 km/h schnell!«*

War das ein Kundenvorteil? Nein, es waren zwei Leistungsmerkmale, sonst nichts!

Der Autoverkäufer zu seinem Kunden: »*Dieses Auto ist ein Traum. Es hat eine unglaubliche Beschleunigung und fährt schneller als 98 Prozent aller Fahrzeuge auf deutschen Autobahnen!*«

War das jetzt ein Kundenvorteil? Nein, immer noch nicht, es waren zwei Leistungsvorteile dieses Autos.

Leistungsvorteil

Der Autoverkäufer zu seinem Kunden: »*Dieses Auto ist ein Traum, Sie werden als Sieger aus jedem Vergleich auf der Autobahn hervorgehen und im Schnitt 15 Minuten schneller zu Hause sein!*« (Wenn alles gut geht?!)

Jetzt haben wir zwei Kundenvorteile gehört: Erster zu sein und Zeit zu sparen.

Kundenvorteil

Dieses etwas überzogene Beispiel soll Ihnen verdeutlichen, wie Sie aus Ihren Produkt- und Leistungsmerkmalen Vorteile für den Kunden formulieren können.

Denn obwohl ich nicht sehen kann, was Sie gerade notiert haben, weiß ich, dass es in der Mehrzahl eher Merkmale oder Merkmalsvorteile als Kundenvorteile sein werden:

1. Service
2. Qualität
3. Erfahrung
4. Zuverlässigkeit

Die nachfolgende Tabelle dient zur Entwicklung von Kundenvorteilen.

Leistungsmerkmal	Leistungsvorteil	Kundenvorteil
Guter Service	Hohe Verfügbarkeit, wenig Ausfallzeiten	Zeitersparnis, Kostenersparnis
Hohe Qualität	Langlebigkeit	Investitionssicherheit, Kosteneinsparung, hoher Wiederverkaufswert
Erfahrung	Ausfallsicherheit	Zeitersparnis, Kostenersparnis
Zuverlässigkeit	Sicherheit	Zeitersparnis, Kostenersparnis

Eine professionelle qualitative Argumentation zeichnet sich dadurch aus, dass der Verkäufer alle drei Bereiche – Leistungsmerkmale, Leistungsvorteile und Kundenvorteile – in seinen Formulierungen verwendet.

Verkäufer: *»Und jetzt stellt sich natürlich die Frage, warum Sie bei uns mehr bezahlen sollten, stimmt's?«*
Kunde: *»Stimmt genau, warum also soll ich bei Ihrem Unternehmen mehr bezahlen?«*
Verkäufer: *»Aufgrund unserer hohen Fertigungstiefe können wir eine hohe Qualität unserer ... wirklich gewährleisten. Ihre Vorteile liegen damit in der Langlebigkeit der Anlage. Das bedeutet für Sie eine echte Investitionssicherheit und einen hohen Wiederverkaufswert. Und das waren letztlich auch genau die Anforderungen, die wir aufgrund Ihrer Anfrage gemeinsam definiert haben.«*

Geschlossener Kreislauf Merken Sie, wie sich der Kreis schließt, von der Akquisition über die Anfrage zum Angebot und abschließend zur Preisverhandlung?

Von zehn Verkäufern sind heute im Durchschnitt nur zwei in der Lage, ihre Vorteile so schön formuliert darzustellen. Und genau hier liegt eine weitere Chance, höhere Preise zu erzielen.

Noch ein Beispiel aus dem Bereich Dienstleistung:

Verkäufer: »*Aufgrund unserer hohen Erfahrung im Bereich Vertriebsoptimierung können wir gewährleisten, dass wir die Inhalte der Schulung exakt auf die Anforderungen Ihrer Branche und Ihres Unternehmens ausrichten können. Das bedeutet für Sie eine echte Investitionssicherheit, eine Verbesserung der Marktposition und letztendlich mehr Umsatz und mehr Gewinn zur Sicherung Ihres Unternehmenserfolges. Und das waren letztlich auch genau die Anforderungen, die wir aufgrund Ihrer Anfrage gemeinsam definiert haben.*«

Jetzt sind Sie an der Reihe. Füllen Sie die nachfolgende Tabelle mit Leben. Beginnen Sie mit der linken Spalte und überlegen Sie als Nächstes, welcher Leistungsvorteil und schließlich welcher Kundenvorteil sich aus Ihren Leistungsmerkmalen ergibt.

Praxisaufgabe

Leistungsmerkmal	Leistungsvorteil	Kundenvorteil

Formulieren Sie jetzt zwei qualitative Argumentationen nach dem vorgestellten Muster aus:

1) _____

_____

2) _____

_____

Auch wenn Ihr Ergebnis schon gut gewesen ist, sollten Sie weiter an Ihren Argumenten arbeiten und sie immer weiter verfeinern.

Uhrenmanufaktur

Kennen Sie die Uhrenmanufaktur *Lange & Söhne*? Dieses Traditionsunternehmen fertigt seit 1845 Uhren von höchster Funktionalität, Schönheit und Präzision. Diese Meisterwerke haben natürlich auch einen entsprechenden Preis und dem Unternehmen war vor über 100 Jahren bereits klar, dass sich ein Kunde leichter tut, diesen zu bezahlen, wenn er die Gründe, die Vorteile, versteht.

Die auf Seite 165 / 166 abgebildete »Gebrauchsanweisung« habe ich durch Zufall in die Hände bekommen und auf Seite 2 Erstaunliches gefunden.

Interessant, nicht wahr? Derartige Prospekte würden heute möglicherweise Wettbewerbsrechtler auf den Plan rufen.

Dieses Beispiel soll noch einmal Folgendes verdeutlichen:

Wer höhere Preise als der Wettbewerb erzielen will, muss das einerseits klar begründen können, braucht aber andererseits nicht unbedingt ein Alleinstellungsmerkmal, wenn er es schafft, die Vorteile, die er bieten kann, wirklich plausibel darzustellen.

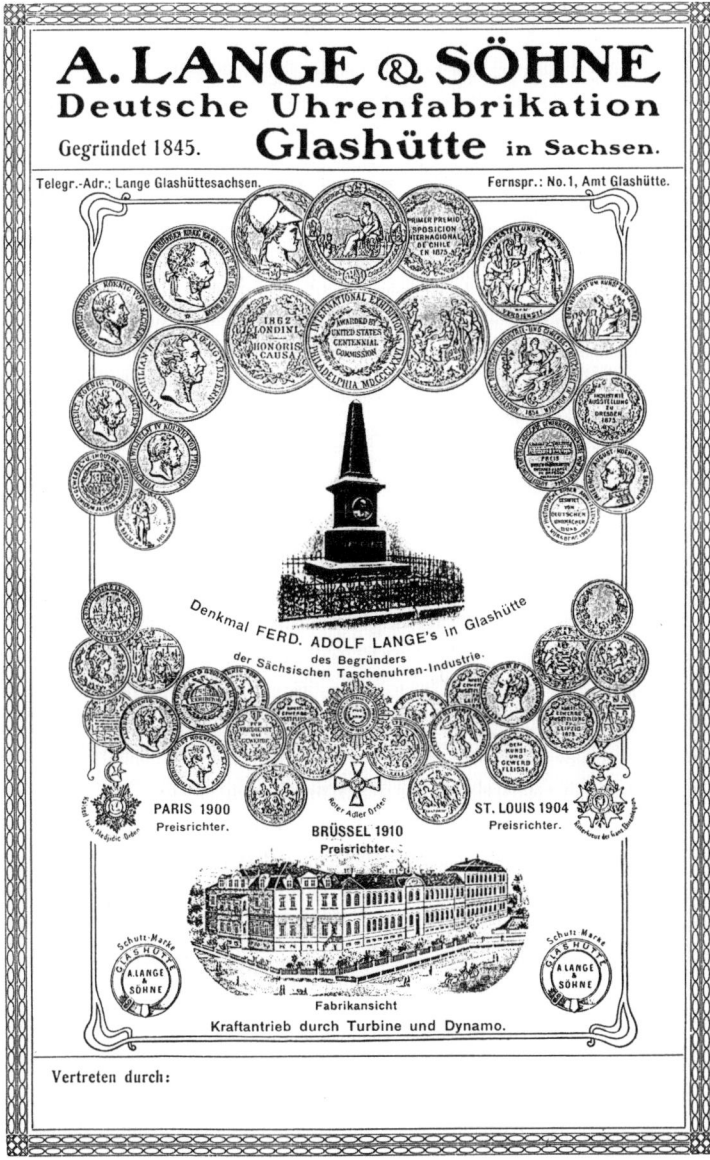

A. LANGE & SÖHNE
Deutsche Uhrenfabrikation
Gegründet 1845. Glashütte in Sachsen.

Telegr.-Adr.: Lange Glashüttesachsen. Fernspr.: No.1, Amt Glashütte.

Denkmal FERD. ADOLF LANGE's in Glashütte
des Begründers
der Sächsischen Taschenuhren-Industrie.

PARIS 1900
Preisrichter.

BRÜSSEL 1910
Preisrichter.

ST. LOUIS 1904
Preisrichter.

Fabrikansicht
Kraftantrieb durch Turbine und Dynamo.

Vertreten durch:

Unsere scheinbar hohen Preise

erweisen sich unter Berücksichtigung des **besonderen inneren Wertes** unserer Uhren bei näherer Betrachtung nicht nur als äußerst *vorteilhaft* und *angemessen*, sondern auch als *billig*, denn die Verwendung nur besten und haltbarsten Materials und unsere, in langjähriger Erfahrung erworbenen vorteilhaften Bearbeitungsmethoden, **heben** die **Lebensdauer** unserer Uhren derart, daß sie im Verein mit nur solidest gebauten Gehäusen *noch nach 40 bis 50 Jahren zuverlässige Zeitmesser*, und von *stets gediegenem, elegantem Aussehen* sind.

Dieser Umstand macht unsere Uhren **preiswert**, gegenüber den billigen, nur zu bald unansehnlich werdenden, unzuverlässigen, und nach kurzem gänzlich versagenden Uhren. Es ist also nur das *Anlagekapital*, welches abschrecken könnte und gerade dieses bringt *reiche Früchte* in der *ständig zufriedenstellenden Freude*, die eine, in zuverlässiger Regelmäßigkeit, genau gehende Uhr gewährleistet. Diese *Regelmäßigkeit* zu erreichen, ermöglichen uns die *vorerwähnten Vorzüge*, namentlich aber ein fortgesetztes *Nachprüfen* der einzelnen Teile für sich, und eine letzte *persönliche Überwachung* ihrer Funktion im Ganzen.

Es mag der Hinweis genügen, daß z. B. bei einem Temperaturunterschied von $1\,^\circ$ C der Gang unserer Uhren nur um $1/10$ **Sekunde in einem Tage** abweicht, wobei zu beachten ist, daß es Uhren **ohne Gangabweichungen** überhaupt **nicht gibt**, und selbst die für Beobachtungen maßgebenden **astronomischen Pendel-Uhren** zeigen **Gangdifferenzen, die nicht** zu beheben sind. Dabei sind diese Pendeluhren bei weitem nicht, wie im Gebrauch befindliche Taschenuhren, so vielfachen *äußeren Einflüssen*, als Erschütterungen, Temperatur- und Lagenwechsel ausgesetzt, die nach Möglichkeit sogar noch ausgeschalten werden, wie zum Beispiel:

durch Aufstellung in stets gleichmäßig erwärmten Räumen um die Einwirkung vor Temperaturwechsel zu vermeiden,

durch Befestigung auf isoliert im Gebäude errichteten Fundamenten, um sie vor jeder Erschütterung, selbst der unmerklichsten im Gebäude, zu schützen.

durch Einsetzen in ein hermetisch abschließendes Gefäß, um Veränderungen von Luftdruck (Barometerstand) abzuschwächen resp. auszuschließen.

In einem meiner Seminare sagte einmal ein Teilnehmer zu mir: *»Wissen Sie, wenn ich tolle Uhren oder Autos oder Häuser verkaufen würde, dann würde es mir leichtfallen, die richtigen Argumente zu finden, aber ich verkaufe nur Schrauben!«*

Ist es ein Unterschied, ob man Schrauben oder Häuser verkauft? Ja und nein. Auch wenn erfolgreiches Verkaufen in jeder Branche auf den gleichen Gesetzmäßigkeiten aufbaut, so ist es doch ein Unterschied, ob man das eine oder das andere verkauft. Und dennoch kann ich – muss ich – auch als Schraubenverkäufer meine Argumente im Sinne des Kunden formulieren. Dazu ein schönes Beispiel:

Verkaufsgespräch im Baumarkt

Vor einiger Zeit benötigte ich für den Garten Einschraubhaken, um daran Blumenampeln und Ähnliches aufzuhängen. Ich bin also zum nächsten Baumarkt gefahren, um welche zu kaufen. Der Verkäufer in der Schraubenabteilung sagte, nachdem er sich meinen Wunsch angehört hatte: *»Kleinen Moment, ich bin gleich wieder da.«*

Er kam kurze Zeit später mit zwei Päckchen zurück und stellte sie auf der Theke ab. Was jetzt an verkäuferischer Leidenschaft erkennbar wurde, fand ich ganz erstaunlich.

»Wir haben hier zum einen ganz normale Stahlhaken, weiß lackiert. In dem anderen Päckchen habe ich etwas wirklich Besonderes.«

Er öffnete das Päckchen, nahm einen goldschimmernden Haken heraus, bat mich, eine Hand zu öffnen, und legte den Haken hinein.

»Ist der nicht schön?«, fragte er mich. *»Was kostet der denn?«*, fragte ich zurück. Der Preis lag ungefähr beim Fünffachen eines normalen Hakens.

Teure Haken

»Sie haben Recht, der Haken ist nicht billig, aber Sie können ihn auch nicht mit dem Standardhaken vergleichen! Zum einen haben wir hier Messing statt Stahl. Stahl verrostet und sieht bald unansehnlich aus. Der Messinghaken wird mit der Zeit immer schöner, wenn er eine richtige Patina bekommt. Und dann schauen Sie sich mal die Verarbeitung an, das ist fast so gut wie handgeschmiedet!«

»Ja, aber der fünffache Preis!«, bäumte ich mich ein letztes Mal auf.

»Schauen Sie sich mal das Gewinde an, das ist so sauber geschnitten, der geht in jeden Balken rein wie Butter!«

Sie können sich denken, wie die Geschichte ausgegangen ist, natürlich habe ich die teuren Messinghaken gekauft. Es macht einfach Spaß, bei einem Verkäufer zu kaufen, der von seinen Produkten und Leistungen dermaßen überzeugt ist, dass er sie am liebsten gar nicht hergeben möchte.

Dieser Baumarktverkäufer war so in seine Haken verliebt, dass es mich nicht gewundert hätte, wenn er mir am Ausgang hinterhergerufen hätte: *»Aber bitte gut behandeln!«*

Wenn ich irgendwann mal umziehe, weiß ich jetzt schon, dass ich die Haken in jedem Fall mitnehme, erstens weil sie wirklich schön sind und zweitens weil sie auch durch die Argumentationskraft des Verkäufers in den Augen des Kunden an Wert gewonnen haben.

Für den Fall, dass nach dieser Phase weitere Verhandlungen erst einmal vertagt werden, sollten Sie die Argumente, die Kundenvorteile, noch einmal schriftlich zusammenfassen.

Muster KG

Angebot über ...
Unser Gespräch vom 00.00.0000

Guten Tag, Herr *Muster,*

vielen Dank für das Gespräch.

Wir freuen uns, dass Sie unser Angebot in Ihre Entscheidung einbeziehen.

Bitte beachten Sie insbesondere folgende Vorteile:

1.

2.

3.

Wir sind überzeugt davon, dass sie mit ... sehr zufrieden sein werden, und melden uns, wie vereinbart, am 00.00.0000 wieder bei Ihnen.

Für Fragen stehen wir vorab gern zu Ihrer Verfügung.

Beste Grüße nach *Musterstadt*

Sabine Musterfrau
Muster KG

Welchen Sinn hat eine solche Vorteilszusammenfassung, gerade wenn es darum geht, höhere Preise oder eine hochwertige Investition durchzusetzen?

Ich behaupte, und vielleicht haben Sie ähnliche Erfahrungen gemacht, dass gerade dann, wenn der Verkäufer nicht mit dem eigentlichen Entscheider spricht, sondern mit einem Vorentscheider oder Anwender, ein solches Schreiben die Auftragswahrscheinlichkeit deutlich verbessert.

Wenn der Vorentscheider keine klaren Argumente für die Investition oder für höhere Preise im Verhältnis zum Wettbewerb vorbringen kann, reduziert sich die Chance, dass er sich durchsetzt.

Im Zweifelsfalle wird er sich bei mehreren Anbietern eher für den Billigeren entscheiden, wenn er die Gefahr sieht, mit dem höheren Preis nicht argumentieren zu können. Deshalb sollten wir ihm helfen, indem wir ihm die Argumente schriftlich an die Hand geben.

Das ist sicher mehr Aufwand, aber genau das ist *Total Quality Selling* – Verkaufen nach dem Maximalprinzip: maximaler Einsatz und auch maximale Ergebnisse bei maximalem Verdienst.

Der inhaltliche Vergleich und die qualitative Argumentation gehören im Prinzip zusammen. Ich habe dennoch zwei Bereiche und zwei Phasen in meiner Verhandlungsstrategie daraus gemacht, um zu verdeutlichen, dass man zuerst die inhaltlichen / technischen Fakten vergleichen sollte, bevor man anfängt zu argumentieren.

Wenn ein Kunde hinsichtlich der direkten Vergleichbarkeit der Angebote verunsichert ist, erhöhen sich dadurch die Chance und seine Bereitschaft, Argumente aufzunehmen und zu verstehen.

Wie verhalte ich mich, wenn der Kunde meine qualitative Argumentation nicht akzeptiert?

Sie haben Ihre Argumente verständlich und präzise als Leistungs-
und Kundenvorteil ausformuliert und der Kunde behauptet dennoch, dass er bessere Angebote vorliegen hat oder der Wettbewerb vergleichbar ist?

**Ziel der
qualitativen
Argumentation** Das ist nicht schlimm. Sie ahnen es vielleicht bereits. Genauso
wie im inhaltlichen Vergleich nicht mein oberstes Ziel ist, An-
gebotsunterschiede herauszuarbeiten, genauso wenig ist es im
Bereich der qualitativen Argumentation mein Ziel, den Kunden
zu überzeugen. Wenn sich der Kunde von unseren Argumenten
überzeugen lässt – wunderbar, nichts dagegen, aber es ist *nicht* das
eigentliche Ziel.

Ziel von Phase 3 (inhaltlicher Vergleich) und Phase 4 (qualitative
Argumentation) ist es, die eigene Glaubwürdigkeit zu erhöhen,
den Kunden hinsichtlich der direkten Vergleichbarkeit zu verunsichern (auch dann, wenn die Angebote in dem einen oder anderen Fall doch vergleichbar sind) und die Nachlassvorstellungen
zu reduzieren.

In Phase 3 und 4 trennt sich die Spreu vom Weizen. Hier finden
Sie den Unterschied zwischen einem durchschnittlichen Verkäufer und einem echten Könner.

Während der eine fragt: *»Ja, haben Sie denn genau verglichen, bei uns
kriegen Sie auch einen tollen Service!«*, nimmt der Profi die Chance
wahr, mit den richtigen Fragen Unterschiede wirklich herauszuarbeiten und seinen Kunden zu überzeugen, indem er seine Argumente so ausformuliert, dass der Kunde tatsächlich seine Vorteile erkennt.

Aber eins sollte man dabei natürlich nicht vergessen! Egal wie gut
wir unsere Argumente wählen, bei dem einen Kunden werden sie
mehr bewirken und bei dem anderen weniger, und es wird auch
weiter zu Nachlassforderungen kommen.

**Weitere
Preisnachlässe** Wie gehen wir vor, wenn der Kunde weiterhin einen Preisnachlass fordert? Schlimmstenfalls bietet der Verkäufer jetzt einen

Nachlass an, mit dem der Kunde dann weitere Anbieter unter Druck setzt und so die Preisspirale nach unten in Gang setzt.

Wenn der Verkäufer dann einige Tage später nachfragt, hört er: *»Wir haben uns mittlerweile für einen günstigeren Anbieter entschieden!«* Wenn Sie diese unerfreuliche Situation vermeiden möchten, wird Ihnen das nächste Werkzeug wertvolle Dienste leisten.

Die abschlussvorbereitenden Fragen

Wie verhalten wir uns, wenn der Kunde am Ende der vierten Phase – der qualitativen Argumentation – noch immer einen Nachlass fordert? Welche möglichen Reaktionen sind vorstellbar, wenn unser Kunde auf seinem Standpunkt beharrt:

Kunde: *»Sie mögen ja zum Teil Recht haben. Dennoch sind mir Ihre Preise zu hoch. Was können Sie noch am Preis machen?«*

1. Möglichkeit: Wir sagen Nein.

Verkäufer: *»Es tut mir sehr leid, aber ich kann am Preis nichts mehr tun. Ich hatte Ihnen auf der Basis Ihrer Anfrage einen absolut fairen Preis unterbreitet!«*

Verkäufer sollten sich viel öfter trauen, auch einmal Nein zu sagen. Allerdings ist das Nein in dieser Phase nach meinem Geschmack zu früh. Denn natürlich besteht die Möglichkeit, dass der Kunde aussteigt. **Nein sagen**

2. Möglichkeit: Der Verkäufer sagt Ja.

Verkäufer: *»Also gut, in Ihrem Fall kann ich Ihnen einen Sonderbonus von … einräumen!«*

Das kann funktionieren, birgt aber die Gefahr, dass der Kunde weiter verhandelt oder den reduzierten Preis zum Anlass nimmt, noch einmal mit dem Wettbewerb zu sprechen.

Weitere Möglichkeiten wären, erst nach Rücksprache mit Lieferanten oder Vorgesetzten weitere Zugeständnisse zu machen oder Zugeständnisse gegen Gegenleistungen zu verhandeln. Beides geht, wir werden darüber in den nächsten Abschnitten sprechen.

Die beste Technik Die beste aller möglichen Techniken an dieser Stelle ist jedoch eine andere. Bevor Sie irgendetwas in Richtung Preisnachlass unternehmen, sollten Sie zunächst einmal ausloten, wie weit Ihr Kunde zum jetzigen Zeitpunkt bereit ist, zu gehen.

Erste abschlussvorbereitende Frage Verkäufer: *»Können Sie sich denn, abgesehen vom Preis, überhaupt vorstellen, dass wir zusammenkommen?«*

Wie wahrscheinlich ist es, dass der Kunde auf diese Frage negativ antwortet? Nicht sehr wahrscheinlich. Der Kunde wird in den meisten Fällen sagen:

Kunde: *»Das kann ich mir durchaus vorstellen!«*

Was passiert in diesem Moment? Der Kunde stellt sich jetzt bildlicher vor, das Geschäft mit Ihnen abzuschließen. Und das bringt ihn und uns ein wenig näher an den tatsächlichen Abschluss heran.

Zweite abschlussvorbereitende Frage **Es gibt eine wichtige Grundregel für Preisverhandlungen. Verhandle erst alle »Nebenkriegsschauplätze«, bevor du final über den Preis sprichst.**

Warum ist das so wichtig? Eine beliebte Taktik von Einkäufern besteht darin, zunächst einen Nachlass beim Preis der Leistung oder des Produktes auszuhandeln und dann weitere Nebenbereiche zu verhandeln, wie z.B. Lieferbedingungen, Zahlungsbedingungen usw.

Eine Möglichkeit, dies zu umgehen, ist es, den Spieß einfach umzudrehen:

Verkäufer: »*Sind wir uns denn, abgesehen vom Endpreis, einig, oder gibt es weitere Punkte, die wir außerdem noch klären müssen?*«

Wenn der Kunde weitere Dinge anspricht, die ebenfalls noch offen sind, sollten Sie zunächst über diese Punkte sprechen.

Verkäufer: »*Herr Kunde, dann sollten wir zuerst über diese Punkte sprechen, damit wir abschließend auch fair über den Endpreis reden können!*«

Mit dieser Vorgehensweise steigt die Chance, den Auftrag zeitnäher abzuschließen. Denn indem wir alle offenen Punkte vor der abschließenden Preisverhandlung klären, nehmen wir dem Kunden gleichzeitig den Wind aus den Segeln und die Möglichkeit, sich am Ende des Gesprächs noch einmal zu vertagen.

Sollte der Kunde diese Frage eher halbherzig bejahen, sollte der Verkäufer ruhig noch einmal nachhaken.

Verkäufer: »*Also der Termin, die Zahlungs- und Lieferbedingungen sind okay und abgehakt?!*«

Sie werden natürlich nicht in jedem Fall ein klares Ja bekommen, aber in den Fällen, wo der Kunde sich darauf einlässt, sind Sie dem Abschluss wieder ein Stück näher gekommen.

Wo der Kunde einen Nachlass fordert, bevor er über weitere entscheidungsrelevante Punkte sprechen will, stellt sich die Frage, wie ernsthaft die Kaufabsichten des Kunden sind.

Wenn Sie alle offenen Punkte außer dem Preis besprochen und bestenfalls geklärt haben, stellen Sie folgende Frage:

Dritte abschlussvorbereitende Frage

Verkäufer: »*Also angenommen, wir finden beim Preis eine Lösung: Können wir heute abschließen?!*«

Sie werden überrascht sein, wie oft Sie hier ein Ja bekommen und den Auftrag auch tatsächlich am gleichen Tag abschließen.

Und fürchten Sie nicht, dass der Kunde mit Nein antwortet. Das Ziel dieser Frage ist es nicht, auf ein Ja zu spekulieren, sondern überhaupt eine Antwort zu bekommen. Natürlich kann der Kunde immer noch Nein sagen:

Kunde: »*Das kann ich Ihnen nicht versprechen!*«

In diesem Fall sollten Sie noch einmal auf eventuelle andere Punkte zu sprechen kommen:

Verkäufer: »*Welche Punkte müssen wir denn abgesehen vom Preis noch klären?!*«

Die möglichen Antworten auf diese Frage sind vielfältig.

Kunde: »*Nun, die endgültige Entscheidung trifft mein Vorgesetzter!*«

In diesem Fall sollten Sie versuchen, einen gemeinsamen Termin mit dem Vorgesetzten und dem Kunden zu bekommen. Oder der Kunde antwortet:

Kunde: »*Ich werde vor einer endgültigen Entscheidung auch noch mit anderen Anbietern verhandeln!*«

Letzter Ansprechpartner vor der Kaufentscheidung Würde es hier Sinn machen, ein allerletztes Angebot zu unterbreiten? Sicher eher nicht. In diesem Fall geht die Preisverhandlung ganz normal weiter, wie in den nächsten Kapiteln beschrieben, allerdings sollten wir uns in diesem Fall stärker darauf konzentrieren, letzter Ansprechpartner des Kunden vor der Kaufentscheidung zu werden. Und das gelingt in jedem Fall eher, wenn der Kunde einen Sinn darin erkennt, noch einmal mit uns zu sprechen, bevor er sich entscheidet.

In fast allen Fällen, in denen ein Kunde auf die abschlussvorbereitenden Fragen negativ reagiert hat, war es im Regelfall so, dass

- der Kunde entweder keine wirklichen Kaufabsichten hatte oder

- das Angebot die finanziellen Möglichkeiten des Kunden bei weitem überstieg, er das aber nicht zugeben wollte, oder aber
- der Verkäufer nur als Alibianbieter angefragt wurde, um einen Vergleichspreis zu bekommen, mit dem der favorisierte Lieferant unter Druck gesetzt werden sollte.

Die abschlussvorbereitenden Fragen geben Ihnen die Möglichkeit, besser abzuschätzen, wie Ihre Chancen stehen, und zwar bevor Sie einen Nachlass anbieten.

Nehmen wir einmal an, unser Kunde antwortet auf die dritte abschlussvorbereitende Frage mit Ja:

Kunde: »*Ja, angenommen wir finden beim Preis eine Lösung, schließen wir heute ab!*«

Dann stehen wir an dieser Stelle wieder vor der gleichen Frage wie vor den abschlussvorbereitenden Fragen.

Erneute Preisnachfrage

Kunde: »*Aber jetzt sagen Sie bitte, was Sie am Preis noch machen können!*«

Unsere Möglichkeiten sind nach wie vor die gleichen:

1. Ablehnen
2. Zusagen
3. Rücksprache, Zugeständnisse und Gegenleistungen usw.

Bevor Sie über eine der drei vorgenannten Möglichkeiten nachdenken, schauen Sie sich erst das nächste Werkzeug in der Preisverhandlungsstrategie an.

Preisgrenzen aufzeigen

Wirkungsvolles Werkzeug Das Aufzeigen von Preisgrenzen ist ein einfaches und wirkungsvolles Werkzeug in Preisverhandlungen, um die Nachlasserwartungen des Kunden zu reduzieren. Jedoch wird dieses Werkzeug in der Praxis nur von wenigen Verkäufern eingesetzt, aus der Angst heraus, man könnte einen Kunden verlieren. Dabei ist das Gegenteil der Fall.

Wie wird ein Kunde reagieren, dem Sie durch einen inhaltlichen Vergleich und eine qualitative Argumentation gezeigt haben, dass Sie ein glaubwürdiger Verkäufer sind, und bei dem Sie außerdem durch die abschlussvorbereitenden Fragen getestet haben, ob Sie eine Chance auf den Auftrag haben, wenn Sie auf eine weitere Frage nach einem Nachlass wie folgt reagieren?

Verkäufer: *»Herr Kunde, ich möchte wirklich gern mit Ihnen ins Geschäft kommen, weil ich fest davon überzeugt bin, dass Sie mit … sehr zufrieden sein werden. Aber es gibt Preisgrenzen, die ich nicht überspringen kann!«*

Was erkennt der Kunde in diesem Moment, worauf muss er jetzt plötzlich selbst achten? Der Kunde muss jetzt aufpassen, dass der Verkäufer nicht abspringt und auf das Geschäft verzichtet.

Das Aufzeigen von Preis- oder Rabattgrenzen ist eine der wenigen Möglichkeiten in der Preisverhandlung, um einen Angleich der Verhandlungspositionen zu erreichen. Wenn der Kunde erkennt, dass der Verkäufer bereit ist, auf ein schlechtes Geschäft zu verzichten, erhöht sich damit die Glaubwürdigkeit des Preises und gleichzeitig reduzieren sich die Nachlassvorstellungen des Kunden.

Oder anders herum: Weil das Aufzeigen von Preisgrenzen häufig fehlt, verhandelt der Kunde den Preis immer weiter und der Verkäufer geht immer mehr in die Knie. Aber selbst wenn der Kunde kauft, behält er oft das Gefühl zurück, es wäre noch mehr drin gewesen.

Eine meiner Seminarteilnehmerinnen war mit dieser Methode ganz und gar nicht einverstanden: *»Das geht so nicht. Der Kunde sitzt am längeren Hebel. Wenn er droht, woanders zu kaufen, falls wir nicht auf seine Vorstellungen eingehen, muss ich den Preis reduzieren!«*

Muss man wirklich? Nein, natürlich müssen Sie nicht den Preis reduzieren, wenn der Kunde damit droht, woanders zu kaufen. Was sollte man zu einem Kunden sagen, der ständig damit droht zu wechseln, wenn er keine weiteren Rabatte bekommt?

Kunde droht mit Wechsel

Verkäufer: *»Herr Kunde, ich denke, wir haben in der Vergangenheit bewiesen, dass wir ein zuverlässiger Partner im Bereich ... sind. Es würde mir sehr leid tun, Sie als Kunden zu verlieren, aber es gibt Grenzen, die ich nicht überspringen kann.«*

Selbstverständlich darf das Aufzeigen von Preisgrenzen nicht in einem beleidigten oder gar aggressiven Tonfall passieren, sondern eher mit einem »Tränchen« im Auge.

Die Preisvorstellungen des Kunden herausfinden

Eine weitere wichtige Grundregel in Preisverhandlungen lautet: Biete, wann immer es geht, niemals von selbst einen Nachlass an, sondern frage den Kunden nach seinen Vorstellungen.

Warum ist das so? Wenn der Verkäufer drei Prozent Rabatt anbietet, wird ein preisorientierter Kunde denken: *»Da ist bestimmt noch mehr drin!«*

Noch schlimmer ist es, wenn der Verkäufer mit seinem ersten Vorschlag die Nachlassvorstellungen des Kunden sogar noch überbietet. Dazu eine kleine Geschichte, die sich genau so abgespielt hat.

Ich hatte ein Angebot vorliegen, das zwar inhaltlich meinen Vorstellungen entsprach, aber preislich sehr hoch war. Der Verkäufer rief mich an, um sein Angebot nachzufassen:

Beispiel

Verkäufer: »*Guten Tag, Herr Dietze, ich wollte kurz nachhören, wie der Stand der Dinge ist!?*«

Ich: »*Das Angebot hat mir gefallen, nur mit dem Preis komme ich nicht klar. Da sollten Sie noch mal überlegen, was Sie tun können!*«

Verkäufer: »*Hm, lassen Sie mich mal überlegen … Viel kann ich da nicht mehr machen … Also wenn Sie sich heute entscheiden, kann ich Ihnen noch mal 12 Prozent entgegenkommen!*«

Zu hoher Nachlass am Anfang Im ersten Satz 12 Prozent Nachlass! Was löst dieser Vorschlag beim Kunden aus? »*Ich habe gedacht, wenn er so leicht 12 Prozent nachgeben kann, dann kann er auch 20 Prozent im Preis nach unten gehen.*« Und ich sage Ihnen etwas: Selbst wenn er noch mehr Nachlass angeboten hätte, würde ich im Leben kein Geschäft mit einem solchen Verkäufer abschließen, weil er sich einfach völlig unglaubwürdig dargestellt hat.

Besser ist es, nach den Preisvorstellungen des Kunden zu fragen:

Verkäufer: »*Wo liegen Ihre Preisvorstellungen?*«

Es gibt allerdings ein Problem mit dieser Frage: Dass der Kunde dirckt mit cincr hohcn Nachlassfordcrung antwortct, ist wcnigcr das Problem – dafür gibt es das Werkzeug »Massive Preisgrenzen«, das wir noch behandeln. Problematisch ist vielmehr, dass diese Frage häufig viel zu früh gestellt wird.

Kunde: »*Vielen Dank für Ihr Angebot, aber Sie sind zu teuer.*«

Verkäufer: »*Wo liegen denn Ihre Preisvorstellungen?*«

Wenn diese Frage am Anfang des Gesprächs gestellt wird, als Reaktion auf einen Preiseinwand, kann das nur bedeuten, dass die Glaubwürdigkeit des Verkäufers leidet und die Nachlassvorstellungen des Kunden wachsen.

Wenn Sie bisher auf diese Frage stets überzogene Vorstellungen zu hören bekamen, dann kann es daran liegen, dass Sie entweder diese Frage zu früh gestellt oder vorher keine Preisgrenzen aufgezeigt haben. Am besten funktioniert diese Frage in Kombination mit dem Werkzeug Preisgrenzen:

Verkäufer: »*Herr Kunde, ich möchte wirklich gern mit Ihnen ins Geschäft kommen, weil ich fest davon überzeugt bin, dass Sie mit … sehr zufrieden sein werden. Aber es gibt Preisgrenzen, die ich nicht überspringen kann! Wo liegen denn Ihre Vorstellungen?*«

Richtige Formulierung der Preisvorstellung

So formuliert, haben Sie eine Chance, dass der Kunde seine Nachlassvorstellungen reduziert. Natürlich kann es passieren, dass der Kunde seine Vorstellungen nicht nennen möchte und den Ball an den Verkäufer zurückspielt:

Kunde: »*Sie sind der Verkäufer! Machen Sie mir einen Vorschlag!*«

In diesem Fall ist es hilfreich, einfach das bereits Gesagte noch einmal zu wiederholen:

Verkäufer: »*Herr Kunde, ich habe Ihnen auf der Basis Ihrer Anfrage einen sehr fairen Preis angeboten. Wie gesagt, ich möchte wirklich gern mit Ihnen ins Geschäft kommen, weil ich fest davon überzeugt bin, dass Sie mit … sehr zufrieden sein werden. Aber es gibt Preisgrenzen, die ich nicht überspringen kann! Ich weiß nicht, wo Ihre Vorstellungen liegen, machen Sie mir einen Vorschlag!*«

Für den Fall, dass der Kunde weiter auf einem Vorschlag des Verkäufers besteht, können Sie jetzt immer noch ein Entgegenkommen anbieten, wenn Sie möchten, aber bitte nicht in Fünf-Prozent-Schritten, sondern in kleineren Schritten. Am besten verbinden Sie Ihren Nachlass mit einer Gegenleistung des Kunden (dazu mehr im übernächsten Abschnitt).

In diesem Kapitel möchte ich noch auf einen anderen Punkt zu sprechen kommen. Nehmen wir einmal an, der Verkäufer zeigt Preisgrenzen auf, fragt den Kunden nach seinen Vorstellungen, und der Kunde nennt eine Preisvorstellung, die sofort akzeptabel wäre. Wie darf der Verkäufer in diesem Moment niemals reagieren?

Nicht sofort zustimmen

Der Verkäufer darf einer vom Kunden genannten – akzeptablen – Preisvorstellung nicht sofort zustimmen, weil der Kunde sonst denkt, dass er schlecht verhandelt habe. Das kann in einigen Branchen sogar zu einer nachträglichen Stornierung des Auftrags führen.

Manche Verkäufer versuchen es mit folgender Vorgehensweise:

Verkäufer: »*Herr Kunde, zwei Prozent Nachlass sind zu viel. Was ich Ihnen anbieten kann, ist …!*«

Dieser Ansatz ist bei machbaren Nachlässen nicht ganz ungefährlich, denn natürlich kann ein Kunde darauf antworten:

Kunde: »*Dann lassen wir es eben!*«

Wie verhält man sich richtig? Bei geringen Rabattvorstellungen des Kunden sollte der Verkäufer nicht jubelnd zustimmen, sondern zumindest etwas zögern:

Verkäufer: »*Herr Kunde, zwei Prozent Nachlass ist nicht gerade wenig, ich habe Ihnen auf der Basis Ihrer Anfrage einen absolut fairen Preis angeboten!*«

Glaubwürdigkeit erhöhen

Damit erhöht der Verkäufer seine Glaubwürdigkeit und gibt dem Kunden mehr Sicherheit, einen attraktiven Preis vorliegen zu haben.

Der Verkäufer kann an dieser Stelle auch noch einmal ein Argument aus der qualitativen Argumentation wiederholen:

Verkäufer: »*Herr Kunde, Sie wissen, dass Sie bei uns den zusätzlichen Vorteil haben, dass …*«

Was zeigt er damit seinem Kunden? Dass er sich schwer tut mit einem Nachlass bzw. dass er bereits einen guten Preis angeboten hat.

Ich kenne auch Verkäufer, die in dieser Phase grundsätzlich noch einmal Rücksprache halten, obwohl sie den Preis sofort akzeptieren könnten:

Rücksprache halten

Verkäufer: »*Herr Kunde, zwei Prozent Nachlass kann ich spontan nicht zusagen, da ich Ihnen bereits einen sehr fairen Preis angeboten habe. Ich möchte mich zunächst noch mal bei meinem Verkaufsleiter rückversichern!*«

Wichtig ist hierbei, dass der Verkäufer gleichzeitig den Kunden verpflichtet:

Verkäufer: »*Aber angenommen, ich setze den Preis für Sie durch, machen wir gleich den Auftrag perfekt!*«

Wenn der Kunde das nicht bestätigen will, sollte der Verkäufer besser fragen, welche Punkte denn, abgesehen vom Preis, noch offen sind, als im Preis nachzugeben.

Ich höre ab und zu Bedenken, dass durch die Rücksprache die Kompetenz des Verkäufers in den Augen des Kunden leidet. Wenn Sie das auch so sehen, dann halten Sie einfach »Rücksprache mit sich selbst«:

Verkäufer: »*Herr Kunde, zwei Prozent Nachlass kann ich spontan nicht zusagen, da ich Ihnen bereits einen sehr fairen Preis angeboten habe. Ich möchte das noch einmal in Ruhe nachrechnen. Ist es okay, wenn ich mich dazu in fünf Minuten noch einmal melde?*«
Kunde: »*Das wäre in Ordnung.*«
Verkäufer: »*Aber angenommen, wir finden auf dieser Basis eine Lösung, machen wir gleich den Auftrag perfekt!*«

Das geht auch bei Verhandlungen im persönlichen Gespräch. Bitten Sie den Kunden um eine kurze Auszeit und bestätigen Sie dann seinen Wunsch:

Verkäufer: »*Ich gehe auf Ihren Vorschlag ein!*«

Dem Kunden wird es im Regelfall sehr schwerfallen, jetzt die Entscheidung noch einmal zu vertagen, da er den Eindruck gewinnt, dass sein Vorschlag der entscheidende war und eben nicht das Angebot des Verkäufers.

Massive Preisgrenzen aufzeigen bei hohen Nachlassforderungen

Beobachten Sie einmal Ihre spontane Reaktion, wenn ich Sie mit einer hohen Rabattforderung konfrontiere:

»Ich erwarte 25 Prozent Nachlass von Ihnen!«

Was war Ihre erste Antwortidee? Circa 80 Prozent aller Verkäufer reagieren mit einem spontanen: *»Das kann ich nicht tun!«*

Darauf fragt der Kunde im besten Fall, wie viel denn noch geht, im schlechtesten Fall sagt er: *»Dann war's das!«*.

In einer Preisverhandlung, der ich als Coach beiwohnte, erwiderte ein Verkäufer auf eine 20-Prozent-Forderung seines Kunden:

Verkäufer: *»Wenn ich Ihnen jetzt noch mal 20 Prozent entgegenkommen könnte, dann hätte ich Sie mit meinem ersten Preis versucht zu übervorteilen!«*

Im Prinzip gar nicht schlecht, auch wenn in diesem Fall der Kunde antwortete:

Kunde: *»Damit hätte ich kein Problem!«*

Bessere Formulierung Besser funktioniert die folgende Formulierung, um massive (nicht unfreundliche) Preisgrenzen aufzuzeigen:

Verkäufer: *»Bei 20 Prozent müsste ich verzichten! Was ich Ihnen anbieten kann, ist …«*

Worin besteht der Unterschied zwischen der Formulierung *»20 Prozent kann ich nicht«* und der Aussage *»Bei 20 Prozent müsste ich verzichten! Was ich Ihnen anbieten kann, ist ...«?*

Im ersten Fall ist die Verhandlung im Prinzip beendet und im zweiten Fall fängt sie jetzt erst an. Das ist ein ganz wesentlicher Unterschied.

Und es gibt noch einen weiteren. Bei der ersten Formulierung antwortet der Kunde im negativen Fall: *»Dann verzichte ich (Kunde) auf dich (Verkäufer).«* Mit der zweiten Formulierung hingegen vertauschen wir die Verhandlungspositionen: *»Bei 20 Prozent müsste ich (Verkäufer) auf dich (Kunde) verzichten!«* und nehmen damit einen Angleich der Positionen vor. Natürlich darf diese Aussage niemals überheblich oder gar aggressiv formuliert werden, sondern ebenfalls eher »schweren Herzens«.

Erinnern Sie sich an die wichtige Grundregel: Wenn der Kunde erkennt, dass der Verkäufer bereit ist, auf ein schlechtes Geschäft zu verzichten, erhöht das dessen Glaubwürdigkeit und senkt die Nachlassvorstellungen des Kunden.

Zugeständnisse und Gegenleistungen verhandeln

Es gibt im Wesentlichen drei Modelle, nach denen man Preise verhandeln kann, aber nur eines ist wirklich geeignet, ein Verhandlungsergebnis zu schaffen, mit dem beide Seiten zufrieden sind:

- Die Verlierer-Gewinner-Methode
- Die Gewinner-Verlierer-Methode
- Die Gewinner-Gewinner-Methode

Stellen Sie sich vor, Sie haben ein Angebot von mir auf dem Tisch für ein firmeninternes Seminar zum Thema Preisverhandlungen. Ich rufe Sie an, um das Angebot nachzufassen:

Verlierer-Gewinner-Methode

Ich: »*Guten Tag, Herr Kunde, ich wollte kurz nachhören, wie Ihnen mein Angebot gefallen hat.*«
Sie: »*Ihr Angebot ist viel zu teuer!*«
Ich: »*Womit vergleichen Sie unsere Preise?*«
Sie: »*Wir haben weitere Angebote eingeholt. Ihre Wettbewerber sind deutlich günstiger. Was können Sie noch tun?*«
Ich: »*Wo liegen denn Ihre Vorstellungen?*«
Sie: »*Bei 20 Prozent Nachlass auf Ihr Honorar kommen wir zusammen!*«
Ich: »*20 Prozent ist sehr viel. Können wir uns in der Mitte treffen?*«
Sie: »*Nein!*«
Ich: »*Also gut, ich komme Ihnen 20 Prozent entgegen.*«
Sie: »*Schön, da wäre noch etwas. Reisespesen zahlen wir nicht.*«
Ich: »*Ist aber ganz schön weit von Düsseldorf bis zu Ihnen und ich muss auch einen Abend vorher anreisen. Normalerweise werden Reisespesen immer separat abgerechnet.*«
Sie: »*Wie gesagt, wir zahlen grundsätzlich keine Reisespesen.*«
Ich: »*Okay, die Spesen übernehme ich auch noch!*«

Im besten Fall bekomme ich zwar von Ihnen den Auftrag, aber letztendlich würden Sie denken, da wäre noch mehr drin gewesen. Und ob dieser Trainer für das Thema Preisverhandlungen wirklich geeignet ist?!

Wenn auch nicht so plump falsch wie in diesem Beispiel, so wird doch in sehr vielen Fällen nach diesem Muster verhandelt. Der Verkäufer ist der Verlierer, weil er ständig nur nachgibt, und der Kunde ist der Gewinner, weil er Zugeständnisse bekommt, ohne eine Gegenleistung zu erbringen. Er ist zwar Gewinner der Verhandlung, aber oft nicht zufrieden, da er unsicher ist, ob er wirklich ein gutes Geschäft gemacht hat.

Gewinner-Verlierer-Methode
Stellen Sie sich vor, Sie sind Kunde und gehen ins nächste Postamt, um Briefmarken zu kaufen.

Sie: »*Guten Tag, ich hätte gern 100 Stück 55-Cent-Briefmarken!*«
Postverkäufer: »*Kleinen Moment. So hier bitte, die Briefmarken und Ihre Quittung. Das macht dann genau 55 Euro!*«

Sie: »*Hat Ihnen eigentlich schon mal jemand gesagt, dass Ihre Porto-
gebühren viel zu hoch sind!?*«

Postverkäufer: »*Ich habe auf die Portokosten keinen Einfluss!*«

Sie: »*Das interessiert mich nicht. Ich verlange von Ihnen 30 Prozent
Nachlass, oder Sie bleiben auf Ihren Briefmarken sitzen!*«

Nachdem der Postverkäufer sich wieder gefangen hat (so etwas
hat er wahrscheinlich noch nie erlebt), wird er seine Briefmarken
wieder an sich nehmen und auf das Geschäft verzichten.

Der Postverkäufer ist in diesem Fall der Gewinner der Verhandlung und Sie der Verlierer, da Sie mit Ihrer 30-Prozent-Forderung
nicht durchgekommen sind. Da der Postverkäufer aber letztlich
auch kein Geschäft gemacht hat, nützt ihm die gewonnene Verhandlung wenig.

**Nach dem Prinzip Gewinner–Verlierer handelt
ein Verkäufer immer dann, wenn er zu früh und
zu endgültig Nein sagt.**

Es gibt nur eine Methode, die beide Seiten, den Kunden und den
Verkäufer, auf Dauer wirklich zufriedenstellen kann: die Gewinner-Gewinner-Methode. Wozu müsste ein Kunde bereit sein,
wenn er einen Nachlass haben möchte? Entweder müsste er bereit sein, auf irgendetwas zu verzichten, oder aber dem Verkäufer
anderweitig entgegenkommen.

**Gewinner-
Gewinner-
Methode**

Verkäufer: »*Bei 20 Prozent müsste ich verzichten. Worauf könnten Sie
beim Leistungsumfang verzichten?*«

Kunde: »*Ich möchte auf nichts verzichten!*«

Verkäufer: »*Dann steht der Preis fest oder wo könnten Sie mir noch
entgegenkommen?*«

An dieser Stelle kommt in meinen Seminaren manchmal der Einwand von Verkäufern, dass man diese Methode schon oft auspro-
biert habe, aber der Kunde nie bereit war, auf etwas zu verzichten
oder dem Verkäufer anderweitig entgegenzukommen. Das kann
daran liegen, dass diese Methode zu früh angewendet wurde.

Verkäufer: »*Guten Tag, Herr Kunde, ich wollte kurz nachhören, wie Ihnen mein Angebot gefallen hat.*«

Kunde: »*Sie sind zu teuer im Verhältnis zu den anderen Anbietern. Wenn Sie mit uns ins Geschäft kommen wollen, sollten Sie Ihre Preise noch einmal überdenken.*«

Verkäufer: »*Gut, dann müssen Sie mir sagen, worauf Sie beim Leistungsumfang verzichten wollen oder wo Sie mir noch entgegenkommen können.*«

Warum sollte der Kunde bereit sein, dem Verkäufer entgegenzukommen oder auf etwas zu verzichten, und das in einer Phase, in der er definitiv noch davon ausgeht, dass er vergleichbare Angebote vorliegen hat? Erst nachdem der Kunde durch einen inhaltlichen Vergleich und eine qualitative Argumentation des Verkäufers hinsichtlich der direkten Vergleichbarkeit verunsichert ist, wird er bereit sein, Entgegenkommen zu zeigen.

Beispiele für Zugeständnisse des Verkäufers

Mehr Leistung In einigen Branchen ist es besser, ein Mehr an Leistung als einen Preisnachlass anzubieten. Ein einfaches Beispiel dafür ist eine Freihauslieferung, wenn sie nicht schon im Erstangebot stand, oder eine frühere Lieferung, wenn das für den Kunden einen Nutzen darstellt. Verlängerte Garantien sowie alle anderen zusätzlichen Leistungen, die einen wirklichen Wert für den Kunden darstellen, gehören ebenfalls dazu. Im Prinzip hat die zusätzliche Leistung den gleichen Effekt wie ein Naturalrabatt.

Naturalrabatte Warum ist es besser, bei einem Auftrag über 10 Flugzeuge eins gratis dazuzugeben, als 10 Prozent Nachlass zu gewähren? Zum einen profitiert man als Verkäufer logischerweise vom Unterschied zwischen Einkaufs- und Verkaufspreis, und zum anderen hat man den Vorteil, dass der ursprüngliche Preis erhalten bleibt. Und das kann bei weiteren Aufträgen mit höheren Stückzahlen durchaus sehr vorteilhaft sein!

Längere Zahlungsziele Längere Zahlungsziele sind sinnvoll, wenn sie nicht ohnehin schon zu lang sind. Es gab vor einiger Zeit eine Untersuchung, in der festgestellt wurde, dass ca. 40 Prozent aller Insolvenzen nicht aufgrund mangelnden Gewinns entstehen, sondern wegen schlechter Liquidität. Unternehmen verdursten auf dem Weg zum Geldeingang.

Bei Erreichen einer bestimmten Menge dem Kunden einen Bonus zu gewähren ist sicher eine gute Methode, wenn sichergestellt ist, dass das gesetzte Ziel realistisch erreichbar ist. Der Jahresbonus ist in jedem Fall empfehlenswerter als Sonderkonditionen, die aufgrund zu erwartender Abnahmemengen bereits im Vorfeld gegeben werden, da der Kunde oft schwer zu bewegen ist, bei Nichterreichen der Vorgabe die Differenz zurückzuzahlen. **Jahresbonus**

Wenn ein Skonto gegen ein kürzeres Zahlungsziel gewährt wird, ist das sicher besser, als einfach nur zwei Prozent Nachlass zu geben. **Skonto**

Beispiele für mögliche Gegenleistungen des Kunden
Wenn der Kunde in der Lage ist, durch Zusammenfassen von Mengen und zusätzliche Bedarfsfälle ein größeres Auftragsvolumen zu platzieren, so wäre das sicher eine gute Gegenleistung für den Verkäufer. **Höheres Auftragsvolumen**

Allerdings sollten Sie in diesem Zusammenhang genau beobachten, ob der Kunde blufft. Gerade im Bereich der Auftragsmengen ist es eine beliebte Taktik, von vornherein mehr anzufragen, als gebraucht wird, oder in der Preisverhandlung plötzlich größere Mengen zu versprechen.

Das Wissen darum hilft Ihnen, richtig zu reagieren, wenn Sie morgen in diese Situation kommen. Denn zu vermuten, dass der Kunde möglicherweise nur pokert, würde wahrscheinlich zu Gesichts- und Auftragsverlust führen.

Besser funktioniert die folgende Vorgehensweise:

Kunde: *»Wir werden im nächsten Jahr ein ca. 50 Prozent höheres Volumen erreichen. Was können Sie da noch am Preis machen?«*
Verkäufer: *»Angenommen, ich könnte noch etwas am Preis machen,*

*könnten wir dann heute den Auftrag über die höhere Stückzahl
verbindlich abschließen?«*
Kunde: *»Wir gehen fest davon aus, dass sich unser Markt sehr positiv
entwickeln wird. Aber garantieren kann ich es zurzeit noch nicht.«*
Verkäufer: *»Dann mache ich Ihnen ein Angebot: Wir wickeln den
Auftrag zu den ursprünglichen Konditionen ab, die bereits wirklich
sehr gut sind, und vereinbaren einen Bonus von … Prozent, wenn
innerhalb eines Jahres die Abnahmemenge um X Prozent steigt.
Einverstanden?!«*

So hat der Kunde, der versucht hat zu bluffen, noch ein Hinter-
türchen offen, durch das er gehen kann, ohne sein Gesicht zu
verlieren.

**Längere
Verpflichtung**
Wenn es in Ihrer Branche praktikabel ist, mit Rahmenverträgen
zu arbeiten, dann kann eine Gegenleistung des Kunden darin bestehen, sich länger an Sie zu binden, also z. B. statt 12 Monate
dann 18 Monate.

Das Ganze geht natürlich auch umgekehrt: Wenn zukünftig Preis-
steigerungen zu erwarten sind, kann es auch ein Ziel der Verhandlung sein, die Laufzeit von Verträgen zu verkürzen.

**Kürzere
Zahlungsziele**
Wie bereits beim Thema Skonto erwähnt, sind kürzere Zahlungs-
ziele ganz sicher eine sinnvolle Gegenleistung, die dem eigenen
Unternehmen guttun.

Selbstabholung
Wenn Selbstabholung in Ihrer Branche vorstellbar ist, wäre es
eine weitere sinnvolle Gegenleistung, wenn der Kunde seine
Ware selbst bei Ihnen abholt.

**Weitere
Möglichkeiten**
• *Kauf von zusätzlichen Leistungen oder Verbrauchsmaterialien:*
   Dieser Bereich ist genauso so zu handhaben wie ein größe-
   res Auftragsvolumen.
• *Lockerung der technischen Bestimmungen bzw. Änderung der
   Garantiebedingungen:* Es kann durchaus das Ziel einer Preis-
   verhandlung sein, den Kunden mit vergünstigten Kondi-
   tionen dazu zu bewegen, bei technischen Bestimmungen

und Garantiebedingungen etwas weniger streng zu sein, gerade was Vertragsstrafen und ähnliche Dinge anbelangt.

- *Späterer Liefer- oder Leistungstermin:* Wenn das für den Kunden akzeptabel ist und Sie wissen, dass Sie im Moment gut ausgelastet sind, aber in acht Wochen etwas Luft haben, kann dieser Vorschlag sicher sinnvoll sein.
- *Kundensonderaktionen:* Damit ist z. B. eine aktive Referenztätigkeit des Kunden gemeint. Wenn der Kunde Bereitschaft zeigt, für weitere Interessenten als Referenz zur Verfügung zu stehen, kann das durchaus einen Nachlass begründen.
- *Alternative Produkte und Leistungen:* Wo es Sinn macht, zeigt der Verkäufer dem Kunden mit diesem Vorschlag, dass ihm bereits ein guter Preis vorliegt.

Verkäufer: *»Wenn Sie einen weiteren Nachlass brauchen, können wir nur noch überlegen, ob Sie auf ein alternatives Produkt von einem anderen Hersteller ausweichen können.«*
Kunde: *»Nein, es muss dieser Hersteller sein!«*
Verkäufer: *»Für dieses Produkt habe ich Ihnen einen sehr guten Preis gemacht!«*

Das Ziel dieser Technik ist es nicht, nur noch billigere Produkte oder Leistungen zu verkaufen, sondern vielmehr dem Kunden zu verdeutlichen, dass er bereits sehr gute Konditionen vorliegen hat.

Formulieren Sie zuerst drei Zugeständnisse, zu denen Sie bei einem gedachten Fall bereit wären, und dann drei Gegenleistungen. Verknüpfen Sie danach jeweils ein Zugeständnis mit einer passenden Gegenleistung: **Praxisaufgabe**

Zugeständnisse des Verkäufers:

Ich kann Ihnen ... anbieten,

1) _____

_____

2) _____

_____

3) _____

_____

Gegenleistungen des Kunden:

wenn Sie bereit wären,

1) _____

_____

2) _____

_____

3) _____

_____

_____

Beispiel   Verkäufer: *»Am Endpreis kann ich nichts mehr tun. Was ich Ihnen anbieten kann, ist ein zusätzliches Skonto von 1,5 Prozent, wenn wir das Zahlungsziel um eine Woche verkürzen können.«*

Im folgenden Beispiel wird dargestellt, wie sich ein Verkäufer mit einem maximalen Verhandlungsspielraum von 7 Prozent auf eine Preisverhandlung vorbereitet.

Zugeständnisse	Gegenleistungen	Maximaler Verhandlungs-spielraum 7 Prozent
1 – 2 % Skonto	Zahlungsziel von 30 Tagen auf 14 Tage verkürzen	
3 – 4 % Skonto + Naturalrabatt	Zahlungsziel + Komplettabnahme	
5 – 6 % Skonto + Naturalrabatt + Bonus	Zahlungsziel + Komplettabnahme + größeres Volumen	
7 % Skonto + Naturalrabatt + Bonus + zusätzliche Leistung	Zahlungsziel + Komplettabnahme + größeres Volumen + längere Laufzeit	

Wenn Sie sich zukünftig nach diesem Schema auf Preisverhandlungen vorbereiten, werden Sie viel entspannter in die Verhandlung gehen. Gleichzeitig vermeiden Sie dadurch, ein Zugeständnis zu machen, ohne eine passende Gegenleistung verhandelt zu haben.

In der konsequenten Vorbereitung und Umsetzung dieser Phase der Preisverhandlung liegen interessante Potenziale für eine komfortable Erhöhung des Deckungsbeitrages.

Letzter Ansprechpartner vor der Kaufentscheidung

Der Verkäufer, der es schafft, der letzte Ansprechpartner des Kunden vor seiner endgültigen Entscheidung zu werden, hat einen großen Vorteil. Wenn der Kunde einen konkreten Bedarf hat, will und muss er sich irgendwann entscheiden.

Wenn ein Kunde in einer späten Phase der Verhandlung plötzlich doch noch mal die Entscheidung vertagt, sollten Sie an dieser Stelle selbst entscheiden, inwieweit Sie Entscheidungsdruck

Eventuell Druck aufbauen

aufbauen oder den Kunden, wie im Kapitel Angebotsverfolgung beschrieben, öffnen, wenn Sie den Eindruck haben, dass er Sie hinhält.

Tatsache ist aber auch: Wenn der Kunde sich heute nicht entscheiden will, dann kann zu viel Druck auch unangenehm wirken und die Chancen des Verkäufers verschlechtern.

Der letzte Gesprächspartner hat im Regelfall die beste Chance, den Kunden noch einmal entscheidend von den eigenen Vorteilen zu überzeugen.

Deshalb sollten Sie immer, wenn Sie keinen Abschluss bekommen, obwohl alles besprochen wurde, und Sie vermuten oder wissen, dass der Kunde mit weiteren Anbietern spricht, wie folgt vorgehen.

Zusage verlangen Kunde: »*Ich werde heute keine endgültige Entscheidung treffen. Es gibt Dinge, die noch in die Entscheidung einfließen, die ich heute noch nicht absehen kann. Ich melde mich bei Ihnen so bald wie möglich!*«
Verkäufer: »*Herr Kunde, dann möchte ich von Ihnen noch eine Zusage!*«
Kunde: »*Was für eine Zusage?*«
Verkäufer: »*Dass wir in jedem Fall noch einmal miteinander sprechen, bevor Sie die endgültige Entscheidung treffen!*«
Kunde: »*Warum?*«
Verkäufer: »*Weil ich fest davon überzeugt bin, dass Sie mit unserer Leistung sehr zufrieden sein werden!*«

Sie werden feststellen, dass es kaum einen Kunden gibt, der Ihnen diese Zusage verweigert. Natürlich ist das keine wirkliche Garantie, aber es ist eine Hemmschwelle für den Kunden. Und es gilt nach wie vor die Grundregel, dass der Verkäufer die besten Auftragschancen hat, der seinem Kunden das Gefühl gibt, dass er das größte ehrliche Interesse an einer für den Kunden optimalen Lösung hat.

Letzter Ansprechpartner beim reinen Preiskäufer

Die erste Frage, die man sich stellen sollte, ist: *»Will ich den reinen Preiskäufer wirklich als Kunden haben?«* Denn oft sind es gerade die reinen Preisentscheider, die besonders viel Wert auf Service und Betreuung legen, aber selten bereit sind, dafür auch zu bezahlen.

Natürlich ist diese Problematik auch je nach Branche sehr unterschiedlich zu bewerten. Investitionsgüter sind z.B. anders zu handhaben als Massenprodukte.

Eine wichtige Rolle spielt in diesem Zusammenhang auch der Verkäufer. War er in der Lage, das Gesamtpaket für den Kunden so zu gestalten, dass dieser eine Chance hatte, weitere Vorteile neben dem Preis zu erkennen, oder reduzierte er sich selber ausschließlich auf den Preis?

Wie dem auch sei, es gibt Kunden, die nach dem Motto vorgehen: *»Der billigste Anbieter bekommt den Auftrag!«*

Wenn Sie solche Kunden haben wollen oder müssen, gibt es nur eine Möglichkeit, wie Sie sie dazu bewegen können, noch einmal abschließend mit Ihnen zu verhandeln.

Kunde: *»Wir werden uns heute nicht entscheiden. Sie können bis morgen 11.00 Uhr noch einmal Ihren allerletzten Preis einreichen. Der günstigste Anbieter bekommt dann den Auftrag!«*

Zur abschließenden Verhandlung veranlassen

Wenn Sie bei solchen Aufforderungen in der Mehrzahl der Fälle einen Auftrag zu vernünftigen Konditionen erhalten, dann herzlichen Glückwunsch! Machen Sie weiter so! Wenn nicht, sollten Sie einmal folgende Vorgehensweise ausprobieren:

Verkäufer: *»Letzte Preise geben wir grundsätzlich nicht ab. Ist es definitiv nur der Preis, der entscheidet?«*
Kunde: *»In diesem Fall ja!«*
Verkäufer: *»Dann sollten Sie mich in jedem Fall noch einmal ansprechen, bevor Sie sich endgültig entscheiden!«*

Kunde: »*Warum sollte ich das tun?*«

Verkäufer: »*Weil ich dann unter Umständen noch etwas am Preis tun kann.*«

Kunde: »*Dann können Sie auch jetzt gleich noch etwas am Preis tun!*«

Verkäufer: »*Im Moment kann ich nichts mehr tun, aber wenn Sie mich abschließend ansprechen, werde ich noch mal massiven Druck (auf Lieferanten, Geschäftsleitung etc.) ausüben. Aber so weit gehe ich nur in einem abschließenden Gespräch, in dem wir auch definitiv über den Auftrag sprechen können. Wenn es bei diesem Auftrag wirklich nur um den Preis geht, sollten Sie mich in jedem Fall noch mal ansprechen, sonst verschenken Sie möglicherweise Geld!*«

Aus der Balance bringen Mit dieser Methode bringen Sie einen reinen Preisentscheider fast immer aus der Balance. Er ist es gewohnt, am langen Hebel zu sitzen, und plötzlich dreht der Verkäufer den Spieß um. Wenn Sie es schaffen, dass der Kunde aus »Angst«, Geld zu verschenken, noch einmal bei Ihnen anruft, haben Sie größere Chancen, mit diesem Kundentyp einen Abschluss zu erreichen, als wenn Sie nur immer letzte Preise abgeben.

Versuchen Sie es einmal! Abgesehen davon, dass es wirklich gut funktioniert, macht diese Technik auch noch Spaß.

Kombinationsmöglichkeiten in Preisverhandlungen

Jetzt haben Sie zehn Werkzeuge kennengelernt, die im Zusammenhang mit Preisverhandlungen zur Verfügung stehen. Und der eine oder andere Leser überlegt vielleicht, wie er bisher überhaupt an Aufträge gekommen ist …

Das Wissen darum, dass es diese zehn Werkzeuge gibt, bedeutet natürlich nicht unbedingt, dass Sie in jedem Fall alle Werkzeuge anwenden müssen, um zum Abschluss zu kommen. Hier der Umgang mit Preiseinwänden im Überblick:

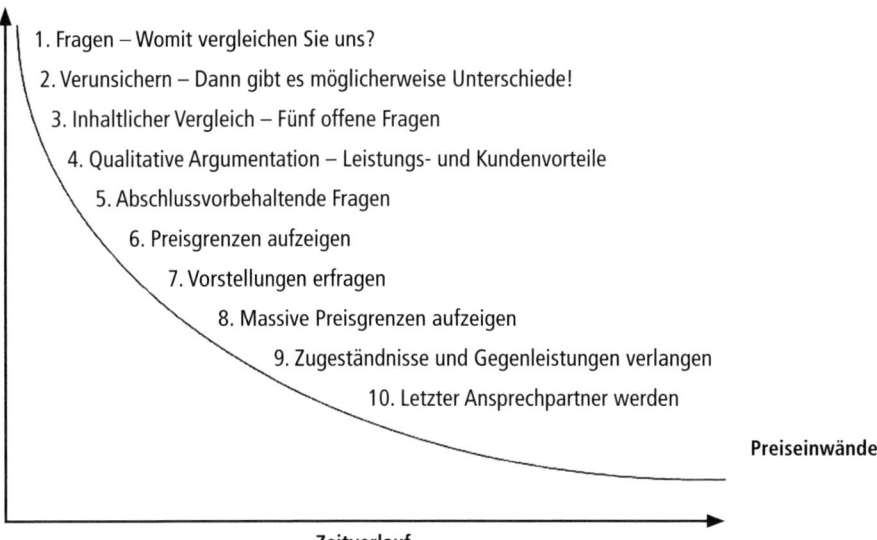

Nachlassvorstellungen des Kunden

1. Fragen – Womit vergleichen Sie uns?
2. Verunsichern – Dann gibt es möglicherweise Unterschiede!
3. Inhaltlicher Vergleich – Fünf offene Fragen
4. Qualitative Argumentation – Leistungs- und Kundenvorteile
5. Abschlussvorbehaltende Fragen
6. Preisgrenzen aufzeigen
7. Vorstellungen erfragen
8. Massive Preisgrenzen aufzeigen
9. Zugeständnisse und Gegenleistungen verlangen
10. Letzter Ansprechpartner werden

Preiseinwände

Zeitverlauf

Welches ist der frühestmögliche Zeitpunkt in der oben abgebildeten Grafik, um zum Abschluss zu kommen? Bestimmt nicht erst Punkt 10, auch nicht erst 5 oder 3. Der früheste Zeitpunkt ist bei diesem Ablauf tatsächlich nach Punkt 1.

Verkäufer: »*Guten Tag, Herr Kunde, ich wollte kurz nachhören, wie Ihnen unser Angebot gefallen hat?!*«
Kunde: »*So weit ganz gut, nur der Preis ist viel zu hoch, ich denke, Sie können da noch etwas machen!*«
Verkäufer: »*Womit vergleichen Sie unsere Konditionen?*«
Kunde (zögert): »*Eigentlich wollte ich nur sehen, wie Sie selbst zu Ihrem Preis stehen, bevor ich Ihnen den Auftrag erteile, unseren Vertrieb zu schulen! Ich möchte Ihnen diesen Auftrag gern erteilen.*«

Die zehn Werkzeuge der TQS-Preisverhandlungstechnik können Sie in definitiv jeder Situation anwenden, auf die Sie im Rahmen von Preiseinwänden treffen. Vergleichen Sie einmal Ihre Vorgehensweise anhand der folgenden Beispiele.

Das Budget reicht nicht

Verkäufer:»*Guten Tag, Herr Kunde, ich wollte kurz nachhören, wie Ihnen unser Angebot gefallen hat?!*«
Kunde:»*So weit ganz gut, nur der Preis ist viel zu hoch!*«
Verkäufer:»*Womit vergleichen Sie unsere Konditionen?*«
Kunde:»*Ich vergleiche Ihre Preise mit gar nichts. Wir haben einfach nicht mehr so viel Budget frei für diese Investition! Wenn Sie den Auftrag haben wollen, müssen Sie am Preis noch etwas machen!*«

Möglichkeiten bei Budgetdruck Es kommt durchaus vor, dass Kunden die Budgetthematik nutzen, um den Verkäufer dazu zu bringen, seine Preise zu reduzieren. Was ist jetzt der nächste richtige Schritt? Entweder der Verkäufer geht auf Punkt 5, die abschlussvorbereitenden Fragen, oder auf Punkt 9, um zu testen, wie der Kunde auf eine mögliche Leistungsreduzierung reagiert.

Verkäufer:»*Dann müssen wir überlegen, worauf Sie beim Leistungsumfang möglicherweise verzichten können.*«
Kunde:»*Nein, nein, wir wollen schon das komplette Paket, aber es passt halt vom Budget her nicht!*«
Verkäufer:»*Unter welchen Rahmenbedingungen ist bei Ihnen diese Budgetgröße ermittelt worden?*«
Kunde:»*Unser Personalvorstand hat maximal … bewilligt!*«
Verkäufer:»*Sind Sie denn als Personalleiter dafür, dass wir dieses Projekt in vollem Umfang durchführen?*«
Kunde:»*Auf jeden Fall. Ihre Konzeption hat mir sehr gut gefallen! Nur, wie gesagt, das Budget passt nicht!*«
Verkäufer:»*Dann sollten wir uns unbedingt gemeinsam mit dem Personalvorstand an einen Tisch setzen, um die Budgethöhe zu diskutieren!*«

Natürlich werden Sie nicht in jedem Fall die Gesprächschance bekommen. Aber Sie testen mit dieser Vorgehensweise, wie Ihr Ansprechpartner zu dem Projekt steht und ob die Budgetproblematik möglicherweise nur vorgeschoben ist.

Lesen Sie zum Thema Budget auch noch einmal im Kapitel 4 das Thema Einwandbehandlung nach; hier finden Sie weitere hilfreiche Tipps zu diesem Sachverhalt.

Der »Rabattjäger«

Verkäufer: *»Guten Tag, Herr Kunde, ich wollte kurz nachhören,*
wie Ihnen unser Angebot gefallen hat?!«
Kunde: *»So weit ganz gut, nur der Preis ist viel zu hoch!«*
Verkäufer: *»Womit vergleichen Sie unsere Konditionen?«*
Kunde: *»Mit gar nichts. Ich bekomme heutzutage überall Nachlass.*
Wenn Sie mit mir ins Geschäft kommen wollen, müssen Sie
am Preis noch etwas tun!«

Was ist jetzt der richtige Weg? Bei diesem Kunden kann es richtig sein, von Punkt 1 direkt auf Punkt 5 zu gehen, die abschlussvorbereitenden Fragen:

Der richtige Weg

Verkäufer: *»Können Sie sich denn, abgesehen vom Preis, überhaupt*
vorstellen, den Anbieter zu wechseln?«
Kunde: *»Ja, durchaus!«*
Verkäufer: *»Also abgesehen vom Preis sind wir sozusagen schon*
zusammen?«
Kunde: *»Sind wir!«*
Verkäufer: *»Das freut mich sehr. Also angenommen, wir finden beim*
Preis eine Lösung, schließen wir heute ab!?«

Der rein nachlassorientierte Kunde kann mit dieser Technik durchaus zu einem sehr schnellen Abschluss bewegt werden.

Der Kunde versteht die Preisfindung nicht

Verkäufer: *»Guten Tag, Herr Kunde, ich wollte kurz nachhören,*
wie Ihnen unser Angebot gefallen hat.«
Kunde: *»So weit recht gut, nur Ihre Preise sind viel zu hoch!«*
Verkäufer: *»Womit vergleichen Sie unsere Konditionen?«*

Kunde: »*Ich vergleiche Ihre Preise mit gar nichts. Ich verstehe einfach nicht, wie Sie für ein derartiges Produkt auf solch einen hohen Preis kommen!*«

Inhaltliche Preiserläuterung

In diesem Fall sollte der Verkäufer von Punkt 1 auf Punkt 3 gehen, allerdings wird aus dem inhaltlichen Vergleich eine inhaltliche Erläuterung der Preisfindung.

Verkäufer: »*Ich erläutere Ihnen gern, wie sich unsere Preise genau zusammensetzen, und vor allen Dingen, welche Vorteile Ihnen die angebotene Lösung bringt.*«

Das ist durchaus eleganter, als in eine reine Verteidigungsposition zu gehen.

Der Profi-Einkäufer

Dem Einkäufer ausgeliefert?

In meinen Seminaren höre ich manchmal Bedenken, ob das denn alles so funktioniert, wenn es darum geht, mit professionellen Einkäufern zu verhandeln. Da der Einkäufer schließlich auch sehr gut ausgebildet sei und sowieso am längeren Hebel sitze, könne er doch die Verhandlung nach seinen Vorstellungen führen und der Verkäufer sei ihm im Prinzip »ausgeliefert«.

Das stimmt nur für den Fall, dass es der Verkäufer zulässt. Natürlich können wir einen Kunden nicht zwingen, uns das Wettbewerbsangebot zu zeigen (vielleicht hat er keins …!), und wir können ihm auch nicht vorschreiben, unseren Argumenten zu lauschen. Aber genauso wenig, wie wir den Kunden zu etwas zwingen können, das dieser nicht will, kann er das umgekehrt auch nicht, wenn wir es nicht zulassen.

Mich rief einmal ein Verkäufer an, der vor einiger Zeit an unserem Preisverhandlungstraining teilgenommen hatte. Seine Aussage zu den gemachten Erfahrungen ist so authentisch, dass ich sie hier gerne wiedergeben möchte:

»Eines habe ich ganz klar erkannt: Natürlich kann ich meinen Kunden nicht zwingen, Angebote offenzulegen, Argumentationen zuzulassen usw. Dafür sitzt der Kunde letztendlich immer am längeren Hebel. Aber genauso wenig kann der Kunde mich zwingen, einen Nachlassvorschlag zu unterbreiten, bevor ich nicht Antworten auf die abschlussvorbereitenden Fragen bekommen habe. Was ich allein dadurch in den letzten Monaten an zusätzlichen Aufträgen bekommen habe, ist wirklich enorm!«

Eine Geschichte zum Thema Nachlass

Ich betreute vor einiger Zeit ein Projekt bei einem Automobilhersteller. Die Problematik war hier insbesondere, dass die Verkäufer der einzelnen Niederlassungen sich gegenseitig mit Rabatten unterboten, die eine Größenordnung erreicht hatten, die nicht mehr tragbar war.

Der Auslöser dafür war der Kunde selbst, der z. B. in die Niederlassung in Düsseldorf kam und Folgendes sagte:

Kunde: *»Guten Tag, ich war gerade bei Ihrem Händlerkollegen in Köln, und der hat mir auf das Modell XY 18 Prozent Rabatt angeboten! Wie viel bieten Sie mir, wenn ich bei Ihnen kaufe?«*

Rabatt beim Autokauf

Der Verkäufer bat den Kunden an den Tisch, bot ihm eine Tasse Kaffee an und begann sein Gespräch mit dem Kunden.

Verkäufer: *»Welches Modell und mit welcher Ausstattung hatten Sie angefragt?«*

Nachdem der Verkäufer alles notiert hatte, griff er zum Taschenrechner und addierte.

Verkäufer: *»Das heißt, wir haben hier einen Auftragswert von insgesamt 100 000 Euro?«*
Kunde: *»Das ist korrekt, 100 000 Euro, und darauf hat mir Ihr Kollege 18 Prozent Nachlass angeboten! Was können Sie anbieten?«*

Der Verkäufer nahm sich ein Stück Papier und einen Stift und fertigte folgende Aufstellung an:

---

100 000 Euro Fahrzeugwert

18 Prozent Nachlass = 18 000 Euro
22 Prozent Spanne = 22 000 Euro
= 4000 Gewinn

Händlerleistung:

1. Drei Jahre Neuwagengarantie auf eigene Rechnung
2. Alle Kosten für den Hol- und Bringservice
3. Weitere Serviceleistungen

Als er damit fertig war, begann er die Aufstellung wie folgt zu erläutern:

Verkäufer:

- *»Wir haben als Händler an dem angefragten Modell eine Gewinnspanne von 22 Prozent.*
- *Es gibt Modelle, an denen wir mehr verdienen, und es gibt Modelle, an denen wir weniger verdienen, an diesem, wie gesagt, verdienen wir 22 Prozent oder 22 000 Euro.*
- *Für diese Spanne dürfen Sie als Kunde von uns neben einem erstklassigen Fahrzeug auch die genannten zusätzlichen Leistungen erwarten. Die natürlich finanziert werden müssen.*

Ich denke, Sie verstehen meine Situation, natürlich verdienen wir an einem Fahrzeug für 100 000 Euro nicht 100 000 Euro, sondern in diesem Fall 22 000 Euro, für die wir zusätzlich noch entsprechende Leistungen für unsere Kunden zur Verfügung stellen.«

Nach dieser Ausgangsposition hatte der Verkäufer zwei verschiedene Möglichkeiten, weiter vorzugehen: die Gewissensfrage und die nachgezogene Verunsicherung.

Die Gewissens-frage Verkäufer: *»Sie kennen jetzt meine Situation und wissen Sie was? Jetzt überlasse ich Ihnen die Entscheidung darüber, was wir an diesem Fahrzeug noch verdienen dürfen! Machen Sie mal einen Vorschlag.«*

Interessanterweise verlangen Kunden in dieser Situation meistens weniger Nachlass, als der Verkäufer bereit gewesen wäre, selbst zu geben. Es gibt natürlich auch Kunden, denen egal ist, welche Kosten und Gewinnspannen der Anbieter hat. Für diesen eignet sich möglicherweise das nächste Werkzeug.

Kunde: »*Das mag ja alles richtig sein. Aber letztlich ist doch Ihr Händlerkollege in Köln in genau der gleichen Situation wie Sie. Also kann ich doch auch bei ihm kaufen und die 18 Prozent mitnehmen!*«

Die nachgezogene Verunsicherung

Verkäufer: »*Das können Sie natürlich tun. Aber dann sollten Sie sich eine Frage stellen: Er hat 22 Prozent Marge wie wir. Er muss die zusätzlichen Leistungen dafür erbringen, genau wie wir auch. Wie soll er das tun, wenn er an diesem Fahrzeug nur 4000 Euro verdient?*«

Kunde: »*Weiß ich auch nicht, irgendwie wird er schon klarkommen.*«

Verkäufer: »*Er wird nicht klarkommen, ohne irgendwo beim Service zu sparen. Natürlich können Sie in Köln kaufen, dann müssen Sie aber damit rechnen, dass der Service in irgendeiner Weise reduziert wird.*«

Das ist natürlich schon recht massiv. Ein Teil der Kunden lässt sich verunsichern, anderen ist das völlig gleichgültig. Aber selbst bei denen, die weiter auf einem Nachlass in Höhe von 18 Prozent beharren, können wir mithilfe der vorhandenen Werkzeuge aus der TQS-Preisverhandlungstaktik noch sehr gute Ergebnisse erzielen.

Mal ehrlich: Hätte man Sie mit dieser Technik überzeugen können, auf die 18 Prozent Rabatt zu verzichten? Ja? Nein? Vielleicht? Die angebotenen 18 000 Euro Nachlass sind sicherlich ein sehr verlockendes Angebot, bei dem der eine oder andere Kunde schwach wird.

Interessant ist, wie die Geschichte zu Ende ging. Nachdem solche Fälle vermehrt aufgetreten waren, verabredeten wir uns mit den Kölner Kollegen, um einmal offen miteinander zu sprechen und um herauszufinden, warum denn dort unverständlicherweise direkt so viel Nachlass angeboten wird.

Das Ergebnis dieses Gesprächs war hochinteressant. Über 90 Prozent der Kunden, die in Düsseldorf waren und behaupteten, dass in Köln 18 Prozent Nachlass angeboten worden wären, waren ebenfalls in Köln und behaupteten das Gleiche von den Düsseldorfern.

Ich kann Ihre Gedanken nicht lesen, aber ich weiß, dass Sie mit hoher Wahrscheinlichkeit die 18 Prozent Nachlass eben nicht infrage gestellt hätten. Und genau das ist häufig das größte Problem im Zusammenhang mit Preisverhandlungen.

Es ist nicht immer der Kunde mit seinen Nachlassvorstellungen oder der Wettbewerb mit Dumpingpreisen – es ist auch der Verkäufer selbst, der Nachlässe möglich macht, weil er zu schnell alles glaubt, was der Kunde sagt.

Abschließend möchte ich Ihnen das einzige Geheimnis verraten, das erstklassige Verkäufer in Bezug auf Preisverhandlungen besitzen.

Ein sehr guter Verkäufer verkauft im Regelfall nicht ohne Marge. Er rechnet sich im Vorfeld genau aus, welchen Verhandlungsspielraum er hat, und bereitet sich extrem sorgfältig auf Phase 9 (Zugeständnisse und Gegenleistungen) vor, also die Phase, in der eigentlich nur wirklich der Preis verhandelt wird. Und die Phasen 1 – 8 bringt er nur aus 2 Gründen vorher unter:

- um seine Glaubwürdigkeit zu erhöhen und
- um die Nachlassvorstellungen des Kunden zu senken.

Und wenn dieser Groschen einmal gefallen ist, dann werden Sie feststellen, dass es im Prinzip völlig egal ist, welche Nachlasshöhe ein Kunde fordert. Wenn der Verkäufer 7 Prozent Verhandlungsspielraum hat, verhandelt er diese, und wenn er nur 0,7 Prozent hat, dann eben nur 0,7 Prozent.

Der Schlüssel zur Umsetzung dieser zugegebenermaßen anspruchsvollen Thematik liegt in der guten Vorbereitung auf Preisverhandlungen.

1. Auf der beigefügten CD und im *TQS-SalesCoach* finden Sie in der Rubrik **Praxisaufgaben** *SalesTools* die TQS-Checkliste für Preisverhandlungen.
2. Passen Sie die Checkliste an Ihre Firma und Branche an.
3. Tragen Sie unter Punkt 3 Ihre offenen Fragen zum inhaltlichen Vergleich ein.
4. Tragen Sie unter Punkt 4 Ihre qualitativen Argumente ein.
5. Entwickeln Sie vor einer Preisverhandlung eine Aufstellung von Zugeständnissen und Gegenleistungen, um Ihren Verhandlungsspielraum optimal zu nutzen.
6. Benutzen Sie diese Checkliste, auch bei persönlichen Preisgesprächen.

Eine wichtige Bitte habe ich an Sie: Informieren Sie uns über Ihre Ergebnisse! Unter *info@deutschevertriebsberatung.de* können Sie uns erreichen, Ihre Fragen stellen und auch von erzielten Erfolgen berichten.

6. Die TQS-Vertriebsprozess-Optimierung in der Praxis

Brauchen wir wirklich mehr Spitzenverkäufer, um Krisenzeiten besser auszugleichen und um konjunkturelle Hochphasen effektiver zu nutzen? Die klare Antwort lautet: Nein! Denn es geht nicht um mehr einzelne Topleute im Verkauf, sondern um insgesamt optimierte Vertriebsstrukturen. Die Unternehmen, die ihre Vertriebsprozesse systematisiert haben, erzielen auch in wirtschaftlich schwachen Phasen bessere Ergebnisse. Und sie können die konjunkturellen Erholungen in der Regel besser nutzen als der Branchendurchschnitt. Ohne Übertreibung kann man sagen, dass ein optimal aufgestellter Vertrieb einer der wenigen Garanten für konjunkturunabhängiges Wachstum ist.

Den Fokus auf den Vertrieb richten Was heißt das konkret? Entscheidend ist, dass der Vertrieb in einem Unternehmen den gleichen Stellenwert bekommt wie alle anderen Bereiche, sei es Forschung, Entwicklung, Einkauf, Produktion oder Logistik. Die Realität sieht indes häufig anders aus. Ganz besonders wird das bei den Abteilungen deutlich, die sich auch mit dem Thema Kundengewinnung beschäftigen, dem Marketing und der Werbung. Während Unternehmen in der Regel gewaltige Summen in Werbemaßnahmen und im Rahmen des Marketings zum Beispiel in Messen, Kataloge oder Direktmarketing investieren, fällt die Unterstützung des Vertriebs eher mager aus.

Selbst im schwierigen Jahr 2009 gab die deutsche Wirtschaft noch knapp 19 Milliarden Euro für Werbung und Marketing aus, für die Verbesserung des Vertriebs aber gerade einmal 25 Millionen Euro. Und das, obwohl Unternehmen ihren Umsatz doch letztlich durch den Verkauf ihrer Produkte und Dienstleistungen generieren. Unternehmen geben also enorme Summen dafür aus, Kunden und Interessenten auf sich aufmerksam zu machen. Für die Entwicklung des entscheidenden Schrittes aber, für die Entwicklung des Vertriebs, geben sie noch nicht einmal ein Prozent der Gesamtaufwendungen für Werbung und Marketing aus.

Erfolgreiche Unternehmen haben indes erkannt, dass es von entscheidender Bedeutung ist, den Vertrieb zu systematisieren. Besonders wichtig ist die Nachvollziehbarkeit des Vertriebsprozesses – für jeden beteiligten Mitarbeiter. TQS ermöglicht dies als bislang einzige Methode: Vom Erstkontakt bis zur Auftragserteilung bietet sie anhand empirisch belegter Erfolgsfaktoren klare Handlungsanweisungen. Dies ermöglicht Verkäufern, eigenverantwortlich Umsätze und Erträge zu erwirtschaften, und macht sie in ihrer Arbeit wirksam.

Mit der Optimierung Ihrer Vertriebsprozesse nach *TQS Total Quality Selling* entscheiden Sie sich für ein hoch effektives Konzept zur Zukunftssicherung Ihres Unternehmens.

Die TQS-Vertriebsanalyse

Basis einer erfolgreichen TQS-Einführung ist die präzise Aufnahme des Istzustands Ihres Vertriebs in den TQS-Hauptfeldern.

Istzustand analysieren

1. Akquisitionsmanagement: Analyse der Akquisitionsaktivitäten in Bezug auf Vertriebskompetenz, Methodenkompetenz und Nachhaltigkeit
Ziel: Durch ein optimiertes Akquisitionsmanagement erhöhen Sie aktiv die Menge und die Qualität der eingehenden Anfragen.

2. *Anfragemanagement:* Analyse des gesamten Weges einer Anfrage vom Eingang bis zur Angebotsabgabe; Ermittlung von Verbesserungspotenzialen in der Vorangebotsphase
Ziel: Durch ein optimiertes Anfragemanagement erhöhen Sie die Vertriebseffizienz, sparen Zeit und legen die Grundlage für eine optimale Angebotsgestaltung sowie für eine erfolgreiche Angebotsverfolgung.

3. *Angebotsgestaltung:* Analyse Ihrer Angebote in Bezug auf Kundenorientierung – Verkaufsorientierung – Preisdarstellung – Kundenindividualität – Darstellung verkaufsschädlicher Formulierungen
Ziel: Durch eine optimierte Angebotsgestaltung erleichtern Sie die Entscheidungsfindung Ihres Kunden sowie die Argumentation Ihrer Verkäufer in der Angebotsverfolgung und erhöhen damit Ihre Abschlussquote.

4. *Angebotsverfolgungsmanagement:* Analyse des gesamten Weges eines Angebots von der Abgabe bis zum Auftrag/Nichtauftrag; Ermittlung von Verbesserungsansätzen in der Angebotsverfolgung
Ziel: Durch ein verbessertes Angebotsverfolgungsmanagement erhöhen Sie Ihre Abschlussquote, vermeiden prozessbedingte Auftragsverluste und erzielen eine höhere Marge.

Moderierte Workshops In einem moderierten Workshop analysieren wir gemeinsam mit einer Auswahl von Mitarbeitern den Vertriebsprozess sowie die Abläufe in den Bereichen:

- Anfrageerfassung
- Angebotserstellung
- Angebotsverwaltung
- Wiedervorlage

Zusätzlich führen wir einen Vertriebskompetenztest durch, um die Stärken und Schwächen im vertrieblichen Handeln zu definieren. Für diese Analyse benötigen wir in der Regel nur einen Tag. Sollte Ihr Unternehmen aus grundsätzlich verschiedenen Geschäftsbereichen bestehen, empfehlen wir einen Analysetag pro Bereich.

Die TQS-Vertriebsanalyse hat zusätzlich den positiven Effekt, dass ein Teil der Mitarbeiter uns bereits vor dem eigentlichen Projektstart kennenlernt. Dadurch schaffen wir bereits im Vorfeld eine Vertrauensbasis, die zu einer breiten Akzeptanz der Prozessveränderung führt.

TQS-Vertriebsseminare

Die Seminare zur Einführung von *TQS Total Quality Selling* zeichnen sich durch einen hohen Praxisbezug und direkt umsetzbare Lerninhalte aus. Aufgrund der intensiven Einbindung der Teilnehmer empfehlen wir eine Gruppengröße von maximal zwölf Personen.

Wir entwickeln gemeinsam mit Ihren Mitarbeitern einen klar nachvollziehbaren Prozess, um neue Kunden zielgerichtet anzusprechen. Es werden Gesprächsleitfäden und Argumentationshilfen erarbeitet und in realen Verkaufsgesprächen mit Kunden getestet.

1. Akquisitionsmanagement

Auszug aus dem Seminarprogramm:

- Wie motiviere ich mich für eine kontinuierliche Akquisitionstätigkeit?
- Wie hilft mir die TQS-Wunschkundenliste dabei, meine Akquisitionsziele zu erreichen?
- Wie gewinne ich mit Medienmarketing auf elegante Art neue Kunden, sozusagen nebenbei?
- Wie optimiere ich meine Akquisekompetenz am Telefon?
- Wie gewinne ich die Sekretärin für mein Anliegen und nutze deren Zugang zum Entscheider?
- Wie spreche ich meinen potenziellen Kunden kompetent und zielführend an?

- Wie vereinbare ich hochwertige Besuchstermine?
- Wie sorge ich für einen besonders guten ersten Eindruck im Gespräch?
- Wie behandle ich Einwände zeitgemäß und professionell?

2. Anfrage-management und Angebots-gestaltung

Wir entwickeln gemeinsam mit Ihren Mitarbeitern einen klar nachvollziehbaren Prozess, um eingehende Anfragen optimal und abschlussorientiert zu behandeln. Es wird eine Checkliste entwickelt, die eine hohe Nachhaltigkeit im Anfragemanagement sicherstellt.

Wir gestalten mit Ihren Mitarbeitern ein optimiertes Angebotsmodell, in dem der Kunde seine Vorteile und Prioritäten klar und übersichtlich dargestellt findet.

Auszug aus dem Seminarprogramm:

- Wie gebe ich einem Kunden das gute Gefühl, dass er mit seiner Anfrage bei mir in guten Händen ist?
- Wie spare ich durch ein professionelles Anfragemanagement Zeit und Geld?
- Wie kann ich echte Anfragen von Alibianfragen unterscheiden?
- Wie gewinne ich nützliche Informationen im Vorfeld der Angebotserstellung?
- Wie verhindere ich, dass der Kunde bis zum nächsten Gespräch beim Wettbewerber abschließt?
- Wie reagiere ich richtig, wenn der Kunde weitere Angebote einholen möchte?
- Wie gestalte ich meine Angebote kunden- und verkaufsorientiert?

3. Angebots-verfolgungs-management

Wir entwickeln gemeinsam mit Ihren Mitarbeitern einen klar nachvollziehbaren Prozess, um offene Angebote in Aufträge zu verwandeln. Es werden Gesprächsleitfäden und Argumentationshilfen erarbeitet und in realen Verkaufsgesprächen mit Kunden getestet.

Auszug aus dem Seminarprogramm:

- Wie organisiere ich meine Angebotsverfolgung wirklich effektiv?
- Wie kann man die Erreichbarkeit des Kunden verbessern?
- Welche Einstiegsfragen sollte ich unbedingt vermeiden, welche sollte ich nutzen?
- Wie behandle ich schwierige Einwände sicher und abschlussorientiert?
  - noch nicht entschieden
  - noch nicht gelesen
  - habe den Auftrag selbst noch nicht
  - Angebot liegt beim Chef zur Entscheidung
  - wir warten auf weitere Wettbewerbsangebote
  - ist uns zu teuer
  - Auftrag ist bereits vergeben
- Wie werde ich der letzte Ansprechpartner vor der Kaufentscheidung, wenn heute keine Entscheidung fallen kann?

4. Preisverhandlungskompetenz für Verkäufer

Wir entwickeln gemeinsam mit Ihren Mitarbeitern einen klar nachvollziehbaren Prozess, um Preisverhandlungen deckungsbeitragsorientiert zu führen. Es wird eine Checkliste entwickelt, die dabei hilft, effektiv mehr Aufträge zu besseren Konditionen zu erhalten und ungerechtfertigte Nachlässe zu verhindern.

Auszug aus dem Seminarprogramm:

- Wie reagiert man auf Preiseinwände richtig?
- Wie verunsichert man einen Kunden hinsichtlich der Vergleichbarkeit?
- Wie führt man einen inhaltlichen Vergleich richtig durch?
- Wie bringe ich den Kunden dazu, mir das Wettbewerbsangebot zu zeigen?
- Wie teste ich, ob ich eine reelle Chance habe oder nur Alibianbieter bin?
- Wie verbinde ich ein unumgängliches Zugeständnis mit einem sofortigen Auftrag?
- Wie verhandle ich Nachlässe deckungsbeitragsorientiert?

Ab einer Gruppenstärke von fünf Verkäufern empfehlen wir Ihnen eine firmeninterne Ausbildung, da wir hier zielgerichtet auf die firmenspezifischen Besonderheiten eingehen können.

Um Ihre grundsätzliche Entscheidungsfindung in Sachen TQS zu unterstützen, aber auch um später neu hinzukommende Mitarbeiter auf das informelle Niveau der erfahrenen Kollegen zu bringen, bieten sich unsere offenen Seminare an.

Anbieter offener TQS-Seminare Offene TQS-Seminare werden von namhaften deutschen Wirtschaftsverbänden angeboten:

- *Zentralverband Elektrotechnik- und Elektroindustrie* (ZVEI)
- *Einkaufsverband der Eisenwarenindustrie* (EDE)
- *Bundesverband Druck und Medien* (BVDM)
- *Fachverband Sanitär-Heizung-Klima* (FVSHK)
- *Fachverband Metall* (FVM)
- *Deutscher Großhandelsverband Haustechnik* (DG Haustechnik)
- *Verband Deutscher Maschinen- und Anlagenbau* (VDMA)
- *Deutsche Makler Akademie* (DMA)
- *Verband Technischer Handel* (VTH)
- *Verband Chemiehandel* (VCH)

Die *TÜV Süd Akademie*, einer der führenden Bildungsträger in Deutschland, hat die enormen Potenziale, die TQS bietet, erkannt und eine TQS-Ausbildungsoffensive gestartet: Sie bietet offene TQS-Seminare in Hamburg, Berlin, Frankfurt, Stuttgart und München an.

Das Besondere an dieser Ausbildung ist neben den praxisgerechten Inhalten die TÜV-spezifische Sorgfalt und Genauigkeit in der Ausbildung bis hin zur TÜV-Prüfung. Gekrönt wird die Ausbildung mit einem von der Wirtschaft anerkannten Zertifikat: »TQS Sales Expert TÜV Süd«.

Weitere Informationen zu unseren Seminaren finden Sie auf unserer Website: *www.deutschevertriebsberatung.de*

TQS-Praxistage

Ein wesentlicher Bestandteil jeder TQS-Einführung ist die Begleitung der Vertriebsmitarbeiter bei der praktischen Umsetzung der TQS-Tools. Auch das beste Seminar bringt nichts, wenn die Inhalte nicht in der Praxis angewendet werden. Leider gibt es viele Beispiele dafür, dass Weiterbildungsmaßnahmen häufig nicht wirklich umgesetzt werden. Es bleibt zu oft bei guten Ideen, Vorsätzen und Absichten. Deshalb sagen wir: Das klassische Verkaufstraining muss ersetzt werden durch eine systematische, prozessorientierte Vertriebsoptimierung.

TQS ist anders. Bei uns gilt die Regel: keine Seminare ohne praktisches Coaching im direkten Anschluss. Es ist ein großer Unterschied, ob der Verkäufer im Seminar neue Erkenntnisse gewinnt oder im Coaching lernt, diese Erkenntnisse mit seinen Mitteln konkret umzusetzen. Oft stellt sich erst in der konkreten Anwendung die tiefe Erkenntnis über die Wirksamkeit der TQS-Methode ein.

Zur Vertiefung der Lerninhalte und zur Kontrolle der Umsetzung empfehlen wir, auch nach der TQS-Einführung in regelmäßigen Abständen weitere Praxistage durchzuführen. Hier wenden wir die Inhalte an und stellen so, zum Beispiel durch gecoachte Live-Telefonate, eine hohe Umsetzungsqualität und Nachhaltigkeit sicher. Wenn Sie eine komplexe Sportart wie zum Beispiel das Golfspiel ausüben, dann wissen Sie, wie hilfreich es ist, ab und zu eine Trainerstunde zu nehmen, um technische Fehler, die sich einschleichen, rechtzeitig zu erkennen und zu beseitigen.

Vertiefung und Kontrolle

TQS-SalesTools und TQS-Prozessbeschreibung

Ein Verkaufsleiter sagte einmal im Rahmen einer Podiumsdiskussion zu mir, er führe keine Verkaufstrainings mehr durch: *»Es bringt nichts. Die Verkäufer, die ohnehin gut sind, werden vielleicht ein klein wenig besser. Aber die breite Masse entwickelt sich nicht. Es gibt* *vielleicht ein paar gute Ideen, aber nach einem Jahr fängt man im Prinzip wieder von vorn an.«*

Auch das ist ein Beleg dafür, dass wir mit klassischem Training im Vertrieb nicht weiterkommen. Wir müssen Prozesse und Tools schaffen und wir müssen die Dinge verbindlich machen. Jack Welch, ehemaliger CEO von General Electric, hat in mehreren seiner zahlreichen Interviews gesagt: *»Bei mir darf jeder Verkäufer auch einmal einen Auftrag verlieren, aber er muss nachweisen, dass er sich an den Prozess gehalten hat.«*

Prozess schriftlich festhalten
Im Rahmen der Einführung von TQS wird daher der gemeinsam optimierte Prozess verbindlich schriftlich fixiert. Alle *TQS-Sales-Tools* wie Checklisten, Textbeispiele, *TQS-Explorer* und *TQS-Navigator* werden den Vertriebsmitarbeitern zur Verfügung gestellt und die Anwendung wird regelmäßig kontrolliert. Dadurch erreichen wir bei TQS-Projekten eine enorm hohe Umsetzungsquote, die auch nach Jahren noch bei 80 bis 100 Prozent liegt.

Der TQS-Vertriebskompetenz-Test

Die personelle Neubesetzung eines Vertriebsgebietes bietet Chancen, aber auch enorme Risiken:

- Kann der neue Mitarbeiter oder die neue Mitarbeiterin wirklich verkaufen?
- Wie wird an die neue Aufgabe herangegangen?
- Wie ist die Fähigkeit ausgebildet, neue Kunden zu gewinnen?
- Wie umsatzorientiert wird eine Kundenanfrage behandelt?
- Wie fit ist der Bewerber in der Behandlung von Einwänden?
- Wie stark ist seine Preisverhandlungskompetenz ausgebildet?
- Wie gut ist die Fähigkeit entwickelt, Kunden zu binden und eventuelle Kundenkonflikte zu lösen?

Als einzigartiges Werkzeug zur einfachen Überprüfung haben wir den TQS-Vertriebskompetenz-Test entwickelt. Der Kandidat wird mit 31 sinnhaltigen Fragen konfrontiert, die klar offenlegen, welche Kompetenz in folgenden Bereichen vorhanden ist:

Test für neue Vertriebsmitarbeiter

1. Vertrieb allgemein
2. Akquisition
3. Anfrage
4. Angebotsverfolgung
5. Umgang mit Kundenkonflikten

Anhand der gegebenen Antworten können Sie eine optimale Vorauswahl Ihrer Bewerber treffen. Damit sparen Sie Zeit, aber vor allem eins: möglicherweise sehr teure Fehlentscheidungen bei der Besetzung von Vertriebspositionen.

Fehlbesetzungen im Vertrieb vermeiden

Dieses Werkzeug bietet Ihnen noch weitere interessante Vorteile:

1. Sie erfahren, welche Verbesserungspotenziale ein Bewerber besitzt, und steigern damit die Effizienz notwendiger Ausbildungsmaßnahmen.
2. Sie schaffen sich ein neutrales Bewertungswerkzeug und vermeiden Schadensersatzansprüche aus dem Allgemeinen Gleichstellungsgesetz.

Dieser Test ist ebenfalls sehr gut zur Bestimmung der eigenen Vertriebskompetenz geeignet. Zusammen mit der Auswertung erhalten Sie maßgeschneiderte Vorschläge zur weiteren Entwicklung Ihrer Fähigkeiten. Damit bestimmen Sie klar Ihre Position und erhöhen systematisch Ihren Marktwert.

Eigentest für Vertriebler

Nähere Informationen finden Sie im Internet unter:
www.deutschevertriebsberatung.de

TQS und leistungsorientierte Vergütung im Vertrieb

Leistungsorientierte Vergütungssysteme (LOV) für den Vertrieb sind aktuell in aller Munde und werden in der Praxis häufig eingesetzt. Allerdings sind LOV nicht gleich LOV und sollten daher vor ihrer Implementierung gut durchdacht und genau an die Gegebenheiten des jeweiligen Unternehmens angepasst werden. Schnellschüsse erreichen oft nicht die gewünschten Ziele und können im schlimmsten Fall sogar kontraproduktiv wirken. Heutige Systeme sind häufig wenig motivierend, rein umsatzorientiert ausgerichtet und gehen in der Regel mit drei Problemen einher:

Probleme rein umsatzorientierter Systeme

1. Es wird verkannt, dass der Gewinn die entscheidende Erfolgsgröße für das Unternehmen ist. Eine Folge davon ist, dass nicht hauptsächlich der Absatz der margenstarken Produkte, sondern der Absatz der Schnäppchen mit niedrigem Deckungsbeitrag durch das LOV gefördert wird.

2. Boni werden häufig ungerecht verteilt, da Umstände wie das Potenzial der verschiedenen Verkaufsgebiete nicht berücksichtigt werden oder unrealistisch hohe bzw. zu einfache Ziele vereinbart werden. Die Folgen sind eine fehlgeleitete Steuerungswirkung und demotivierte Mitarbeiter.

3. Eine reine »Ergebnissicht« (Umsatz oder Gewinn) lässt außer Acht, dass für den Vertriebserfolg die zugrunde liegenden Prozesse (Akquisitionsmanagement, Anfragemanagement, Angebotsgestaltung, Angebotsverfolgungsmanagement) von entscheidender Bedeutung sind. Durch ein ausschließlich ergebnisorientiertes Bonussystem werden die Mitarbeiter zwar für gute Leistungen belohnt, bei Fehlleistungen wird ihnen allerdings kein Weg aus dem Dilemma aufgezeigt. Folgen sind häufig Ohnmachts- und Resignationsgefühle bei den Mitarbeitern.

Unser Modell zur leistungsorientierten Vergütung im Vertrieb basiert auf den vier Kernmodulen der TQS-Methode (Akquisitionsmanagement, Anfragemanagement, Angebotsgestaltung, Angebotsverfolgungsmanagement). Im ersten Schritt wird, wie zuvor beschrieben, die Vertriebsstruktur analysiert und optimiert. Hierbei wird ein effizienzsteigernder Prozess definiert, der in der Folge zu implementieren ist. Beispiele hierfür sind:

- eine zielorientierte Anfragenbearbeitung
- Vorgaben für die Angebotsgestaltung
- eine zielorientierte Angebotsverfolgung
- systematische Methoden zur Neukundenakquise
- Hilfestellung zur nutzenstarken Preisargumentation

Schließlich wird der Erfüllungsgrad der Prozessumsetzung in finanzielle Anreize für die Mitarbeiter übersetzt. Der Vertriebsmitarbeiter wird so nicht mehr lediglich an seinem Output gemessen, sondern dazu motiviert, erlerntes Wissen direkt in den Vertriebsprozessen des Unternehmens um- und einzusetzen. Dieses Vorgehen bietet folgende Vorteile:

Mitarbeiter für Unternehmenserfolg motivieren

- Es setzt dort an, wo die meisten Probleme entstehen: beim Vertriebsprozess.
- Der Vertriebsmitarbeiter wird nicht mehr mit einer abstrakten und für ihn unerreichbaren Erfolgsgröße allein gelassen, sondern es werden ihm aktiv Wege aufgezeigt, wie er seinen Erfolg und damit auch den des Unternehmens sicherstellt.

Dadurch, dass die Erfüllung der prozessorientierten Ziele direkt zur Erfüllung der ergebnisorientierten Ziele beiträgt, wird ein in sich stimmiges System geschaffen, das zu einer nachhaltigen Steigerung der Effektivität des Vertriebs und somit des Gewinns führt.

Lieber Leser, Sie haben jetzt eine Vielzahl von Ideen und Möglichkeiten erfahren, wie Sie Ihren Vertriebsprozess optimieren können. Die Möglichkeiten, die Ihnen TQS bietet, sind enorm. Gern stellen wir Ihnen TQS und alle sich für Sie ergebenden Vorteile im Rahmen einer unverbindlichen Präsentation vor. Wir freuen uns auf Ihre Anfrage!

7. Die TQS-Trainerakademie

Die stetig steigende Nachfrage nach *TQS Total Quality Selling* macht es erforderlich, unser Team zu verstärken. Deshalb bieten wir erfahrenen Verkaufstrainern die Möglichkeit einer Ausbildung zum lizenzierten TQS-Consultant.

Welche Voraussetzungen Sie mitbringen sollten

- Die Aufgabe erfordert trainerisches Geschick und Einfühlungsvermögen sowie die Fähigkeit, komplexe Sachverhalte einfach und verständlich zu vermitteln.
- Wenn Sie seit mindestens drei Jahren selbstständig als Verkaufstrainer tätig sind, über aussagekräftige Referenzen verfügen und Sie eine lukrative Aufgabe reizt, freuen wir uns auf Ihre Bewerbung.

Ihre Vorteile als TQS-Consultant

Es gibt eine schier unüberschaubare Vielzahl von Trainings- und Ausbildungsmethoden. TQS hebt sich von den gängigen Methoden ab und bringt Ihnen folgende Vorteile:

1. Die Methode *TQS Total Quality Selling* bietet Ihnen ein Alleinstellungsmerkmal.
2. Sie partizipieren an umfangreichen Werbe- und Marketingmaßnahmen, die für einen einzelnen Trainer nicht zu realisieren sind.
3. TQS bietet Ihnen eine besonders hohe Folgeauftragsquote.
4. TQS gewährleistet Ihnen eine außerordentliche Weiterempfehlungsrate.

Die vorgenannten Punkte und die Tatsache, dass *TQS Total Quality Selling* eine geschützte Vertriebsmethode ist, bieten dem TQS-Consultant die Gewähr für einen sicheren Marktzugang und eine dauerhafte Marktposition.

8. Die Software TQS-Coup

Eine Vertriebsmethodik ist erfolgreich, wenn sie konsequent angewendet wird. Um das sicherzustellen, war die Entwicklung einer eigenen Organisationssoftware für das gesamte Unternehmen, die darüber hinaus *Total Quality Selling* perfekt abbildet, die logische Konsequenz. Durch die Verschmelzung von Programmierkompetenz, Systemkompetenz und Vertriebskompetenz ist ein einzigartiges Produkt entstanden.

Die erste Organisationssoftware, die nicht nur die unternehmensweite Organisation und Kommunikation verbessert und vereinfacht, sondern gleichzeitig sicherstellt, dass die TQS-Methode durch Software unterstützt wird.

Unterstützung des Vertriebs Durch die Implementierung aller TQS-Werkzeuge und -Abläufe sowie hilfreicher Checklisten, optimierter Angebotsmodelle, eines intelligenten Angebotspools und vielem mehr ist ein Programm entstanden, das den Vertrieb in seinen Kernaufgaben unterstützt und für nachvollziehbare Prozesse sorgt. Selbstverständlich werden alle anderen Unternehmensbereiche, wie z.B. Verwaltung, Service und Sekretariat, voll integriert.

Somit ist *TQS-Coup* nicht nur eine Software für den Vertrieb, sondern sie gliedert alle Unternehmensbereiche ein und führt zu einer optimalen und transparenten Zusammenarbeit aller Beteiligten.

TQS-spezifische Funktionen sind:

1. Programmtechnische Abbildung des TQS-Vertriebsprozesses und damit nachhaltige unternehmensweite Umsetzung der Methode
2. Automatische Bereitstellung aller vertriebsspezifischen Listen wie z. B. Wunschkundenliste, Anfrageliste, Angebotspool
3. Transparente Übersicht über alle TQS-spezifischen Vertriebsinformationen
4. Voll integrierter *SalesCoach* als direkte Verkaufsunterstützung in den drei Kernbereichen Akquisition, Anfragemanagement und Angebotsverfolgung
5. Voll integrierte *SalesTools*, wie z. B. Checkliste Vorangebotsgespräch, optimierte Angebotsmodelle, Checkliste Angebotsverfolgung, Checkliste Preisverhandlungen

Die schrittweise oder abteilungsbezogene Einführung von *TQS-Coup* als Acht-Phasen-Modell vermeidet Nachteile, die häufig bei der Realisierung ähnlicher Softwareprojekte entstehen, wie z. B.:

1. Zu lange Einführungsphasen
2. Zu hohe Bindung von Personalressourcen
3. Zu hoher Lernaufwand bei den Mitarbeitern
4. Unflexible Konfigurationsmöglichkeiten
5. Mangelhafte Akzeptanz bei den Mitarbeitern

TQS-Coup ist anders und bietet enorme Vorteile: **Vorteile**

1. Die Abteilungs- und funktionsbezogene Konfiguration:

   • Schnelle Einführung des Systems
   • Geringe Bindung von Personalressourcen
   • Einfachste Anpassung an unternehmensspezifische Prozesse

2. Die SmartDesktop-Technologie:

- Geringer Schulungs- und Einweisungsaufwand
- Klare Übersicht durch die aufgabenbezogene Oberfläche
- Hohe Mitarbeiterakzeptanz durch überzeugende Bedienerfreundlichkeit

3. Die EasyWorkflow-Effekte:

- Automatisiertes Berichtswesen
- Übersichtliche Bereitstellung aller Führungsinformationen
- Optimiertes, kundenorientiertes Teamwork

4. Die Mobilitäts- und Sicherheits-Effekte:

- Komfortable Verfügbarkeit aller definierten Daten im Außendienst und an weiteren Standorten
- Einfache Handakte für EDV-freie Außendienstbereiche
- Sicherer Schutz vor Datenmissbrauch und Diebstahl

Weitere Funktionen Selbstverständlich verfügt *TQS-Coup* über eine Vielzahl weiterer Funktionen und Möglichkeiten, die den Rahmen dieses Buches übersteigen würden.

Eine selbsterklärende Praxisdemo finden Sie auf unserer speziellen Website *www.tqs-coup.de*.

9. TQS in der Praxis – Erfolgsbeispiele von Unternehmen

EWM Hightec Welding GmbH: Dank TQS Umsatzwachstum im zweistelligen Bereich

»*Ja, das ist es*«, war ihr erster Gedanke, als Susanne Szczesny-Oßing vor fünf Jahren das erste Mal in einem Seminar mit TQS in Berührung gekommen war. Da sie nach dem Eintritt in die Geschäftsführung des Familienunternehmens *EWM Hightec Welding* festgestellt hatte, dass die Abschlussquoten der einzelnen Verkäufer stark divergierten, suchte sie nach einer professionellen Unterstützung für die Optimierung der Vertriebsabläufe. Ihre bisherigen Erfahrungen mit anderen Trainern hatten sie nicht überzeugt. »*Insofern waren die TQS-Methode und die damit verbundene Systematisierung und Optimierung des Vertriebs eine regelrechte Erleuchtung für mich*«, erinnert sich Szczesny-Oßing. Neben ihrem Vater und Onkel ist sie als Geschäftsführerin auch für den Vertrieb des führenden deutschen Herstellers von Hightech-Lösungen in der Lichtbogenschweißtechnologie verantwortlich.

EWM gilt in der Branche als Technologieführer und zählt auch international zu den Top-Playern. Die Schweißgeräte, Brenner, Schweißzusatzwerkstoffe und Zubehörprodukte kommen in weiten Teilen der Industrie und im professionellen Handwerk zum Einsatz. Das Unternehmen hat sich in den letzten Jahren zum Anbieter kompletter Systemlösungen entwickelt, das heißt, die

Branchenführer in der Schweißtechnologie

Kunden können alles, was zum Schweißen erforderlich ist, aus einer Hand erwerben. *»Wir übernehmen damit die technologische Verantwortung für den gesamten Schweißprozess«*, hebt Szczesny-Oßing hervor.

Seit mehr als 50 Jahren am Markt, ist das Unternehmen heute an fünf Standorten in Deutschland und international in Österreich, Tschechien, Großbritannien, China und den Vereinigten Arabischen Emiraten vertreten. Mehr als 400 Mitarbeiter erwirtschaften jährlich knapp 50 Millionen Euro. Mit etwa 50 000 verkauften Exemplaren tragen die Schweißgeräte am meisten zum Umsatz bei. Rückgrat von *EWM* ist die konsequente Innovationsstrategie: Allein zehn Prozent des Jahresumsatzes fließen in die Forschung und Entwicklung.

»All das sind exzellente Verkaufsargumente«, unterstreicht Szczesny-Oßing, deren Fokus darauf liegt, den Vertrieb zu forcieren. Überzeugt von der Systematik, die sich ihr bei TQS direkt erschloss, handelte sie schnell und beauftragte die *Deutsche Vertriebsberatung* mit dem Ziel, den *EWM*-Vertrieb zu optimieren. Zunächst machte sie den Test auf die Praxistauglichkeit in der *EWM*-Niederlassung Mülheim-Kärlich. Ihre Verkäufer dort, allesamt Techniker wie auch in den anderen Vertriebsbereichen des Unternehmens, machten Szczesny-Oßing zufolge zunächst »große Augen«. Nach den Trainings- und Coaching-Tagen und der Umsetzung in die tägliche Vertriebsarbeit sah sie sich in ihrer Entscheidung jedoch bestätigt: *»Das war wirklich ein durchschlagender Erfolg, der auch die zunächst skeptischen Vertriebsmitarbeiter regelrecht mitgezogen hat.«*

Skeptiker überzeugen Gleichwohl musste sie den TQS-Prozess intern an die Vertriebsmitarbeiter in anderen Niederlassungen und im Stammwerk regelrecht verkaufen. Noch überwogen die Skeptiker, die Bedenken äußerten, wonach das neue transparente Vertriebssystem zu einer stärkeren Kontrolle der Vertriebsabläufe führe. Ähnlich zurückhaltend reagierten viele der selbstständigen Vertriebspartner, über die *EWM* neben eigenen Vertriebsniederlassungen seine Produkte und Lösungen vertreibt und die Szczesny-Oßing schließlich mit

Susanne
Szczesny-Oßing

zahlreichen Trainingsangeboten in der firmeneigenen *EWM*-Akademie zu überzeugen versuchte.

»Auch wenn es einigen nicht leichtfiel, in der Gruppe zu trainieren und mitunter Schwächen zu zeigen«, so Szczesny-Oßing, *»haben die meisten bald ›Blut geleckt‹ und gesehen, was der Einsatz von TQS bringt.«* Sie erkannten nämlich, dass diese Vertriebsmethode ein deutlich besseres Zeitmanagement ermöglicht und vor allem Chancen auf höhere Umsätze bietet. Schon am Tag des Coachings führte das bei fast allen Teilnehmern zu messbaren Verbesserungen. Die Zahl der Skeptiker ging nach und nach zurück. Sie ließen sich von den Erfolgen ihrer Kollegen, die TQS zur Grundlage ihrer Arbeit gemacht hatten, mehr und mehr überzeugen.

Szczesny-Oßing wurde in ihrer Erwartungshaltung nicht enttäuscht. Ihr Bemühen, aus Technikern auch gute Verkäufer zu machen, von denen jeder nur durch den Einsatz von TQS fünf bis zehn Prozent mehr Umsatz machen sollte, habe sich sehr schnell ausgezahlt. *»Heute können wir durchaus sagen, dass diese Vertriebsmethode zu einem Umsatzwachstum im zweistelligen Bereich geführt hat.«*

Zweistelliges Umsatzwachstum

Motivationsschub bei Vertriebsmitarbeitern

Der Geschäftsführerin zufolge sieht die Mehrzahl derer, die nach TQS-Grundsätzen arbeiten, eine deutliche Unterstützung im Vertrieb, auch wenn die TQS-Einführung noch nicht im gesamten Unternehmen abgeschlossen sei und gerade die selbstständigen Vertriebspartner die Methode nicht in gleicher Intensität einsetzen. Die neue, strukturierte Herangehensweise mache sich in der Neukundengewinnung genauso bemerkbar wie bei der Bearbeitung von Anfragen.

Optimierte Angebote Angebote würden inzwischen erst geschrieben, wenn das Kundenbedürfnis genau ausgelotet sei. Das habe auch dazu geführt, dass die Angebotsschreiben heute völlig anders aufgemacht sind: Der Kundennutzen stehe im Vordergrund und jedes Angebot zeichne sich durch Transparenz und Verständlichkeit aus. Und auch nach Abgabe eines Angebots verstehen sich die *EWM*-Vertriebsmitarbeiter als Berater ihrer Kunden, die ihnen bei der richtigen Entscheidung zur Seite stehen. Ein wichtiges Indiz für den Erfolg sei auch, dass nun immer mehr Kunden von sich aus bei *EWM* anrufen, nachdem sie das Angebot geprüft haben.

Das Stammwerk in Mündersbach

»*Insofern kann ich von einem regelrechten Motivationsschub sprechen*«, freut sich Szczesny-Oßing, »*der unser Unternehmen substanziell weitergebracht hat.*« Das Gefühl einiger Mitarbeiter und Vertriebspartner, die Geschäftsführung wolle ihnen etwas aufzwingen, sei zum Glück überwiegend der Überzeugung gewichen, eine effiziente Hilfe bekommen zu haben.

Auch auf der Kundenseite seien die Wirkungen sehr erfreulich. »*Durch unsere systematische Vorgehensweise im Vertrieb haben wir bei unseren Kunden den Ruf erworben, absolut zuverlässig zu sein*«, erklärt die *EWM*-Chefin. Und durch die Kontinuität, die sich durch den gesamten Vertriebsprozess wie ein roter Faden ziehe, sei die Reputation enorm hoch.

Transparenz, Ehrgeiz und Motivation als Schlüsselfaktoren

Die früher so unterschiedlichen Abschlussquoten ihrer Verkäufer, die für Szczesny-Oßing der Anlass waren, sich mit dem Thema Vertriebsoptimierung zu beschäftigen, haben sich einander inzwischen deutlich angeglichen. Gerade die durch TQS bedingte Transparenz habe stark dazu beigetragen. »*Dass jeder Verkäufer bei EWM in Hitlisten sehen kann, was sein Kollege verkauft, hat für einen sportlichen Ehrgeiz gesorgt*«, erklärt Szczesny-Oßing.

Motivation erzeugt höhere Abschlussquoten

Diesen hält sie für durchaus förderlich und kürt daher auch für einzelne Produkte den »Verkäufer des Monats«. Ausgefeilte Margen- und Provisionsmodelle sorgen ebenfalls dafür, dass die Verkäufer untereinander wetteifern. Transparenz, Ehrgeiz und Motivation sind für die *EWM*-Geschäftsführerin die Schlüsselfaktoren für den Vertriebserfolg.

»Verkäufer des Monats«

Der bislang mit TQS erzielte Erfolg ist für Szczesny-Oßing Grund genug, dauerhaft auf diese Methode zu setzen und sie weiter im Unternehmen zu verankern. War der Vertrieb früher den eigenen Niederlassungen und den Vertriebspartnern vorbehalten, so wird dieser seit Kurzem aus dem Stammwerk in Mündersbach heraus betrieben. Insofern gelte es, die Implementierung auch dort voranzutreiben, genauso wie in den neuen Niederlassungen im In- und Ausland.

Dabei setzt *EWM* auf Trainings und Coachings, in denen die Mitarbeiter fit für den TQS-Prozess gemacht werden. *»Das Gute an der TQS-Methode ist jedoch, dass sie den Mitarbeitern im Vertrieb in der Regel schon bald sehr vertraut ist und nicht immer wieder neu trainiert werden muss«,* so Szczesny-Oßing. *»Insofern ist das eine Hilfe zur Selbsthilfe.«*

Ein weiterer wichtiger Schritt werde die Einbindung in das CRM-System sein. Das werde noch einmal einen kräftigen Schub freisetzen. Spätestens dann folgt auch die Verpflichtung für alle Vertriebsmitarbeiter, nach TQS zu arbeiten. *»Bislang haben wir flächendeckend darauf verzichtet und die Verbindlichkeit nur in einzelnen Bereichen fixiert, da die Einführung noch nicht in allen Teilen des Unternehmens abgeschlossen ist«,* erklärt Szczesny-Oßing. Dann aber gebe es keinen Grund mehr, TQS nicht als verpflichtende Grundlage für alle festzuschreiben. *»Denn unternehmerisch wäre es geradezu fahrlässig, dies nicht zu tun«,* betont die *EWM*-Chefin. *»Ein zweistelliges Umsatzwachstum ist Argument genug.«*

Messe Westfalenhallen Dortmund GmbH: »Wir mussten das aktive Verkaufen lernen«

Ein Gespräch mit Stefan Baumann, Geschäftsführer der *Westfalenhallen Dortmund GmbH* sowie der *Messe Westfalenhallen Dortmund GmbH*

■ *Herr Baumann, Ihre Messegesellschaft hat in den letzten zehn Jahren einen fundamentalen Wandel erlebt. Wie hat sich Ihr Geschäft verändert?*

Stefan Baumann: In der Tat hat sich bei uns vieles drastisch verändert, so wie im größten Teil der Messelandschaft. Der Internet-Boom und die Auswirkungen insbesondere auf Publikumsmessen, die sich direkt an den Endverbraucher richten, haben sich um das Jahr 2000 immer deutlicher auch bei uns bemerkbar gemacht. Zunehmend haben die Verbraucher die Vielfalt der Online-Angebote akzeptiert und eine neue Einkaufsmöglichkeit gefunden. Das hat natürlich viele unserer Kunden ihre Marketingbudgets umstrukturieren oder verringern lassen und auch den Einkaufsplatz Messe verändert. Lassen Sie mich ein Beispiel nennen: In Dortmund war einmal eine ausgesprochen erfolgreiche Elektronik- und Computerausstellung angesiedelt. Die gibt es heute gar nicht mehr.

Herausforderung Online-Markt

■ *Wie hat sich das auf Ihre Vertriebsaktivitäten ausgewirkt?*

Stefan Baumann: Hier hat sich parallel zu der beschriebenen Entwicklung des Messegeschäfts ebenfalls ein deutlicher Wandel vollzogen. Bis vor etwa zehn bis fünfzehn Jahren waren Messen praktisch ein klassischer Verkäufermarkt. Die Messeflächen hatten sich praktisch von allein verkauft. Die Vertriebsaktivität beschränkte sich im Grunde auf das Versenden von Unterlagen und die Zuteilung von Ständen. Wir hatten bei etlichen Messen sogar Wartelisten.

Durch die veränderte Marktstruktur änderte sich das dann kolossal. Die Wartelisten wurden immer kleiner und bald sahen wir uns genauso wie unsere Wettbewerber in der Situation, Messeflächen aktiv verkaufen zu müssen. Mit anderen Worten: Solange die Wachstumsraten stimmten und das Geschäft eigentlich von allein lief, hatte auch der Vertrieb keinen hohen Stellenwert. Seit einigen Jahren hat sich das grundlegend geändert. Wir mussten uns umstellen und das aktive Verkaufen erst mal erlernen.

■ *Messegesellschaften haben ja in der Regel kommunale Träger und werden gerade in umsatzschwächeren Zeiten wegen ihres wichtigen Standortfaktors subventioniert. Trifft das auch auf die Messe Westfalenhallen Dortmund zu?*

Stefan Baumann: Ja und nein. Auch unsere Messegesellschaft ist kommunales Eigentum; sie gehört der Stadt Dortmund. Öffentliche Zuschüsse erhalten wir jedoch nicht. Ich finde es fragwürdig, dass Kommunen ihre Messeplätze unterstützen. Die Tatsache, dass Messen Umsätze, zum Beispiel in Hotels, Restaurants, dem Einzelhandel und bei vielen anderen Dienstleistern als Umwegrendite generieren, ist noch kein zwingender Grund, sie zu subventionieren. Auch die *Messe Westfalenhallen Dortmund* löst diese positiven Sekundäreffekte aus, wir erwirtschaften aber gleichzeitig Gewinne.

■ *Dafür mussten Sie aber Ihren Vertrieb komplett neu ausrichten. Von dem von Ihnen beschriebenen reinen Zuteilen der Messeflächen hin zum Verkaufen freier Kapazitäten ist es ja ein weiter Weg.*

Stefan Baumann: Wir mussten unseren Vertrieb zunächst einmal aufbauen. Denn ein aktives Verkaufen gab es ja vorher so gut wie nicht. Das haben wir am Anfang in Eigenregie versucht. Unsere Mitarbeiter in diesem Bereich, Objektreferenten und -assistenten, hatten nicht mehr nur die Aufgabe, die Aufplanung und Abwicklung von Messen zu übernehmen, sondern waren nun auch in der Situation, diese erfolgreich verkaufen zu müssen. Erst später gab es dann auch Mitarbeiter, die sich um die Organisation strukturierter Vertriebsprozesse kümmerten.

Insgesamt hat es also deutliche Veränderungen gegeben, die von unseren Mitarbeiterinnen und Mitarbeitern auch sehr positiv forciert worden sind. Wir haben dann aber im Laufe der Zeit erkannt, dass wir das allein nicht stemmen können. Zumindest nicht in dem Ausmaß, in dem wir das wollten. Insofern war dann vor einem Jahr klar, dass wir der Optimierung unserer Vertriebsaktivitäten durch professionelle Unterstützung einen ganz neuen Schub geben wollten. Auf den ersten Blick ist das Verkaufen von Messeflächen nichts anderes als von irgendwelchen anderen Produkten und Dienstleistungen. Die Besonderheit aber, dass der potenzielle Kunde, also das Unternehmen, das wir als Aussteller gewinnen wollen, auch Teil des Produkts »Messe« ist, musste von möglichen Beratern verstanden werden.

Stefan Baumann

■ *Dabei sind Sie auf Total Quality Selling gestoßen.*

Stefan Baumann: Wir haben uns verschiedene Anbieter und Konzepte angeschaut. Da gab es eine ganze Reihe von Trainern, die in die Richtung gingen, »mit Hard-Selling lasse sich alles verkaufen«. Aber das passte nicht zu uns und unserer Philosophie. Dann sind wir sehr schnell mit der *Deutschen Vertriebsberatung* und der TQS-Methode in Berührung gekommen. Von Anfang an hatten wir den Eindruck, dass dieses Konzept »wie die Faust aufs Auge passt«. Denn hier geht es nicht nur um Trainings, sondern um die Optimierung des gesamten Vertriebsprozesses. Genau das haben wir gebraucht. Die TQS-Analyse unseres bisherigen Vertriebsprozesses hat uns dann vollends überzeugt.

TQS überzeugt

■ *Was waren denn Ihre Erwartungen?*

Stefan Baumann: Zunächst einmal hatten wir natürlich gehofft, in unseren selbst durchgeführten Veränderungsprozessen nicht völlig falsch gelegen zu haben. Grundsätzlich ging es uns darum, das Level unserer Vertriebsqualität deutlich anzuheben. Dabei ging und geht es uns nicht unbedingt nur um die Steigerung des Umsatzes. Insbesondere gilt es, dass wir das Handwerkszeug unseres Verkaufens verbessern und in der Lage sind, unsere Kunden optimal zu beraten und zu betreuen. Der TQS-Ansatz, dass nicht nur Verkäufer mit gegebenem Talent verkaufen können, sondern Vertrieb auch erlernbar ist, hat uns darüber hinaus zuversichtlich gestimmt. Denn wir wollten ja mit unseren Mitarbeitern, die uns so aktiv durch die Zeiten des Wandels begleitet haben, noch mehr Erfolg haben.

■ *Gab es auf deren Seiten Bedenken, zuvor nicht alles richtig gemacht zu haben?*

Stefan Baumann: Sicher hatte der eine oder andere auch Bedenken – so wie das meist bei Qualifizierungsmaßnahmen ist. Da kommen natürlich Überlegungen auf, ob dann noch mehr zu bewältigen ist, um die Ziele zu erreichen. Aber insgesamt hat unser Team das als große Chance begriffen, selbst weiterzukommen und am Erfolg unseres Unternehmens mitzuwirken.

■ *Wie sind denn das Training und die damit einhergehende Einführung von TQS konkret gelaufen?*

Stefan Baumann: Wir haben die *Deutsche Vertriebsberatung* beauftragt, Seminar- und Praxistrainings für alle unsere Mitarbeiter durchzuführen, die mit der Ausstellerakquisition zu tun haben. Das war eine absolut richtige Entscheidung. Die eigentlich recht inhomogene Gruppe der Mitarbeiter wurde unter dem Dach der neuen Vertriebssystematik integriert. Für viele waren die Trainingstage ein regelrechtes Aha-Erlebnis. Alle haben verstanden, welches Potenzial in ihnen selbst und der TQS-Methode liegt.

■ *Wie schätzen Sie TQS nach einem Jahr der Anwendung ein?*

Stefan Baumann: Die Integration in die tägliche Arbeit ist inzwischen erfolgreich gelaufen. Die Vertriebsmitarbeiter haben die TQS-Methode zur Grundlage ihrer Arbeit gemacht und kommen sehr gut damit klar. Unser nächster Schritt ist die Software-Implementierung, also die Verbindung von TQS mit einem maßgeschneiderten Customer-Relationship-Management-System. Davon erwarten wir eine weitere deutliche Effizienzsteigerung. Damit wollen wir auch das Reporting und Monitoring verbessern. Schon heute steht aber fest, dass die Bilanz nach einem Jahr ausgesprochen positiv ist. Wir arbeiten nun mit Erfolg nach der TQS-Methode und bauen diesen Prozess weiter aus.

TQS als Arbeitsgrundlage

■ *Woran machen Sie den Erfolg fest?*

Stefan Baumann: Uns geht es, wie schon gesagt, nicht nur um das primäre Ziel der Umsatzverbesserung. Wir wollen eine Systematik in unseren Vertriebsprozess bringen und genau da hilft uns TQS ungemein. Zum einen ist unser Handwerkszeug nun deutlich besser und professioneller geworden, zum anderen können wir heute sagen, dass wir unseren Vertrieb mit der Hilfe von Experten durchstrukturiert haben. Wir fühlen uns seitdem deutlich sicherer. Das ein Jahr nach der TQS-Einführung sagen zu können, entspricht schon einem Riesenschritt.

Expo Display Service GmbH: TQS als Nonplusultra im Vertrieb

Ein besseres Lob kann es nicht geben: *»Ich fühle mich als Kunde bestens aufgehoben«*, sagt Jochen Schmitt, Geschäftsführer der Firma *Chrom-Schmitt*, über seine Zusammenarbeit mit *Expo Display Service*. Schmitt hat dort vor zwei Jahren einen mobilen Messestand erworben. *»Man merkt sehr schnell«*, ergänzt Schmitt, *»dass das Kundenbedürfnis bei diesem Unternehmen die oberste Maxime ist.«* Der Service liege, auch im Vergleich zu anderen Lieferanten, qualitativ im oberen Segment. *»Die Beratungsintensität ist derart ausgeprägt, dass der Kunde sich hier wirklich als König fühlt.«*

Dass *Expo Display Service* bereits seit vier Jahren konsequent nach TQS arbeitet und den gesamten Vertriebsprozess darauf abgestellt hat, weiß Schmitt indes nicht. So intensiv das Unternehmen danach arbeitet, so wenig kommuniziert es das nach außen. Peter Mörmann, Geschäftsführer von *Expo Display Service* in Deutschland, ist von der Wirkung von TQS überzeugt: *»Wir bewegen uns in einem Markt mit einem durchaus aggressiven Wettbewerb und harten Preisverhandlungen. Da ist es wichtig, den Vertrieb optimal aufgestellt zu haben, um die Nase vorn zu haben.«*

Das hat *Expo Display Service* seit seiner Gründung geschafft. Vor mehr als 30 Jahren war das Unternehmen mit Hauptsitz in Schwalbach am Taunus Marktpionier und präsentierte das erste Falt-Display auf dem deutschen Markt. Seitdem behauptet es sich als Marktführer für mobile Messe-, Promotion- und Präsentationssysteme. 10 000 Kunden allein in Deutschland sorgen jährlich für rund 3000 Warenbewegungen, 1500 Checks und Wartungen sowie 500 Einlagerungen ihrer Stände. An sieben Tagen in der Woche haben sie 24 Stunden lang die Möglichkeit, diese zu ordern und an einen beliebigen Platz auf der Welt transportieren zu lassen. Der *Expo*-Service reicht von der Grafikerstellung bis zur Wartung oder dem kompletten Auf- und Abbau vor Ort. Wobei Letzteres eigentlich nicht erforderlich ist, da die Systeme kinderleicht ohne Werkzeug aufgestellt werden können.

Argumente, die Kunden wie Jochen Schmitt überzeugen. *»Das allein reicht aber nicht«*, erklärt Mörmann. *»Um sich vom Wettbewerb abzuheben, müssen wir in unserem Vertrieb alle Register ziehen.«* Als er dann von TQS erfuhr, war ihm sofort klar, welches Potenzial darin steckt. Denn auch wenn das Geschäft über viele Jahre sehr gut gelaufen sei, so habe er in dieser Systematisierung erhebliche Chancen zur Verbesserung gesehen. Das wurde Mörmann erst recht bewusst, als er diese Vertriebsmethode kennenlernte: *»Wir hatten vorher keinen klaren und nachvollziehbaren Vertriebsprozess und haben viel zu viel aus dem Bauch heraus agiert.«* Häufig sei man auch wegen der fehlenden Strukturiertheit unsicher gewesen, ob man alles richtig mache.

Das Potenzial von TQS erkennen

Mörmann erkannte schnell die Stellschrauben, mit denen er seinen Vertrieb optimieren konnte. *»Wir sind eine Vertriebscompany, der Verkauf steht bei uns an erster Stelle.«* Auch wenn Beratung, Service, Produktqualität und ein bundesweit flächendeckendes Netzwerk absolut wichtig seien, so entstehe Umsatz im Wesentlichen nur durch erfolgreichen Vertrieb. Für Mörmann war klar, dass er mit TQS einen deutlichen Ruck auslösen konnte. *»Denn das ist*

Messestand Expo
Display Service

bislang die einzige Methode, die auf den gesamten Vertriebsprozess ausgerichtet ist.« Er ließ sein Team schulen, erarbeitete mit seinen Mitarbeitern auf TQS-Basis Leitfäden und Branchenbriefings, setzte auf Checklisten und führte eine umfangreiche Dokumentation des Vertriebs im CRM-System ein.

Optimale Beratung und Entscheidungshilfe *»Das Ergebnis«,* so der *Expo*-Chef, *»ist heute eine professionelle, einheitliche Vorgehensweise, die dem Kunden bestmögliche Beratung bietet.«* Jeder Mitarbeiter sei auf dem gleichen Stand und jederzeit in der Lage, Kundenanfragen zu beantworten und optimal zu beraten. Insofern sei TQS ein sicheres Navigationsinstrument, das dem Verkäufer genauso helfe wie der Geschäftsleitung und dem Kunden. Letzterer könne eine optimale Beratung und Hilfe bei der Entscheidungsfindung erwarten, bei der es vor allem darum gehe, das Kundenbedürfnis exakt zu befriedigen.

Motivation für das gesamte Vertriebsteam

Mörmann sieht sich in seinen damaligen Erwartungen bestätigt. Es sollte ebenso gelingen, neue Kunden zu gewinnen wie Auftragsverluste zu reduzieren, den Umsatz insgesamt zu steigern und die Zufriedenheit im Innen- wie Außendienstteam anzuheben. *»All das ist gut gelungen«,* sagt Mörmann. *»Die Investition in das neue Vertriebssystem hat sich damit schnell amortisiert.«* Zwar habe es im Vertriebsteam, das sich aus Mitarbeitern im Alter zwischen 25 und 60 Jahren zusammensetzte, zunächst eine unterschiedliche Akzeptanz gegeben. Während die jüngeren Kollegen von Beginn an begeistert waren, mussten sich die älteren Mitarbeiter erst daran gewöhnen. Aber schließlich zogen alle mit und standen geschlossen hinter der neuen Systematik.

TQS als Standard Inzwischen ist jeder Mitarbeiter bei *Expo Display Service* verpflichtet, nach TQS zu arbeiten. Das wird als Arbeitsprozess definiert und in der Personalakte so festgehalten. *»Für den Erfolg ist das wirklich wichtig«,* betont Mörmann. *»Es ist absolut unerlässlich, dass wirklich jeder Verkäufer dahintersteht, genauso wie jede Führungskraft.«* Nur dann könne ein solches System seine ganze Wirkung entfalten. Allerdings helfen alle Verpflichtungen nicht, wenn ein solches System im Unternehmen nicht auch gelebt werde. »*Aber genau das ist uns gelungen*«, freut sich Mörmann, »*und dazu eine Motivation freizusetzen, die vielen gutgetan hat.*«

Auch Tanja Rizzo, Leiterin Innendienst und Verkauf und bereits seit 18 Jahren bei *Expo Display Service*, ist heute eine glühende Verfechterin von TQS. »*Zunächst hatte ich damals gedacht, ›das höre ich mir auch noch an‹, nachdem ich schon eine Menge Trainer und Coachs erlebt hatte.*« Sehr schnell begriff sie aber, dass es sich bei TQS anders verhält.

Von Beginn an sei sie ausgezeichnet damit zurechtgekommen und habe gemerkt, was mit dieser Vertriebsmethode möglich sei. »*Das ist in der täglichen Arbeit eine wirk-*

Peter Mörmann

liche Hilfe«, so Rizzo, »*und ein exzellenter Leitfaden, der zudem Nachvollziehbarkeit und realistische Planungen ermöglicht.*« Gerade auch für neue Mitarbeiter sei ein solches System von großem Wert, ermögliche es doch klare Orientierung und Sicherheit.

Erfolg auch bei neuen Serviceleistungen und Produkten

Wie hilfreich ein eingespielter Vertriebsprozess ist, merken Rizzo und ihre Kollegen auch beim Verkauf einer völlig neuen Dienstleistung. *Expo Display Service* ist seit Kurzem Teil der indischen *Insta-Group*, einem der größten Messebauunternehmen der Welt. Zu der Gruppe gehört ebenfalls *Exponents*, die auf dem nordamerikanischen Markt eine gute Reputation genießen. Damit hat auch *Expo Display Service* in Deutschland die Aufgabe, das Leistungsportfolio der Gruppe mit zu verkaufen. Allerdings ist diese im konventionellen Messebau positioniert, bei Messeständen bis

50 Quadratmeter Größe ein Alternativprodukt zu den eigentlich von *Expo Display Service* vertriebenen mobilen Systemen.

»Für uns ist das überhaupt kein Thema«, erklärt Mörmann. *»Wir profitieren von der Größe und Kompetenz unserer Gruppe und sehen hier eine neue Marktchance.«* Nämlich die Unterstützung von Unternehmen in Deutschland, die in Indien oder Nordamerika Messeauftritte planen. Der Verkauf des lokalen Know-hows und der Unterstützung vor Ort habe ein großes Potenzial. *»Unseren Kunden das näherzubringen, fällt uns mit einem bis ins letzte Detail ausgeklügelten Vertriebssystem natürlich deutlich leichter«*, so Mörmann.

Umsatzsteigerung durch TQS Seine Bilanz nach vier Jahren TQS und vielen Jahren Verkaufserfahrung davor ist dementsprechend eindeutig: *»Für uns ist diese Vertriebsmethode das Nonplusultra. Mir ist auch keine andere bekannt, die wirklich vom Neukontakt bis zum Abschluss alles umfasst.«* Selbst wenn es andere Methoden gäbe, Mörmann würde von TQS nicht ablassen. *»Sicher ist das nicht leicht zu quantifizieren, aber ich gehe davon aus, dass wir eine zweistellige Umsatzsteigerung nur durch TQS verzeichnen konnten.«*

Insgesamt habe sich die Abschlussquote durch den konsequenten Einsatz von TQS deutlich erhöht und die Verlustquote verringert. Das ziehe sich quer durch den gesamten Vertrieb. Der Vertrieb erkenne zudem bestimmte aussichtslose Angebote viel leichter und verzichte eher darauf. *»Das erhöht die Effizienz ungemein«*, erklärt Mörmann. *»Wir verlieren weniger und steigern zugleich unsere Umsätze.«* Durch die Optimierung des gesamten Vertriebs haben sich zudem die Abschlussquoten der einzelnen Verkäufer angeglichen. Natürlich gebe es noch Unterschiede, aber gerade die vormals schwächeren Verkäufer hätten einen unglaublichen Aufschwung erlebt. Für Mörmann ist daher klar, dass es keine bessere Vorgehensweise im Vertrieb gibt. *»Ich kann eigentlich nur jedem Unternehmen im B-to-B-Geschäft empfehlen, sich mit TQS zu beschäftigen.«* Mit einem Augenzwinkern schränkt er ein, dass das nicht unbedingt für seine Wettbewerber gilt.

ART-Gruppe / ART Antriebs- und Regeltechnik GmbH: TQS für ein ganz besonderes Vertriebskonzept

Hockenheim ist hierzulande fast allen Menschen ein Begriff. Ein Synonym für Rennsport und Hochgeschwindigkeit, für Perfektion und Erfolg. Doch auch abseits der Rennpiste, in der dort ansässigen Industrie, geht es nicht minder spannend zu: Die *ART-Gruppe* mit dem zentralen Unternehmen *ART Antriebs- und Regeltechnik* hat sich in den letzten Jahren derart rasant entwickelt und verändert, dass es den Boliden auf der Rennstrecke in nichts nachsteht.

Das 1955 in Mannheim gegründete und 1966 nach Hockenheim umgesiedelte Unternehmen gleicht kaum einem anderen. Denn 90 Prozent des Umsatzes werden heute mit nur zehn Kunden getätigt. Zwar sind dies durchaus namhafte Unternehmen, aber in der Zahl eben begrenzt. Das aber ist Firmenstrategie. *ART* bietet Komplettlösungen in der Gehäusetechnik, Kabelkonfektion und Steuerungstechnik. All das ist in höchstem Maße mit den individuellen logistischen Anforderungen der Kunden verknüpft: Die Lieferung erfolgt wunschgemäß auf Termin, Abruf, just in time oder just in sequence. Die Kombination all dieser Leistungen vertreibt *ART* seit 2008 unter der Marke »SYSMART«.

Umsatzstärke durch Kernkundengeschäft

Dass hier ein besonderes Vertriebskonzept greifen muss, liegt auf der Hand. Denn das Ziel ist nicht, die Kundenzahl zu vervielfachen, sondern den Vertrieb mit den bestehenden Kunden zu professionalisieren und auszubauen. *»Darüber hinaus wollen wir im Neukundengeschäft sehr qualifiziert vorgehen«*, erklärt Jürgen Wollbrecht, als Geschäftsführer der *ART Antriebs- und Regeltechnik* zugleich für den Vertrieb verantwortlich. *»Da wir unser Geschäft nur auf die für uns wirklich interessanten Kunden ausrichten wollen, ist die richtige Selektion Teil unserer Vertriebsaktivitäten.«*

Auf den ersten Blick mag es verwundern, dass ein Unternehmen nur eine begrenzte Zahl von Kunden haben möchte und diese sich dann auch noch ganz genau anschaut. Beim Blick hinter die Kulissen wird aber schnell die Komplexität des *ART*-Geschäftsmodells deutlich. Das Unternehmen bietet in der Antriebs- und

Regeltechnik derart speziell auf die Bedürfnisse seiner Kunden zugeschnittene Produkte und Dienstleistungen, dass es mit der Arbeit für eine Handvoll Unternehmen ausgesprochen gut beschäftigt ist.

Maßgeschneiderte Lösungen Gemeinsam mit den Kunden entwickelt das Unternehmen als Outsourcing-Spezialist die richtige Integration der selbst hergestellten Komponenten und Lösungen in die Produktionsprozesse der Kunden. Die *ART GmbH* ist heute so tief in diese involviert, dass in der Regel Technologien entwickelt und eingesetzt werden, auf die der Kunde in seinem eigenen Unternehmen selbst gar nicht gekommen wäre. Damit wird die *ART GmbH* nicht nur zum langfristigen Partner, sondern zum – externen – festen Teil der von ihr betreuten Unternehmen. Die Hauptaufgabe des Vertriebs liegt daher vielmehr im kontinuierlichen Verkaufen an bestehende Kunden als in der Neukundenakquise.

»Natürlich lehnen wir Neukunden nicht ab«, erklärt Wollbrecht, *»aber wir müssen schon in der Anfrage- oder Akquisitionsphase genau ausloten, wer zu uns passt.«* Denn die Konzeption einer möglichen Zusammenarbeit und das darauf basierende Angebot seien we-

Produktion bei der ART Antriebs- und Regeltechnik GmbH

gen der hohen Komplexität überdurchschnittlich aufwendig. *»Da müssen wir beim Einsatz unserer Kapazitäten genau darauf achten, wie ernst einem möglichen Neukunden die Zusammenarbeit mit uns und wie das Potenzial einzuschätzen ist.«* Die vor einem Jahr eingeführte TQS-Methode, die inzwischen Grundlage des gesamten Vertriebsprozesses bei ART ist, hat dabei für eine enorme Effizienzsteigerung gesorgt. *»TQS legt eminent viel Wert auf die Vorangebotsphase«*, erklärt Wollbrecht, *»und passt damit ideal zu unserem Geschäftsmodell.«*

Strategische Neuausrichtung und TQS-Einführung in der Konjunkturkrise

Die Einführung von *Total Quality Selling* war ein entscheidender Teil der strategischen Neuausrichtung des Unternehmens. Welche Entwicklung war dafür ausschlaggebend? Nach Jahren des Wachstums folgte durch den Einbruch der Weltkonjunktur ein historisch einmaliger Rückgang in der Auftragslage. Das rückläufige Geschäft der Kunden insbesondere aus den Branchen Energie- und Umwelttechnik, Druck, Werkzeug-, Maschinen- und Anlagenbau sowie Transport und Verkehr wirkte sich unmittelbar auf ART aus. 2008 erwirtschafteten 750 Mitarbeiter 80 Millionen Euro, nachdem es ein Jahr zuvor noch deutlich mehr als 90 Millionen Euro waren.

Die *ART-Gruppe*, die insgesamt aus drei operativen Unternehmen und einem Joint Venture, verteilt auf vier Standorte in Europa, besteht, verfiel allerdings nicht in die konjunkturbedingte Depression. Das Unternehmen reagierte vielmehr, strukturierte sich neu und stellte sich im Vertrieb völlig neu auf. Die Steuerung des bislang auf die verschiedenen Standorte und Geschäftsbereiche der Gruppe aufgeteilten Vertriebs wurde am Standort Hockenheim zusammengefasst. Zudem teilte das Management die Zuständigkeiten im Vertrieb nach Branchen auf, damit die Kundenberater sich weiter spezialisieren konnten. So ist es heute möglich, die Kunden noch intensiver zu beraten und durch ART-Leistungen zu unterstützen.

Neuaufstellung des Vertriebs

Jürgen Wollbrecht

»*Uns war von Anfang an klar, dass wir bei der Neuaufstellung unseres Vertriebs professionelle Hilfe benötigen*«, schildert Wollbrecht die damalige Veränderung. »*Sehr schnell haben wir uns dann für TQS entschieden, da es die einzige Methode ist, die den gesamten Vertriebsprozess betrachtet.*«

Durch die konsequente TQS-Einführung weiß der *ART*-Geschäftsführer heute genau, dass der Vertrieb zwar auch vorher Erfolg hatte, durch die Optimierung aber ein beträchtlich größeres Potenzial ausschöpfen konnte. Und was in den Jahren der Expansion nicht deutlich wurde, kam in der Krise verschärft zum Tragen.

Nun wurde die häufig fehlende Abstimmung der getrennt arbeitenden Vertriebseinheiten deutlich, genauso wie das Fehlen einer insgesamt durchgängigen Struktur. »*Vom Wachstum verwöhnt, wurde uns schnell klar, dass wir eigentlich keinen stringenten Vertriebsprozess hatten*«, erklärt Wollbrecht. »*Unsere Verkäufer arbeiteten jeder auf seine Weise und nicht auf Basis einer grundsätzlichen, für alle verbindlichen Linie.*«

Doppelkompetenz im Vertrieb

Hinzu kam eine Situation, wie sie viele Technologieunternehmen kennen: Die Vertriebsmitarbeiter müssen auch bei *ART* über eine Doppelkompetenz verfügen: Zum einen müssen sie technologisch bis ins kleinste Detail beraten können, zum anderen die Produkte und Lösungen auch verkaufen können. Doch gerade Letzteres ist für viele sehr schwierig.

Die *ART*-Führung handelte konsequent. Nach der Entscheidung für TQS folgte zunächst die Schulung aller Mitarbeiter, die direkt mit Vertriebstätigkeiten betraut sind: die Verkäufer selbst, das Back Office, der Einkauf und natürlich auch das Management. Dieser weitreichende Ansatz sollte sicherstellen, dass sich heute ein weitaus größerer Kreis in der vertrieblichen Verantwortung sieht. Auch jeder neue Mitarbeiter bekommt die gleiche Ausbildung. Denn nur so ist sichergestellt, dass er auf der gleichen Wellenlänge schwimmt.

Das Gros der Mitarbeiter nahm die Qualifizierungsmaßnahmen ausgesprochen positiv auf. Auch wenn ein paar »alte Hasen« zunächst eher Skepsis anmeldeten, waren die Erwartungen klar: Unsicherheiten verringern, Teamgefühl steigern und erfolgreicher im Vertrieb sein.

Das deckte sich mit der Erwartungshaltung der *ART*-Geschäftsführung. In der Angebotsbearbeitung sollte es zu einer Effizienzsteigerung kommen und das gemeinsame Verständnis über die Wichtigkeit einer strategischen Vorgehensweise im Vertrieb erhöht werden. Zudem sollte die Einführung eines systematischen Vertriebsprozesses zu einer deutlichen Belebung des Geschäfts führen. Und TQS sollte ein Monitoring mit Auswertungen sowohl der Ergebnisse als auch ihrer Ursachen ermöglichen.

Durchbruch im Vertrieb dank TQS

»All das ist eingetroffen«, freut sich Geschäftsführer Wollbrecht. *»Ohne TQS würden wir ein Jahr nach der Einführung nicht da stehen, wo wir heute sind. Unser Vertrieb wäre ganz klar nicht so weit entwickelt.«* Die Mitarbeiter sprächen nun eine einheitliche Sprache und verstünden sich in ihrer Arbeit deutlich besser. Durch die Systematik sei auch ein sachlicherer Umgang miteinander möglich; Vertrieb sei nicht länger eine »Bauchsache«. Das vorher eher ungeschulte und zu wenig strukturierte Team von Verkäufern, die ihre Kompetenz eigentlich auf technologischem Gebiet hätten, habe sich nun gut eingespielt. Jeder Einzelne komme mit der neuen Systematik nun wesentlich besser zurecht. Die Lust, weitere Routine und Erfahrung zu entwickeln, ist deutlich spürbar. Wollbrecht fasst zusammen: *»Insofern können wir von einem regelrechten Motivationsschub sprechen.«*

Darüber hinaus werde das besondere Geschäftsmodell, nicht möglichst viele, sondern qualitativ ergiebige Kunden zu gewinnen und zu pflegen, durch die neue Vertriebssystematik voll unterstützt. Denn durch TQS gebe es nun ein klares Verständnis dafür, welche Kunden tatsächlich für *ART* interessant sind. Das Unternehmen nutzt hierbei konsequent den *TQS-Navigator*.

Mit diesem Tool lassen sich zum Beispiel die Auslöser für Kundenanfragen ermitteln, die Chancen für eine Auftragserteilung einschätzen und eine Prognose des künftigen Auftragseingangs ableiten. *»Für uns genau das richtige Instrument zur Einschätzung der Ernsthaftigkeit und des Potenzials von Anfragen«*, zeigt sich Wollbrecht begeistert. *»Unsere Statistik ist durch TQS deutlich klarer und aussagefähiger geworden.«*

Dank des konsequenten Einsatzes von TQS geht das Hockenheimer Unternehmen nun auch mit großem Optimismus an eine ganz neue Vertriebsaufgabe. Mit E-Mobility-Ladestationen steigt *ART* in den Stromversorgungsmarkt für Elektrofahrzeuge ein. Unter dem Markennamen »CHARGESMART« werden Produkte zum Laden und Abrechnen für eine kundenorientierte Infrastruktur angeboten. Auch hier steht, wie bei »SYSMART«, aus Vertriebssicht das tiefe Verständnis für die Besonderheiten jedes Kunden im Vordergrund.

Seine Kompetenzen in der Elektrotechnik, Steuerungstechnik und dem Gehäusebau prädestinieren das Unternehmen für diesen Zukunftsmarkt. Anders als beim bisherigen Kerngeschäft wird es hier darum gehen, stärker in die Breite zu gehen. *»Die spannende Frage, wie dieses Produkt samt Dienstleistung zu verkaufen ist, wird mit TQS allerdings wesentlich leichter zu beantworten sein«*, erwartet Wollbrecht.

Den *ART*-Kunden ist der neu aufgestellte Vertrieb nicht verborgen geblieben. Zwar hat das Unternehmen in seinem Kundenmagazin offensiv kommuniziert, dass *ART* durch die Schulung der Mitarbeiter in TQS-Prozessen die Effizienz gesteigert hat. Doch sind viele schon durch die neue Herangehensweise aufmerksam geworden. Vom neu ausgerichteten Vertrieb, der ja Teil der umfangreichen Neuausrichtung des Unternehmens ist, sind sie positiv angetan. *»Der intensive Austausch und die Vielzahl der abgefragten Informationen kommen bei den Kunden und Interessenten sehr gut an«*, berichtet Wollbrecht. *»An diesem erfreulichen Feedback hat TQS einen großen Anteil.«* Das zeige, welch hohe Bedeutung der Vertrieb auch für ein Unternehmen hat, dessen Kerngeschäft die Aufträge mit Bestandskunden sind.

Das Fazit von Geschäftsführer Wollbrecht überrascht insofern nicht: *»TQS wird auch in Zukunft eine wichtige Grundlage für unseren Erfolg sein.«* Entscheidend sei eine hohe Kontinuität in der schon erreichten neuen Qualität der Vertriebsprozesse. Dies bedinge eine regelmäßige Qualifizierung der Mitarbeiter. *»Mit* Total Quality Selling *stehen wir aber auch da auf der richtigen Seite.«*

Schaa GmbH: »Ohne TQS wäre der Blindflug weitergegangen«

Ein Gespräch mit Christoph Schaa, Geschäftsführer der *Schaa GmbH*

■ *Herr Schaa, Ihr Unternehmen, das sich mit Digitaldruck beschäftigt, hat sich in der Vergangenheit sehr gut entwickelt. Dennoch haben Sie die Initiative ergriffen, TQS einzuführen. Was hat den Ausschlag dafür gegeben?*

Christoph Schaa: Unser Unternehmen ist seit nun 35 Jahren am Markt und hatte es in all den Jahren glücklicherweise kaum nötig, aktiv zu verkaufen. Das mag viele verwundern, aber es war einfach so, dass das Geschäft gut gelaufen ist und wir – zumindest vom Gefühl her – immer ausgelastet waren. Dann kam das konjunkturkritische Jahr 2009, in dem der Umsatz extrem zurückgegangen ist. Auch dank unserer neuen Vertriebsmethode TQS konnten wir das relativ schnell aufholen.

Ein Fundament für den Vertrieb schaffen

Die Konjunkturkrise war aber nicht der Auslöser, dass wir uns mit TQS beschäftigt haben. Als ich als Geschäftsführer in unseren Familienbetrieb eingestiegen bin, war es mir sehr wichtig, den Vertrieb auf eine fundierte Basis zu stellen. Auf die vielen erfolgreichen Jahre und darauf, dass das so weiter geht, wollte ich nicht vertrauen. Ein wichtiger Kunde von uns, der schon seit Jahren auf TQS schwört, hatte mich dann auf diese herausragende Methode gebracht.

■ *Was macht Ihr Unternehmen genau?*

Christoph Schaa: Wir sind spezialisiert auf großformatige Digitaldrucke, die zum Beispiel im Messebau und im Einzelhandel gefragt sind. Darüber hinaus fertigen wir Banner, Planen und Schilder für den Außenbereich an. Im Grunde übernehmen wir alles, was großformatig ist und niedrige Auflagen hat. Angefangen haben wir als Fotostudio und -labor. Schon damals haben wir sehr großformatige Aufnahmen gemacht. Dann sind wir mehr und mehr in den Messebau eingestiegen. Und 1990 kam die digitale Revolution, die unser Geschäft neu geprägt hat.

Während wir im Fotobereich mit direkten Kunden eher regional aktiv sind, bewegen wir uns im Messe-, Werbungs- und Promotionbereich auf bundesweiter Ebene. All das lief in der Vergangenheit auch recht gut. Mit einer professionellen Vertriebssystematisierung verspreche ich mir aber noch deutlich mehr.

■ *Wo sehen Sie in Ihrem Vertrieb die größten Herausforderungen?*

Christoph Schaa: Durch unsere langjährige Erfahrung und die zahlreichen Projekte, die wir durchgeführt haben, haben wir uns einen sehr guten Namen aufgebaut.

Christoph Schaa

Auch heute ist es noch so, dass viele Kunden immer wieder auf uns zukommen. Allerdings haben wir eine gewisse Abhängigkeit von Großkunden. Mit weniger als zehn Auftraggebern erwirtschaften wir etwa 50 bis 70 Prozent unseres Umsatzes. Insofern sehe ich in der Optimierung unserer Vertriebsaktivitäten die wesentliche Herausforderung. Ziel ist es, unser Geschäft durch die Gewinnung von Neukunden auf eine breitere Basis zu stellen.

Darüber hinaus ist mir das Controlling sehr wichtig. Zwar hatten wir auch früher einen Überblick, doch ist das durch TQS nun wesentlich systematischer. Heute wissen wir genau, wo wir in unserem Vertriebsprozess stehen. Diese Transparenz möchte ich noch weiter ausbauen und in der täglichen Arbeit nutzen.

Effektives Controlling

■ *Der Vertrieb hat nun also einen anderen Stellenwert in Ihrem Unternehmen eingenommen.*

Christoph Schaa: Absolut! Anders als früher messe ich dem Vertrieb eine überragende Bedeutung zu. Wir haben nun das Heft in der Hand und überlassen es nicht dem Zufall. Zudem haben wir durch TQS einen völlig neuen Vertriebsablauf. Wir schreiben nicht nur ein Angebot und warten dann ab, sondern bereiten es im Vorfeld intensiv vor, sprechen ausführlich mit dem Kunden und gehen dann auf seine Wünsche dezidiert ein. Und wenn dann das Angebot vorliegt, fassen wir es systematisch nach und behalten so ein Stück weit den Ball in der Hand.

Aktive Kundenakquise Auch warten wir nicht mehr wie früher ab, bis sich jemand bei uns meldet. Wir akquirieren jetzt aktiv, sprechen Unternehmen an, nutzen jeden möglichen Kontakt und sind ständig dabei, Neugeschäfte zu generieren. Kurzum, wir haben TQS zur Grundlage unserer Vertriebsarbeit gemacht und versuchen, die gesamte Klaviatur zu bespielen.

■ *Mit welchen Erwartungen haben Sie TQS eingeführt?*

Mehr Transparenz **Christoph Schaa:** Meine größte Erwartung an die neue Herangehensweise in unserem Vertrieb ist natürlich die Neukundengewinnung. Aber auch das Pflegen und Halten unserer Bestandskunden ist ein wichtiges Ziel. Dafür eignet sich TQS genauso wie für die Ansprache neuer Kontakte. Darüber hinaus erhoffe ich, mit dem Einsatz dieser Vertriebsmethode Umsätze zu generieren, die wir vorher nicht hatten. Mit anderen Worten will ich die Chancenausnutzung deutlich steigern. Eine weitere Motivation, TQS einzuführen, lag in der hohen Transparenz des Vertriebsprozesses und dem dadurch wesentlich besseren Controlling. Das Arbeiten mit Checklisten und Festhalten aller relevanten Informationen hilft ungemein, den Überblick zu behalten.

■ *Wie ist das bei Ihren Mitarbeitern angekommen, die im Verkauf tätig sind?*

Christoph Schaa: Unsere Bemühungen, den Vertrieb zu professionalisieren, und die Investition in Trainings und Coachings sind ausgesprochen positiv aufgenommen worden. All das wurde als persönliche Bereicherung und Mitarbeiterförderung wertgeschätzt. Meine Vertriebsmitarbeiter haben die Inputs von Profis regelrecht in sich aufgesogen und dadurch ihre Kenntnisse erheblich ausgebaut.

■ *Wie bewerten Sie die Fortschritte, die Sie durch die Einführung von TQS erzielt haben?*

Christoph Schaa: Ein Dreivierteljahr hat die Implementierungsphase in Anspruch genommen und seit Mitte 2009 arbeiten wir in vollem Umfang mit der TQS-Methode. Meine erste Bilanz kann ich mit einem Wort beschreiben: Ausgezeichnet! Aber ich möchte das schon etwas ausführlicher beschreiben. Die Neukundengewinnung läuft jetzt sehr gut und wird weiter aktiv betrieben. Auch konnten wir den Umsatz mit unseren Bestandskunden ausbauen. Wie viel Umsatz wir durch TQS mehr gemacht haben, kann ich schlecht quantifizieren. Denn das extrem problematische Krisenjahr 2009 und der dann glücklicherweise erfolgte Aufschwung haben natürlich auch einen wesentlichen Anteil an unserer Umsatzsteigerung in diesem Jahr. Fakt ist aber, dass wir unsere Großkundenabhängigkeit schon etwas reduzieren konnten.

Schaa-Firmengebäude

Ich kann also auf jeden Fall sagen, dass uns die Einführung von
TQS substanziell weitergebracht hat. Wir arbeiten heute nach
einem völlig neuen Prinzip. Unsere Angebote sehen ganz anders
aus, von der transparenten Aufmachung über die Aufzählung der
Vorteile für den Kunden bis hin zur Gestaltung. Wir gehen aktiv
auf neue Kontakte zu und sind im gesamten Vertriebsprozess sehr
engagiert. Das geht so weit, dass uns Kunden bereits darauf angesprochen haben.

■ *Wie war deren Reaktion?*

Christoph Schaa: Die Rückmeldungen waren sehr positiv. Da kam
schon die Frage, was sich bei uns verändert hat. Auch die Aufmachung unserer Angebote ist sehr gut angekommen. Dass wir jetzt
bereits vor dem Angebot intensiv mit unseren Kunden sprechen,
ist dort ebenfalls positiv aufgenommen worden. Wir helfen unseren Kunden damit bei der Entscheidungsfindung und das wird
von deren Seite goutiert. Alles in allem ist das schon mal sehr viel.

■ *Da erübrigt sich fast die Frage, ob Sie langfristig mit TQS arbeiten
und diese Methode auch in Zukunft die Grundlage Ihrer Vertriebsarbeit darstellt.*

Christoph Schaa: Es ist völlig klar, dass wir davon nicht mehr ab-
weichen. TQS ist für uns das Maß der Dinge. Wir sind in diesem
Bereich nun optimal aufgestellt und werden nicht nachlassen, mit
diesen Strukturen weiteres Wachstum zu erzeugen. Ich bin wirklich heilfroh, diesen Weg eingeschlagen und den Vertrieb zu neuem Leben erweckt zu haben. Dank unserer positiven Erfahrungen
werden wir nun auch die Vertriebskapazitäten weiter ausbauen.
Dabei ist klar, dass neue Mitarbeiter verpflichtet werden, nach
unserer neuen Systematik zu arbeiten.

Hätten wir TQS nicht eingeführt, so wäre der Blindflug weiter-
gegangen. Denn dann hätte ich nicht die notwendige Kontrolle
und könnte auch nicht seriös planen. So aber nutzen wir den
ausgelösten Motivationsschub und setzen diese Energie in die
Verfolgung unserer Ziele um. Dazu gehört auch, dass wir Stamm-

kunden gewinnen wollen, die uns lange die Treue halten. Das ist uns noch wichtiger, als den schnellen Umsatz zu machen. Aber auch das ist ja ein wichtiger Grundsatz bei TQS: Dem Kunden das zu verkaufen, was er wirklich braucht, und nicht Umsatz um jeden Preis zu erzielen. Unsere bisherige Erfahrung zeigt uns, dass wir da auf einem guten Weg sind.

MVC Mobile VideoCommunication GmbH: Eine völlig neue Situation des Verkaufens

Mehr Motivation durch TQS

»*Dank TQS habe ich einen regelrechten Motivationsschub erfahren*«, zeigt sich Oliver Guth, regionaler Vertriebsleiter bei *MVC Mobile VideoCommunication*, überzeugt. »*Ich bin heute viel dichter an meinen Kunden dran und zu deren Partner auf Augenhöhe geworden. Das ist eine völlig neue Situation des Verkaufens.*« Guth arbeitet seit 13 Jahren bei *MVC*, einem der führenden Systemhäuser für Videokonferenztechnik in Europa.

Das 1994 gegründete Unternehmen mit Firmensitz in Frankfurt am Main und Niederlassungen in Berlin, München, Peking und Boston ist mit dem Fortschritt dieser Technologie gewachsen. Während es in den ersten Jahren noch eine Reihe von technischen Hindernissen gab, gilt die Videokonferenztechnik seit einigen Jahren als ausgereift und bietet Geschäftsqualität. Ein direkter Bildaufbau sorgt heute für beste Bild- und Tonqualität, eine Full-HD-Auflösung für einen plastischen und räumlichen Eindruck. Die Technik ist inzwischen so weit vorangeschritten, dass die Teilnehmer einer Videokonferenz den Eindruck haben, als fände das Meeting »real« in einem Raum statt.

Nach einer von *MVC* in Auftrag gegebenen Studie über das Nutzungsverhalten sehen 88 Prozent der befragten Unternehmen die Senkung von Reisekosten für Flüge, Bahnfahrten, Taxis, Mietwagen und Hotels als Motivation, regelmäßig Videokonferenzen abzuhalten. Die schnelle Amortisation ist für *MVC* denn auch eines der wichtigsten Verkaufsargumente. »*Bereits nach acht bis neun Monaten hat sich die Anschaffung einer Videokonferenzanlage in der Regel ausgezahlt*«, rechnet Dr. Sven Damberger, geschäftsführender Gesellschafter von *MVC*, vor. »*Rechnet man die eingesparte Zeit hinzu, die bei Geschäftsreisen mitunter erheblich ist, amortisiert sich die Investition häufig schon nach vier bis fünf Monaten.*«

Darüber hinaus weist *MVC* auf eine bei Videokonferenzen erhöhte Produktivität hin, da der Informationsaustausch konzentrierter und schneller als bei herkömmlichen Meetings sei. Auch lasse sich die Umwelt durch weniger Reisen und die damit verbundene Reduzierung von CO_2 schonen. »*Gleichwohl befinden wir uns noch immer an einer Schwelle, an der wir viele von den Vorteilen überzeugen müssen*«, betont Damberger. Während große Konzerne – *MVC* arbeitet für gut ein Drittel der DAX30-Unternehmen – bereits zu den klassischen Anwendern der ideokonferenztechnologie zählen, hätten einige große und viele mittelständische Unternehmen die Vorteile noch nicht für sich erkannt.

Dr. Sven Damberger

Trotz der rasanten Entwicklung des Marktes und hoher Umsatzzuwächse sieht *MVC*, als Systemhaus und damit klassische Vertriebs- und Serviceorganisation für die weltweit führenden Hersteller »*Tandberg, now part of Cisco*«, *Polycom*, *LifeSize* und *Microsoft* aktiv, enorme noch zu erschließende Marktpotenziale. »*Dem Vertrieb kommt in unserem Unternehmen also eine herausragende Bedeutung zu*«, beschreibt Damberger die Kernaufgabe.

Mehr Struktur und Organisation

Bis 2008 habe man zwar mit dem Verkauf der Produkte und Dienstleistungen beachtliche Wachstumsraten erzielt. »*Doch gab es keinen durchstrukturierten Vertriebsprozess, an dem wir uns orientiert haben*«, schildert Damberger die frühere Situation. Dann las er in der *Frankfurter Allgemeinen Zeitung* und dem Wirtschaftsmagazin *impulse* von *Total Quality Selling*, der bislang einzigen Vertriebsmethode, die alle entscheidenden Stufen des Vertriebsprozesses betrachtet – vom Eingang einer Anfrage oder dem ersten Akquisitionskontakt über die Erarbeitung eines Angebots, dessen Ausgestaltung und Nachverfolgung bis hin zum Verkaufsabschluss.

Deutliche Umsatzsteigerung dank Vertriebsoptimierung

Expansion durch TQS

Schnell wurde Damberger klar, dass mit einer Optimierung des gesamten Vertriebs deutliche Umsatzsteigerungen möglich sind. Genau zum richtigen Zeitpunkt, denn *MVC* war gerade dabei zu expandieren und Personal aufzubauen. *»Uns ging es dabei nicht nur um den Aufbau neuer Vertriebskapazitäten, sondern vor allem um eine Steigerung der Vertriebseffizienz«*, erläutert Damberger den damals eingeleiteten Wandel. Da die Einarbeitung neuer Verkäufer bis dahin nur zum Teil von Erfolg gekrönt war, nahm der *MVC*-Chef die Struktur seines Vertriebs ins Visier.

Hierbei öffnete ihm TQS die Augen. Mit der Professionalisierung des Vertriebsprozesses sollte es gelingen, das Level anzuheben, mehr Effizienz zu gewinnen und neue sowie bestehende Mitarbeiter nachvollziehbar in die Vertriebsaktivitäten einzubinden.

Das von TQS aufgezeigte Spektrum wirkte auf Damberger ermutigend: *»Kundenorientierte Angebote zum Beispiel, die unser Vertrieb besser und offensiver nachverfolgt, sollten die Erfolgsquote erhöhen und damit vorhandene Vertriebspotenziale freisetzen.«*

Es folgten Beratungen, Analysen, Seminare und Coachings mit den TQS-Spezialisten der *Deutschen Vertriebsberatung*, die zu vielfältigen Optimierungen führten und für die Mitarbeiter konkrete Hilfestellungen boten, sei es durch die Ausarbeitung von Gesprächsleitfäden, das Üben von Verkaufsgesprächen oder das Verhalten bei Preisverhandlungen. Vor allem aber lernten die *MVC*-Vertriebsmitarbeiter die für den erfolgreichen Vertriebsprozess entscheidenden Faktoren kennen.

Konzentration auf die Vorangebotsphase

Eine neue Bedeutung erhielt etwa die Vorangebotsphase, also die Zeit zwischen dem ersten Kontakt und der Angebotserstellung. Denn nur Verkäufer, die diese intensiv nutzen, um die Bedürfnisse ihrer Kunden genau kennenzulernen, können auch in ihren Angeboten dezidiert darauf eingehen. Auch die Verfolgung offener Angebote wurde aufgewertet, denn mit deren Abgabe ist die Arbeit des Verkäufers bei Weitem nicht erledigt. Hier gilt es, mit

Videokonferenz

Augenmaß dem Kunden bei seiner Entscheidung beratend zur Seite zu stehen, ohne ihn dabei zu bedrängen.

Die Beachtung solch wichtiger Punkte, aber auch zahlreiche Verbesserungen in der täglichen Verkaufsarbeit und die Ausarbeitungen von individualisierten Checklisten sorgten für umfangreiche Veränderungen, genauso wie ein nun konsequent eingesetztes Vertriebscontrolling. Die Verwendung der über Jahre von der *Deutschen Vertriebsberatung* entwickelten und verfeinerten TQS-Tools half zudem sowohl den Verkäufern als auch der Geschäftsführung, den Vertriebsprozess transparent zu machen.

Besseres Controlling durch TQS-Tools

»Mit Erfolg«, stellt Damberger fest. *»Allein durch die Einführung von TQS ist unser Umsatz um mindestens zehn Prozent gestiegen!«* Sicher gebe es eine Reihe weiterer Faktoren, wie zum Beispiel die gestiegene technologische Performance der Produkte und das zunehmende Interesse der Kunden, um mit dem Einsatz der Videokonferenztechnologie Zeit und Kosten zu sparen oder gerade in Konjunkturkrisen jede Einsparmöglichkeit zu nutzen. *»Aber ohne TQS wäre unser Wachstum in den letzten zwei Jahren deutlich geringer ausgefallen«*, ist sich Damberger sicher.

Allerdings war der Weg zu diesem Erfolg nicht gerade einfach. Einzelne Mitarbeiter zeigten sich dem neuen Weg gegenüber zu-

Einwände entkräften

nächst skeptisch, betrachteten zum Beispiel die Checklisten, die ihnen helfen sollten, als Formalismus. Andere, die gut mit dem nun installierten Prozess zurechtkamen, verzeichneten deutliche Erfolge und zogen den einen oder anderen Kollegen mit. *»Ein Stück weit trennte sich hier die Spreu vom Weizen«*, blickt Damberger auf die Phase der TQS-Einführung zurück. Als Konsequenz der Neuausrichtung des Vertriebs ließ sich der eine oder andere Personalwechsel nicht vermeiden.

Trotz der dadurch vorübergehend um 30 Prozent reduzierten Vertriebskapazität blieb der Umsatz in dieser Phase konstant. *»Auch das war ein Signal, dass wir mit TQS auf dem richtigen Weg waren«*, sagt Damberger. Inzwischen hat das Unternehmen seinen Vertrieb deutlich ausgebaut. Zehn Mitarbeiter arbeiten im Außen- und sieben im Innendienst. Damit sind 40 Prozent aller *MVC*-Mitarbeiter mit Vertriebsaufgaben betraut. Die Umsetzung der TQS-Methode als Grundlage für den Verkaufserfolg findet ihre breite Akzeptanz.

Ein besseres Standing und mehr Effizienz für Verkäufer

Mehr Sicherheit beim Kundenkontakt

»Ich habe im Kundenkontakt eine deutlich höhere Sicherheit bekommen«, bestätigt Regionalvertriebsleiter Guth die eingetretene Veränderung. *»Was ich vorher nur intuitiv gemacht habe, wurde entweder professionell untermauert oder, wenn es nicht so gut war, angepasst und korrigiert.«* Hatte er sich zu Beginn noch sehr stark an den erarbeiteten Checklisten und Gesprächsleitfäden orientiert, so sei ihm das inzwischen längst *»in Fleisch und Blut übergegangen.«*

Nach seinen Gesprächen mit Bestandskunden oder neuen Kontakten wisse er durch die strukturierte Gesprächsführung nun genau, wo deren konkreter Bedarf liegt. Guth kann so in seinen Angeboten genau darauf eingehen und die Vorzüge einer Zusammenarbeit mit *MVC* deutlich machen. *»Wenn ich dem Kunden den Nutzen ganz klar aufzeige und nicht das Ziel habe, ihm etwas zu verkaufen, was er gar nicht braucht«*, erklärt Guth, *»dann ist das eine exzellente Basis.«* Selbst Preisargumente seien dann häufig nicht mehr entscheidend.

Seine Bilanz ist eindeutig positiv: *»Mein Umsatz ist durch die Anwendung von TQS merklich gestiegen. Und der Zeitraum vom Erstkontakt bis zum Auftrag ist deutlich kürzer geworden.«* Wegen der systematischen Erfassung der erforderlichen Informationen und der Möglichkeit, im Angebot darauf einzugehen, verkaufe er heute nicht nur mehr, sondern auch schneller.

Steigende Umsätze

Der intensivierte Dialog mit den Kunden, ein entscheidendes TQS-Kriterium, hat für Guth darüber hinaus zu einem grundsätzlich besseren Standing geführt: *»Ich fühle mich heute nicht mehr als Bittsteller oder mitunter als lästiger Nachfrager, sondern als Geschäftspartner meiner Kunden, denen ich mit Lösungen helfe, die genau auf sie zugeschnitten sind.«* Genauso wie dies geschätzt wird, erfährt auch die neue Vertriebsausrichtung eine erfreuliche Akzeptanz. Einige Kunden heben darüber hinaus die bessere Lesbarkeit der Angebote hervor, die früher zu techniklastig geschrieben waren. Heute legt der *MVC*-Vertrieb darauf Wert, dass sie auch für Entscheidungsträger verständlicher sind, die nicht mit den technischen Einzelheiten vertraut sind. Auch fällt vielen positiv auf, wie ausführlich die *MVC*-Mitarbeiter vor der Abgabe eines Angebots fragen. *»Und diejenigen, die sich durch meine Fragen eher genervt fühlen, meinen es ohnehin häufig nicht ernst«*, betont Guth. *»Insofern ist dies auch ein Indikator für die Ernsthaftigkeit einer Anfrage.«*

Partnerschaftliche Zusammenarbeit mit den Kunden

Die größere Nähe zum Kunden in jeder Phase des Vertriebs hat Damberger zufolge neben der konsequenten Berücksichtigung aller TQS-Module zu einem insgesamt höheren Level im Vertrieb seines Unternehmens geführt: *»Die Top-Verkäufer haben jetzt sicher noch mehr Erfolg, aber auch die anderen Mitarbeiter erzielen nun deutlicher höhere Umsätze.«* Eine größere Bestätigung, auf die richtige Vertriebsmethode zu setzen, kann es für den *MVC*-Chef nicht geben: *»TQS ist keine kurzfristige Aktion, sondern die dauerhafte Grundlage für unseren Vertriebsprozess, den wir auch in Zukunft konsequent danach ausrichten.«*

Tirolia Spedition GmbH: »In jeder Phase des Vertriebs- prozesses wollen wir uns vom Wettbewerb abheben«

■ *Herr Lukasser, Sie sind mit Ihrer Spedition in Österreich auf einem extrem umkämpften Markt aktiv. Wie versuchen Sie sich abzu- heben?*

Michael Lukasser: Es gibt sicher zahlreiche Transportunternehmen auf unserem Markt. Die Leistungen sind zudem recht vergleich- bar. Dennoch sind wir guten Mutes, uns vom Wettbewerb abzu- heben. Durch absolute Zuverlässigkeit, sehr individuelle Kunden- betreuung und durch Schnelligkeit. Wir legen enormen Wert auf die Ausbildung unserer Mitarbeiter und auf deren Kompetenz. Ganz entscheidend dabei ist für uns, dass wir unseren Mitarbei- tern absolut vertrauen und ihnen eine hohe Entscheidungskom- petenz zubilligen.

Darüber hinaus haben wir uns seit zwei Jahren für eine Vertriebs- methode entschieden, die für uns das Nonplusultra ist. Wir sind überzeugt, mit *Total Quality Selling* einen Vertriebsvorsprung zu haben, den uns so schnell keiner streitig macht.

■ *Was war ausschlaggebend für Sie, diesen Bereich in Ihrem Unter- nehmen zu optimieren und auf Basis dieser Vertriebsmethode zu strukturieren?*

Ziel: Qualitäts- steigerung

Michael Lukasser: Im Grunde ist das Teil unserer Philosophie. Wir haben schon länger ein Leitbild definiert, das helfen soll, unseren permanenten Drang zur Qualitätssteigerung umzusetzen. Obers- tes Ziel ist es für uns, ein hohes Niveau und unseren guten Ruf als Spezialist im Transportgewerbe zu halten. Der Vertrieb hat bei *Ti- rolia* eine enorm hohe Bedeutung. Das sieht man schon daran, dass 90 Prozent unserer Mitarbeiter mit vertrieblichen Aufgaben betraut sind. Von daher lag es nahe, hier für optimale Bedin- gungen zu sorgen. Als ich dann TQS kennenlernte, war mir schnell klar, dass diese Methode ausgezeichnet zu uns passt. Die Herangehensweise, den Vertriebsprozess nachvollziehbar zu ma- chen, hat optimal mit unserem Verständnis korrespondiert.

■ *Was hat sich in Ihrem Vertrieb*
durch TQS verändert?

Michael Lukasser: Die Betreuung
der Kunden hat jetzt eine ganz
andere Qualität. Vom Eingang
der Anfrage bis zum Auftrag und
dessen Durchführung konzentrieren wir uns verstärkt darauf,
das Kundenbedürfnis bestmög-
lich zu befriedigen. Das haben
wir zwar auch schon vorher getan, aber dank TQS achten wir
auf viele weitere Punkte und
Besonderheiten. In jeder Phase
des Vertriebsprozesses wollen
wir uns damit vom Wettbewerb
abheben.

Michael Lukasser

■ *Konnten Sie damit auch konjunkturbedingte Schwankungen*
ausgleichen?

Michael Lukasser: Zum Glück konnten wir uns auch im konjunktu-
rell sehr schwierigen Jahr gut behaupten. Das liegt sicher auch an
unserem Vertriebskonzept, Transportgüter möglichst kostengüns-
tig von einem Ort zum anderen zu bringen, und an unserer Ser-
vicequalität. Bestimmt aber hat auch TQS dazu beigetragen, dass
wir unsere Kunden motivieren konnten, uns auch in kritischen
Zeiten zu beauftragen.

■ *Woran können Sie das festmachen?*

Michael Lukasser: Ich sehe das an unserer Ertragsverbesserung. Sicher muss man da verschiedene Einflussgrößen berücksichtigen.
Aber ich erkenne sehr genau den Unterschied zu der Phase, in der
wir noch nicht nach TQS gearbeitet haben. An der insgesamt zu
verzeichnenden Verbesserung hat TQS sicherlich einen guten Anteil. Das hängt gewiss auch damit zusammen, dass so gut wie alle

**Verbesserung der
Umsetzungsquote**

unserer Mitarbeiter davon angetan waren und die neue Arbeitsweise schnell akzeptiert haben. Die Umsetzungsquote ist enorm hoch.

■ *Lassen sich die durch TQS erzielten Verbesserungen quantifizieren?*

Michael Lukasser: Das ist wegen der vielen Einflussfaktoren so dezidiert nicht auszumachen. Im Ergebnis kann ich aber auf jeden Fall ablesen, dass die Abschlussquote höher ist als früher. Insgesamt verzeichne ich durch die optimierte Kundenbehandlung eine deutliche Qualitätssteigerung, die zu einem Umsatz- und Gewinnzuwachs geführt hat. Auch wenn ich das in Zahlen nicht ausdrücken kann, so weiß ich, dass wir ohne TQS heute nicht da stehen würden, wo wir sind. Dank dieser Methode haben wir es geschafft, unsere Betriebsabläufe mit einem Maximum an individueller Ausrichtung auf die Wünsche und Prioritäten unserer Kunden auszubauen.

■ *Wie sieht denn der neue Prozess konkret aus?*

Aktivere Kundenbetreuung

Michael Lukasser: Das fängt beim Erstkontakt an, ob bei einer Anfrage oder einem aktiv generierten Akquisitionskontakt. Unsere Mitarbeiter fragen dann sehr genau nach der gewünschten Aufgabe und richten danach gezielt ihr Angebot aus. Natürlich haben wir auch vor TQS intensiv gefragt, aber heute tun wir das deutlich strukturierter. Anhand von ausgearbeiteten Gesprächsleitfäden stellen wir sicher, dass in jedem Kundengespräch an alle Einzelheiten gedacht wird. Mit der Abgabe des Angebots geben unsere Mitarbeiter sich aber nicht zufrieden. Sie gehen erneut auf den Kunden zu und fassen dieses nach – professionell nach TQS-Vorgaben. Insofern hat TQS dazu geführt, dass wir unseren Vertriebsprozess vom Erstkontakt bis zum Abschluss sehr aktiv verfolgen.

■ *Ihre Mitarbeiter kommen mit TQS also besser zurecht als vorher.*

Michael Lukasser: Das kann ich ohne Einschränkung so sagen. Sie berichten von einer Steigerung der Aufträge und bestätigen mir, dass sie durch das gezielte Nachfassen einen größeren Erfolg haben. Auch heben sie die nun intensiver und strukturierter geführten Vorangebotsgespräche hervor. Gerade bei Neukunden und Erstkontakten sei dies eine tolle Unterstützung. Die Gesprächsleitfäden und Checklisten, die sie gemeinsam mit den TQS-Spezialisten ausgearbeitet haben, geben ihnen im gesamten Vertriebsprozess deutlich mehr Sicherheit.

■ *Positives Feedback haben Sie auch von Ihren Kunden bekommen.*

Michael Lukasser: Wir haben zwar nicht offensiv kommuniziert, dass wir unseren Vertrieb nach der TQS-Methode strukturiert und optimiert haben, aber unsere neue Herangehensweise ist unseren Kunden und gerade denen, die uns schon länger kennen, sicher nicht verborgen geblieben. In der von uns regelmäßig durchgeführten Kundenzufriedenheitsanalyse können wir allerdings eine deutliche positive Tendenz ausmachen. Im Vergleich zu früheren Werten sehen wir hier sehr genau, dass das auch auf unsere TQS-Arbeitsmethoden zurückzuführen ist, mit denen wir unseren Kunden im Übrigen ja auch helfen, deren Kunden wiederum optimal zu bedienen.

Mehr Kundenzufriedenheit

Firmensitz

■ *Eine übergreifende Wirkung von TQS?*

Michael Lukasser: Ja genau. Nehmen Sie zum Beispiel ein produzierendes Unternehmen, für das wir die Transporte abwickeln. Durch eine pünktliche und zuverlässige Abwicklung, die ja für die Produktion mitunter »just in time« erfolgen muss, helfen wir unserem Kunden, seinerseits beste Leistungen anzubieten und seine Kunden wiederum zufriedenzustellen. Das gilt dann sowohl für Transporte zu ihm als auch von dort zu dessen Abnehmern.

■ *Ist ihr Vertriebsprozess damit hinreichend optimiert oder arbeiten Sie weiter daran?*

Michael Lukasser: Wir sind nach zwei Jahren TQS auf jeden Fall auf einem sehr guten Stand. Unsere Mitarbeiter haben ausgesprochen gute Erfahrungen gemacht. Auch die Einarbeitung neuer Kollegen verläuft nun deutlich effizienter. Aber es würde nicht zu unserer Philosophie passen, wenn wir uns mit dem Erreichten zufriedengeben würden. Insbesondere werden wir unsere Akquisitionsaktivitäten weiter forcieren. Damit wollen wir neben der besseren Ausschöpfung bestehender Kontakte mit Hochdruck neue Kunden gewinnen. Ich bin fest davon überzeugt, dass das mit TQS möglich sein wird.

dhp:i – Dr. Hesse und Partner Ingenieure: Aktiver und systematischer Vertrieb als Wettbewerbsvorteil

Noch steht das wenig ansehnliche Bauwerk des ehemaligen Flakbunkers in Hamburg-Wilhelmsburg da wie seit mehr als 60 Jahren. Nach dem Krieg durch Sprengungen im Inneren von der britischen Armee zerstört, hat es seitdem keinerlei Funktion. Das aber soll sich nun ändern. Die Internationale Bauausstellung *IBA Hamburg* plant, den Flakbunker zu Europas größter Solaranlage mit Wärmespeicher und integriertem Blockheizkraftwerk umzubauen. Auch sollen Teile des Gebäudes für kulturelle Einrichtungen und Veranstaltungen sowie dessen Dachflächen für ein Panorama-Café genutzt werden. Eine bauliche Herausforderung, denn durch die Zerstörungen ist der Innenbereich teilweise einsturzgefährdet und die für die Bauplanung erforderlichen Vermessungen waren nur sehr begrenzt möglich.

Hilfe konnte dabei das noch junge Hamburger Unternehmen *dhp:i* leisten. Das Kürzel steht für *Dr. Hesse und Partner Ingenieure*, ein Unternehmen, das sich auf Vermessungen im Bau- und Architekturwesen konzentriert. Im Mittelpunkt dabei steht die hochinnovative Vermessungsmethode mit dem 3D-Laserscanner, die *dhp:i* als einer von nur ganz wenigen Anbietern beherrscht. Über einen rotierenden Laser erfasst ein Scanner 500 000 Messpunkte in der Sekunde. *dhp:i* entwickelt auf Basis der Daten ein dreidimensionales Computermodell, das exakte Vermessungsinformationen bietet. Selbst in dem innen zerstörten Bunker gelingt es damit, die Gesamtfläche exakt zu vermessen und damit vollständige Pläne anzufertigen. Herkömmliche Vermessungen hätten hingegen wegen der Einsturzgefahr nur punktuell durchgeführt werden können.

»Auch wenn wir wegen unseres Know-hows für diesen spannenden Auftrag prädestiniert sind, hätten wir diesen ohne unser neues Vertriebskonzept nicht bekommen«, erklärt *dhp:i*-Chef Dr. Christian Hesse, der das 3D-Laserscanning auf wissenschaftlicher Seite maßgeblich geprägt hat. *»Das aktive Verkaufen ist noch neu für uns und in unserer Branche nicht unbedingt üblich.«* Denn das traditionelle Vermes-

Lukrative Aufträge durch TQS

sungswesen ist mit hoheitlichen Aufgaben betraut. So wie auch das *dhp:i*-Partnerunternehmen *Hesse Vermessungsbüro* in Buxtehude, das von Bernd Hesse geführt wird, dem dienstältesten Landvermesser und öffentlich bestellten Vermessungsingenieur in Niedersachsen und Vater von *dhp:i*-Chef Dr. Christian Hesse.

Mit der Gründung von *dhp:i* im Jahr 2008 war klar, dass dem Vertrieb eine völlig andere Bedeutung zukommen muss. Denn *dhp:i* hat sich auf die Bau-, Architektur- und Industrievermessung spezialisiert. *»Und hier muss jeder einzelne Auftrag gewonnen werden«*, betont Christian Hesse. *»Zu Anfang war das für uns ein ungewohntes Terrain, genauso wie das für den überwiegenden Teil der Branche heute noch so ist.«* Da noch immer die meisten Wettbewerber ihre Dienstleistungen nicht aktiv verkaufen, sah Hesse die Chance, sich auch dadurch von der Konkurrenz abzuheben.

Mit TQS Kompetenzen erwerben Schnell erkannte er mit seinem Team jedoch, dass das nicht so leicht ist. *»Unsere Kernkompetenz ist ja die Technik und nicht der Vertrieb«*, erläutert Hesse die damaligen Schwierigkeiten. *»Wir waren ausgesprochen unsicher, wie man an potenzielle Kunden überhaupt rangeht.«* Hesse zögerte nicht lange und suchte nach professioneller Unterstützung. Er fand sie in der TQS-Methode, die ihn sofort überzeugte.

Die Systematisierung des Vertriebsprozesses, zu dem ein ausgefeiltes Akquisitions- und Anfragemanagement genauso gehören wie eine professionelle Angebotsgestaltung und ein stringentes Angebotsverfolgungsmanagement, zeigten bei *dhp:i* schnell Wirkung. *»Den IBA-Auftrag im Wilhelmsburger Flakbunker hätten wir sonst nie gewonnen«*, betont Hesse. *dhp:i* war zuvor von sich aus auf die IBA zugegangen und hatte dort das Leistungsspektrum und die Arbeit mit dem 3D-Laserscanner grundsätzlich präsentiert. Dort kannte man diese Technologie noch gar nicht. *»So haben wir dieses Referenzprojekt aus eigenem Antrieb heraus gewonnen«*, freut sich Hesse. *»Die IBA ist begeistert und von anderen am Bau beteiligten Firmen haben wir Folgeaufträge erhalten.«*

Fast verlorene Aufträge drehen

Seine zu Beginn der TQS-Einführung gehegten Erwartungen haben sich voll und ganz erfüllt. Klare Strukturen und Handlungsanweisungen für eine professionelle Vertriebstätigkeit, Sicherheit beim Verkauf sowie transparent aufgemachte Angebote, die den Kundennutzen ganz klar hervorheben, sind heute feste Bestandteile bei *dhp:i*. Vor allem hat die neue Vorgehensweise eines bewirkt: eine deutliche Steigerung des Umsatzes. »*Selbst schon fast verlorene Aufträge konnten wir wieder drehen und für uns gewinnen*«, hebt Hesse hervor.

Dr. Christian Hesse

Das alles habe die Mitarbeiter förmlich mitgerissen. Der *dhp:i*-Chef konnte geradezu täglich beobachten, dass seine mit Vertriebsaufgaben betrauten Kollegen sich leichter taten und dabei an Selbstvertrauen gewannen. »*Mit TQS ist das Verkaufen ein riesengroßer Unterschied*«, bestätigt Markus Ehm, Bereichsleiter 3D-Messtechnik bei *dhp:i*. Im Vergleich zu einer seiner früheren Firmen, in der ein zwar größeres Vertriebsteam aktiv, der Vertriebsprozess aber nicht optimiert war, sei nun alles anders.

»*TQS gibt mir Sicherheit in meiner täglichen Arbeit und sorgt regelmäßig für Erfolgserlebnisse.*« So bekommt Ehm direkte Feedbacks seiner Kunden, die die Klarheit und Verständlichkeit der Angebote hervorheben. Nicht selten höre er, es seien alle Fragen bereits beantwortet. Selbst bei der Nachverfolgung wird Ehm nun – anders als in seiner früheren Vertriebstätigkeit – eher als jemand gesehen, der eine hilfreiche Lösung anbietet. »*Da macht es sogar Spaß, bei noch offenen Angeboten nachzuhaken*«, so Ehm.

Weiterer Ausbau des Wettbewerbsvorsprungs mit TQS

Bessere Wett-bewerbschancen

Schon heute hat Hesse zufolge der hohe Stellenwert des Vertriebs *dhp:i* einen deutlichen Wettbewerbsvorsprung eingebracht. Gerade weil es zum Teil schon mit einfachen Vertriebsaktivitäten gelinge, sich vom Markt abzuheben, wolle *dhp:i* seine Position in der Branche weiter ausbauen. Im Mittelpunkt steht eine noch weitergehende Systematisierung des Vertriebsprozesses.

Das Unternehmen nutzt inzwischen die meisten der TQS-Tools. So legt *dhp:i* sehr starken Wert auf das Akquisitionsmanagement. Mit intensivem Telefonmarketing kontaktiert das Team um Hesse interessante Auftraggeber. Diesen werden Anwendungsmöglichkeiten und Vorzüge des 3D-Laserscannings offensiv aufgezeigt. Die Quote der daraufhin vereinbarten Termine sei beachtlich. Mögliche Referenzprojekte, die für weitere Akquisitionsaktivitäten attraktiv sind, stehen dabei im Fokus.

Seute Deern-Laserscan

Noch bevor *dhp:i* aber ein Angebot für eine mögliche Zusammenarbeit in Worte und Zahlen fasst, fragen die Mitarbeiter nach allen Einzelheiten, den genauen Zielen und Präferenzen. *»Für die*

Qualität eines Angebots ist das ausgesprochen wichtig«, betont Hesse.
»Früher haben wir das nicht so gemacht und dadurch zum Teil die nicht optimale Leistung angeboten.«

Kommt es dann zu einem Angebot, so zeigt *dhp:i* verschiedene Alternativen auf und hebt den jeweiligen Nutzen klar hervor. Schon heute habe sich die Relation von Angeboten und Aufträgen deutlich verbessert. Und auch bei Nachverhandlungen ist der Schnitt nun ein ganz anderer. *»Während wir früher eine Absage als das Ende der Verhandlung betrachtet haben«*, erklärt Hesse, *»so halten wir uns heute an den TQS-Ansatz, dass der Auftrag auch bei einer Absage noch zu 70 Prozent offen ist.«*

Kundennutzen hervorheben

Auch mit dem TQS-Tool Medienmarketing hat *dhp:i* bereits Erfolge verzeichnet. *»Wenn wir ein für uns interessantes Unternehmen anschreiben, von dem wir in der Presse gelesen haben und uns darauf beziehen, dann ist die erste Hürde häufig schon genommen«*, schildert Hesse die Vorgehensweise. Natürlich gelte es dann, seine Leistungen und wenn möglich Alleinstellungsmerkmale wirkungsvoll einfließen zu lassen.

Erfolg durch Medienmarketing

Seine positive Zwischenbilanz nach zwei Jahren TQS ermuntert Hesse, die dadurch erzielten Vorteile gegenüber dem Wettbewerb noch weiter auszubauen. Der nächste Schritt für *dhp:i* ist die Vernetzung von TQS mit einem CRM-System. Dieses werde nach den TQS-Vorgaben und -Checklisten aufgebaut. Damit könne jeder Mitarbeiter noch leichter nachvollziehen, wo das Unternehmen im jeweiligen Verkaufsprozess steht. Da bei *dhp:i* vom ersten Akquisitionskontakt über ein Demoprojekt und die Angebotsphase bis hin zur Beauftragung mitunter auch mal ein bis eineinhalb Jahre vergehen können, ist das für Hesse eine wichtige Unterstützung: *»Bei uns soll jeder Mitarbeiter zu jeder Zeit auf dem aktuellen Stand sein.«*

Diese Transparenz sei nicht nur wichtig für den gesamten Vertriebserfolg, sondern sie sei zugleich ein Motivationsinstrument. *»Mit anderen Worten«*, zieht Hesse einen Vergleich, *»sieht man mit TQS nicht die Wand, sondern findet die Tür darin zum Durchschreiten.«*

Transparenz motiviert

Zudem werde für alle deutlich, dass der Verkauf der Vermessungs-dienstleistungen mindestens genauso wichtig ist, wie der Einsatz neuester Technologie und die Entwicklung passender Software. *»Denn wenn es uns letztlich nicht gelingt, damit Geschäfte zu generie-ren«,* so Hesse, *»haben wir unser Unternehmensziel verfehlt.«* Inso-fern sieht er die konsequente Vertriebssystematisierung nach TQS auch in Zukunft fest verankert. Die Ausschöpfung neuer Umsatz-potenziale sei schließlich Grundlage für das weitere Unterneh-menswachstum.

ABB Automation GmbH: »Ziel ist, dass sich der Kunde in unserem Angebot wiederfindet«

Ein Gespräch mit Reiner Kuhnen, Leiter Operations CGA & Process Optimization bei der *ABB Automation GmbH*, Analytical Sales & Operations

■ *Herr Kuhnen, seit dem Frühjahr 2010 haben Sie in Ihrem Unternehmen TQS auf breiter Basis eingeführt. Was hat Sie zu diesem Schritt bewogen?*

Reiner Kuhnen: Ich kenne einzelne Bausteine der TQS-Methode schon seit ein paar Jahren. Damals habe ich ein Seminar zum Thema »Angebotsgestaltung« besucht. Dabei wurde mir deutlich, dass unsere sehr technisch orientierten Vertriebsmitarbeiter in ihren Angeboten zwar alle Details berücksichtigen, aber zu wenig auf Aufmachung, Gestaltung, mitunter Verständlichkeit geachtet haben. Insofern war es zunächst mein Ziel, hier etwas zu verändern.

Mit der Zeit wurde mir aber klar, dass es bei TQS um noch weit mehr geht. Ich erkannte die Potenziale einer Vertriebssystematisierung und habe die TQS-Methode dann im Frühjahr 2010 vollständig implementiert. Ich bin überzeugt, dass wir damit einen super Ansatz verfolgen.

Systematisierung des Vertriebs

■ *Bevor wir näher darauf eingehen, schildern Sie uns bitte, was der von Ihnen vertretene ABB-Bereich genau anbietet.*

Reiner Kuhnen: Im Geschäftsfeld Industrieautomation sind wir für die gesamte Analysentechnik zuständig. Unsere Produkte, Systeme und Komplettlösungen werden bei Emissionsmessungen eingesetzt. So geht es zum Beispiel um die Messung von Schadstoffen in Müllverbrennungsanlagen, aber auch in der Chemischen Industrie oder in Raffinerien. Dort arbeiten wir an der Prozessoptimierung. Wir vertreiben also ein großes Portfolio im Bereich der Prozessanalyse und -technik.

■ *Wie setzt sich das von Ihnen geleitete Vertriebsteam zusammen?*

Vertriebskompetenz fördern

Reiner Kuhnen: Mein Vertriebsteam besteht aus zehn Mitarbeitern. Allerdings haben wir den neuen Prozess auf den kompletten Vertriebsbereich ausgedehnt, der die Schnittstelle zum Kunden darstellt. In Summe sind 20 Vertriebsmitarbeiter involviert. Das Coaching haben wir abteilungsübergreifend im gesamten Vertrieb umgesetzt. So gut wie alle haben einen technischen Hintergrund, der in unserem Umfeld unabdingbar ist. Das reicht vom Techniker bis hin zum promovierten Chemiker und Physiker. Alles Kollegen, die hoch spezialisiert sind und die ein tiefes Verständnis für die von uns hergestellte Technik haben. Aber keiner in meiner Abteilung hat eine klassische Ausbildung als Verkäufer. Dieses Know-how mussten sich meine Leute erst aneignen und eine Doppelkompetenz aufbauen, auf der technischen wie auf der vertrieblichen Seite.

Es liegt auf der Hand, dass beide Skills nicht gleich stark ausgeprägt sein können. Schließlich haben diese Mitarbeiter in der Regel ein Studium in ihrem Fach absolviert und dort eine Kernkompetenz erworben. Die Fähigkeit, unsere Produkte zu verkaufen, mussten sie zusätzlich erlernen. Genau deswegen halte ich es auch für wichtig, eine durchgängige Systematik im Vertrieb zu haben, an der sich alle orientieren können. Mit einer Methode, die dem einzelnen Verkäufer zugleich zahlreiche Tipps und Hilfestellungen bietet.

■ *TQS war dabei für Sie das Maß der Dinge?*

Reiner Kuhnen: Wie gesagt, kannte ich TQS von meinem Seminar. Ausschlaggebend für meine Entscheidung, diese Methode zur Grundlage unserer Arbeit zu machen, war aber vielmehr die Tatsache, dass ich außer TQS keine einzige Methode kenne, die auf den gesamten Vertriebsprozess ausgerichtet, derart klar strukturiert und praxisorientiert ist. Zudem ist sie branchenunabhängig und gibt gerade für unsere Aufgaben die richtigen Antworten.

Unsere Kunden erwarten von Lieferanten wie uns zu Recht ein immer größeres Know-how. Genau das muss aber auch im Vertrieb deutlich werden. Mit TQS sehe ich die Chance, unseren Vertriebsprozess so weit zu professionalisieren, dass unser technisches Können im verkäuferischen Sinne optimal transportiert wird und unsere Kundenbeziehungen dadurch insgesamt gestärkt werden.

Reiner Kuhnen

■ *Welche konkreten Erwartungen haben Sie nach der nun erfolgten Implementierung von TQS in Ihren Vertriebsprozess?*

Reiner Kuhnen: Ich halte es für absolut realistisch, dass wir mit dieser Systematik unsere Auftragseingänge steigern können. Auch geht es mir darum, dass wir durch den konsequenten Einsatz von TQS weniger Aufträge an den Wettbewerb verlieren. Letztlich sollen höhere Umsätze zu einem besseren Ergebnis beitragen.

■ *Deckt sich das auch mit der Perspektive Ihrer Mitarbeiter, die das umsetzen sollen? Wie ist deren erste Einschätzung?*

Reiner Kuhnen: Zunächst war teilweise eine gewisse Zurückhaltung   **Positives Feedback** zu beobachten. Die meisten unserer Vertriebsmitarbeiter sind schon lange im Geschäft und haben jahrelange Erfahrungen. Von daher erwarteten sie nicht, sofort den Riesensprung zu machen. Gleichwohl waren alle aufgeschlossen und haben sich in den Inhouse-Coachings sehr engagiert. Dort haben sie in Gruppen Checklisten ausgearbeitet, die genau auf unsere Arbeit ausgerichtet sind. Es war schön zu sehen, wie sie sich dabei gegenseitig motivierten. Als dann die erste Umsetzung in die Praxis folgte, kamen aus dem Team schnell die ersten Feedbacks. Zwar laufen unsere Projekte recht langfristig und vom Erstgespräch bis zum Auftrag können durchaus Monate vergehen, doch merkten viele sehr schnell, wie gut TQS in der täglichen Arbeit funktioniert. So berichteten meine Mitarbeiter zum Beispiel schon bald, dass durch eine optimale Angebotsgestaltung beim Kunden die Preisargumente nicht mehr so im Vordergrund stehen.

■ *Die Optimierung der Angebote hängt ja sehr davon ab, wie gründlich die Phase davor genutzt wird, möglichst viel über die konkreten Kundenanforderungen zu erfahren. Hat sich hier bei Ihren Mitarbeitern etwas verändert?*

Verbesserte Vorangebotsrecherche

Reiner Kuhnen: Das spielt inzwischen eine ganz große Rolle bei uns. Natürlich haben wir auch vor TQS unsere Kunden rechtzeitig nach ihren Bedürfnissen befragt. Nun aber tun wir das sehr viel systematischer. Häufig kommen die entscheidenden Punkte in Nebensätzen zum Vorschein. Genau deswegen ist es so wichtig, vor dem Angebot in aller Ausführlichkeit miteinander zu sprechen. Wir haben eine interne Verpflichtung eingeführt, nach der kein Angebot geschrieben wird, solange die Vorangebotsgespräche und Recherchen nicht die für uns erforderlichen Informationen erbracht haben. Denn nur wenn man ein vollständiges Bild hat, kann man auch ein sinnvolles Angebot machen.

Nutzen von TQS-Tools

Wir arbeiten dabei mit ausgefeilten Checklisten. Zum einen eine TQS-Checkliste, die jeder Mitarbeiter nutzt, um zu prüfen, ob er an alle vertrieblichen Aspekte gedacht hat. Zum anderen nutzen wir von uns vorbereitete Checklisten, mit denen alle technischen Details erfragt werden. Letztere nutzen wir schon länger, haben diese inzwischen aber verfeinert – mit TQS als absolutem i-Tüpfelchen. Auf jeden Fall ist diese Vorgehensweise bei uns die verbindliche Grundlage für eine Angebotserstellung, nach der sich alle richten.

■ *Inwieweit haben sich Ihre Angebote dadurch verändert?*

Reiner Kuhnen: Wir haben nun einen ganz anderen Fokus. Während wir früher unsere Produkte in sehr technisch geprägten Angeboten aufgeführt haben, die eher einer bloßen Auflistung glichen, gehen wir heute zunächst einmal auf das Bedürfnis unseres Kunden ein. Schließlich wollen wir ihm mit einer für ihn maßgeschneiderten Lösung helfen. Das muss natürlich im Angebot zum Ausdruck kommen. Insofern heben wir die für ihn wichtigen Aspekte hervor und beschreiben diese detailliert. Ziel ist, dass sich der Kunde in unserem Angebot wiederfindet und das Gefühl hat, mit *ABB* auf der sicheren Seite zu sein.

Mitarbeiter der Firma ABB

■ *Haben denn Ihre Ansprechpartner die gleiche technologische Kompetenz wie Ihre Mitarbeiter?*

Reiner Kuhnen: Genau hier gilt es für uns, eine gewisse Herausforderung zu meistern. Zum einen sprechen wir mit Technikern, die natürlich mit unserer fachlichen Sprache gut zurechtkommen. Zum anderen aber müssen wir auch die Entscheider im Einkauf erreichen, die manchmal die technologischen Details nicht so beurteilen können. Insofern ist die nun neue Aufmachung unserer Angebote so wichtig, in denen die Lösung und der Nutzen im Vordergrund stehen.

■ *Sie haben Ihre Mitarbeiter fest verpflichtet, nach der TQS-Methode zu arbeiten?*

Reiner Kuhnen: Ja und nein. Ich halte nichts von einem zu starren Korsett, das einfach vorgegeben ist. Wir haben sehr stark darauf gesetzt, die Mitarbeiter von TQS zu überzeugen und ihr Verständnis für die Chancen und Potenziale zu wecken. Das ist auch sehr gut gelungen. Zum anderen gibt es natürlich auch einen verpflichtenden Charakter, zum Beispiel was die Ausnutzung der eben beschriebenen Vorangebotsphase und die Nutzung von gemeinsam erarbeiteten Checklisten betrifft.

■ *Wie lautet denn nach einem halben Jahr TQS in der täglichen Praxis Ihre erste Zwischenbilanz?*

Mehr Professionalität im Vertrieb

Reiner Kuhnen: Es ist sicher noch zu früh, die Wirkung von TQS zu quantifizieren. Dazu sind unsere Vertriebsprojekte auch zu langfristig. Wir können aber sehr deutlich erkennen, dass wir auf dem richtigen Weg sind. Unsere Mitarbeiter kommen jetzt besser zurecht. Ich beobachte schon jetzt ein gestiegenes Level, was die vertriebliche Professionalität betrifft. Und unseren Kunden dürfte aufgefallen sein, dass wir jetzt noch mehr fragen und in unseren Angeboten einen anderen Fokus verfolgen. Schließlich stehen nun nicht mehr die einzelnen Produkte und Preise im Vordergrund, sondern die passende Lösung.

Die Optimierung und Systematisierung unseres Vertriebs hat sicher auch dazu geführt, dass er im Vergleich zu anderen Bereichen im Unternehmen gleichrangig ist. Denn gerade der Vertrieb ist es, der unsere innovativen Produkte in die Welt trägt und damit Umsatz generiert. Insofern ist für uns ganz klar, dass wir diesen Bereich weiter optimal ausgestalten. Die Anwendung von TQS in allen Phasen des Vertriebsprozesses, also vom ersten Kundenkontakt bis hin zum Auftrag, ist dabei für uns das Fundament, auf dem wir uns bewegen.

Stricker GmbH & Co. KG: Mit TQS schneller als der Wettbewerb wachsen

Wolfgang Stricker lebt Unternehmertum. Das wird schon in seinem Leitbild deutlich, das jeder auf der Website des Unternehmens *Stricker* lesen kann: *»Mein Anspruch ist es, Rahmenbedingungen zu schaffen, damit unsere Mitarbeiter selbstständig und eigenverantwortlich erfolgreich sein können. Ich will Menschen mitnehmen, dann lassen sich unsere Ziele auch erreichen.«* Die 120 Mitarbeiter des Unternehmens, das in Münster im Technischen Handel sowie in der Vulkanisierungs- und Fördertechnik aktiv ist und darüber hinaus Torsysteme anbietet, wissen um die Ernsthaftigkeit dieser Worte. Sie arbeiten in einer Firmenkultur, in der respektvoller Umgang an der Tagesordnung ist und jeder Einzelne wertgeschätzt wird.

Diesen Spirit spürt jeder Besucher des Unternehmens. Noch agiert Stricker neben seinem Vater als Geschäftsführer, ab 2012 wird er allein das 1932 gegründete Unternehmen in der dritten Generation führen. Doch schon heute spürt man in vielen Bereichen seine Energie, Veränderungen herbeizuführen und das Unternehmen nach vorne zu treiben. So auch im Vertrieb von Stricker, den er als »die Speerspitze des Unternehmens« bezeichnet.

Die Firma, die bis zum Jahresbeginn 2011 noch *Gummi-Stricker* hieß, ist mit den drei *Stricker*-Marken »Gummi-Technologie«, »Torsysteme« sowie »Arbeitswelt und Industrietechnik« auf drei unterschiedlichen Märkten präsent und spricht dort zahlreiche Branchen an. *»Ein sehr heterogenes Umfeld, das eine Orientierung und Fokussierung auf effiziente Vertriebsprozesse erfordert«*, betont Stricker. Mit *Total Quality Selling* habe er eine Methode gefunden und eingeführt, mit der das möglich sei.

»TQS passt optimal zu unserer Positionierung und Philosophie«, erklärt Stricker. Im »Arbeitswelt und Industrietechnik« genannten Technischen Handel spricht das Unternehmen eine breite Zielgruppe rund um das Stammhaus in Münster und die Niederlassung in Oldenburg an. In den anderen beiden Bereichen Vulkanisierungs- und Fördertechnik (»Gummi-Technologie«) sowie »Torsysteme«

TQS passt zur Firmenphilosophie

Wolfgang Stricker

positioniert sich *Stricker* national und international als klassischer Nischenanbieter. Als spezialisierter Technologieführer und nicht als Massenanbieter sieht man sich in der Befriedigung individueller Kundenbedürfnisse besser aufgestellt.

Speziallösungen anbieten

Das Unternehmen sieht sich als Partner insbesondere von den Kunden, deren Probleme nicht mit Standardlösungen zu beheben sind. *»Damit bieten wir einen Mehrwert, den es so kaum gibt«*, erklärt Stricker. *»So haben wir zum Beispiel einer Käserei mit einer speziellen Anwendung unserer Torsysteme geholfen und mit gezielter Luftabschottung unterschiedliche Klimazonen ermöglicht.«* Diese Lösungen, die man in kurzer Zeit entwickle, gebe es nicht von der Stange. Das Zusammenspiel von Vertrieb und Entwicklung sei bei solchen Projekten ausgesprochen wichtig.

Schon bei der Beschreibung dieser Arbeitsweise wird deutlich, welche Bedeutung der Vertrieb bei *Stricker* hat. Mit 40 Mitarbeitern ist rund ein Drittel mit vertrieblichen Aufgaben betraut. *»Auch bevor wir TQS eingeführt haben, stand der Vertrieb mit engagierten Mitarbeitern gut da«*, hebt Stricker hervor. Allerdings habe ein einheitlicher Standard gefehlt, der für alle verbindlich ist. *»Jeder hat auf seine Weise verkauft, sicher nicht schlecht, aber eben ohne eine* *für alle gültige Systematik.«* Das war für Stricker der Anlass, nach einer professionellen Unterstützung und Methode zu suchen, die ihm die Gestaltung eines Vertriebsprozesses ermöglicht.

Professionalisierung im Vertriebsprozess durch TQS

In TQS fand er wegen der dort als eminent wichtig angesehenen Prozessbetrachtung schnell, was er suchte. *»Wir wollten kein ›Tschakka-Training für unsere Vertriebsmitarbeiter‹ sondern eine konsequente Systematisierung und Optimierung unserer Vertriebsprozesse.«* Denn diese müsse man im Griff haben, um die vorhandenen Potenziale optimal auszuschöpfen. Dazu gehöre zum Beispiel, mit dem richtigen Angebot zur richtigen Zeit am richtigen Ort zu sein. *»Dabei geht es nicht darum«,* betont Stricker, *»grundsätzlich das absolut perfekte Angebot zu haben, sondern besser zu sein als der Wettbewerb.«* Die Details würden dann ohnehin im Laufe der Zusammenarbeit besprochen.

Der Firmenchef in dritter Generation würde seinem eigenen Leitbild nicht gerecht, würde er seinen Mitarbeitern ein neues Vertriebssystem einfach aufoktroyieren. Gemeinsam mit ihnen investierte er stattdessen viel Zeit, involvierte sie in alle Überlegungen und entwickelte auf der Basis von TQS »ihren« Vertriebsprozess. So nahm er sie auch bei der Installierung dieser dauerhaft angelegten Veränderung mit. Dazu gehörte auch die Einbeziehung des Betriebsrates. **Miteinander kooperieren**

Natürlich habe es auch bei den *Stricker*-Mitarbeitern Fragen und mitunter Bedenken gegeben, etwa die hohe Transparenz betreffend: Einige Mitarbeiter fürchteten, von der Geschäftsführung so besser kontrolliert werden zu können. Oder der Innendienst, der zunächst einmal den höheren Aufwand durch die Dokumentation und die Erfassung von Listen sah, der aber nicht wie der Außendienst den Abschluss macht und an Umsätzen gemessen wird. *»Aber letztlich haben alle an einem Strang gezogen und standen hinter den Veränderungen«,* schildert Stricker die Phase direkt vor der TQS-Einführung.

Diese erfolgte ganz bewusst an einem Stichtag. Die Erwartungen der Geschäftsführung und der Mitarbeiter waren identisch: Durch einen strukturierten Vertriebsprozess sollte nachhaltig ein qualifiziertes Umsatzwachstum erzielt und die Umsatzeinbußen sollten im konjunkturschwachen Jahr 2009 möglichst schnell wettgemacht werden. Von nun an orientierte sich das gesamte Team an einem für alle verbindlichen Prozess.

»Sowohl die Mitarbeiter im Innen- als auch die im Außendienst haben TQS gut angenommen«, berichtet Stricker. *»Nach dem Projekt mit der* Deutschen Vertriebsberatung *wussten alle, was zu tun ist.«* Anfragen von potenziellen Kunden wurden genutzt, um die genauen Präferenzen zu erfragen. Noch vor der Erstellung eines Angebots machten sich die *Stricker*-Verkäufer ein genaues Bild von der Kundensituation und dem konkreten Bedarf, immer im Bewusstsein, dass der Kunde auch bei anderen Anbietern anfragen könnte und am Ende der die Nase vorn hat, der in seinem Angebot am besten auf die individuelle Situation und Lösung eingeht. *»Eine völlig neue Situation«*, unterstreicht Stricker, *»denn vor der TQS-Einführung haben wir die wertvolle Vorangebotsphase so gut wie nicht genutzt und verstreichen lassen.«*

Genauso stringent ging der *Stricker*-Vertrieb nun nach Abgabe des Angebots vor. TQS zufolge war klar, dass mit der Erstellung und Abgabe des Angebots die Aufgabe der Verkäufer noch nicht erfüllt ist. Statt zu warten, bis sich der Kunde von sich aus meldet, nahmen die *Stricker*-Vertriebsmitarbeiter das Angebotsverfolgungsmanagement, das sie erlernt hatten, ernst.

All diese Schritte galt es zu dokumentieren, damit sichergestellt war, dass im Grunde jeder Mitarbeiter in jeder Vertriebsphase den gleichen Wissensstand hatte. *»Gerade unser Innendienst tat sich damit bislang nicht so leicht, weil der Aufwand recht hoch ist«*, berichtet Stricker. *»Der nächste entscheidende Schritt wird deshalb die vollständige Integration im ERP-System sein.«* Administrative Zusatzeingaben entfielen somit und die Effektivität von TQS werde noch mal nachhaltig steigen. Darüber hinaus ermögliche das eine wesentlich bessere und fundierte Analyse. Die individuelle Anpassung des ERP-Systems mache deutlich, wie stark man von TQS überzeugt ist.

Positive Bilanz nach einem Jahr

Schon jetzt zieht Stricker aber eine überaus positive Bilanz: *»TQS hat uns enorm weitergebracht. Der durchstrukturierte Prozess unterstützt unseren Vertrieb erheblich.«* Insbesondere der Außendienst sei ausgesprochen dankbar, weil er jetzt wesentlich dichter am Kunden dran sei. Die Angebote seien nun ganz anders aufgemacht, individuelle Ansprache und Nutzenhervorhebung stünden im Vordergrund. Das sei nun durch die intensiv geführten Vorangebotsgespräche möglich.

Inzwischen würde bereits bei vier von fünf Angeboten die Phase davor für ausführliche Gespräche genutzt. Bei dem Rest sei die Anforderungslage durch meist langfristige Kundenbeziehungen so klar, dass das nicht erforderlich sei. *»Das wird bei uns jetzt also richtig gelebt«,* freut sich Stricker. In manchen Fällen käme man durch die Vorangebotsgespräche auch zu der Erkenntnis, dass es gar nicht sinnvoll ist, ein Angebot zu unterbreiten. *»Das spart dann*

Ausführliche Kundengespräche

Firmensitz der Firma Stricker

effektiv Zeit – für den potenziellen Kunden wie für uns.« Durch den nun klareren Vertriebsprozess und die damit vorgegebenen Aufgaben gingen die *Stricker*-Vertriebsmitarbeiter nun deutlich zielorientierter vor. Die neue Systematik helfe dabei, den Kunden zu einer Entscheidung zu bewegen.

»TQS führt zudem dazu«, hebt Stricker hervor, *»dass alle im Vertrieb die gleichen Chancen auf Erfolg haben.«* Von der Transparenz könne jeder profitieren. Natürlich sei damit auch ein besseres und tiefergehendes Controlling verbunden. Wobei es dabei darauf ankomme, dass damit nicht eine Überwachung gemeint ist, sondern ein gegenseitiges Feedback, wo der einzelne Verkäufer steht und wie er sich weiterentwickeln kann.

TQS als Erfolgsgarant Für den Firmenchef steht fest, dass TQS nicht nur sehr wirksam, sondern die einzige Methode für einen strukturierten Vertrieb ist. *»Insofern ist für uns nicht ausschlaggebend, wie viel Umsatz mehr wir damit genau erzielen können«,* betont Stricker. *»Für uns ist TQS ein ›Must have‹, das uns sicher in unserem Ziel unterstützt, immer besser als der Wettbewerb zu sein und schneller als dieser zu wachsen.«*

Nachwort

Lieber Leser,

es lohnt sich, am Vertriebsprozess zu arbeiten, denn eines ist gerade in den letzten Jahren immer deutlicher geworden:

Für Unternehmen, egal in welcher Branche, ist es zukünftig einfach nicht mehr ausreichend, hervorragende Leistungen im angestammten Geschäftszweig zu erbringen. Es reicht offenbar nicht mehr aus, »nur« ein guter Handwerker, Arzt, Steuerberater, Banker, Dienstleister, Händler oder Produzent zu sein.

Denn es gibt immer mehr Anbieter, die ebenfalls gut sind oder zumindest so tun. Ob uns das nun gefällt oder nicht!

Unternehmen, die den Vertrieb auf dem gleichen Spitzenniveau entwickeln wie die eigentliche Kernkompetenz, werden in den nächsten Jahren ein enormes Wachstum verzeichnen.

Spitzenniveau der Vertriebskompetenz

Denn genau hier, im hochqualifizierten Vertrieb, liegen die Wachstumspotenziale der nächsten Jahre, nach denen viele Unternehmen heute suchen. In Zeiten, in denen immer mehr Anbieter mit gleichen oder ähnlichen Leistungen austauschbar am Markt agieren, wird nur der seine Marktberechtigung erhalten und ausbauen können, der eine hervorragende Leistung erbringt und diese ebenso professionell verkaufen kann.

Bei der Lösung dieser Aufgabe kann Ihnen *TQS – Total Quality Selling* wertvollste Dienste leisten. Die Umsatz- und Gewinnsteigerungspotenziale, die TQS ermöglicht, sind enorm.

Kritisches Zum Thema Vertriebserfolg höre ich manchmal auch kritische Stimmen:

> *»Die 20 Prozent Umsatz, die Ihr Kunde mehr macht, macht dafür ein anderer weniger. Es ist also ein reines Nullsummenspiel!«*

Ist an dieser Aussage etwas dran? Ja und nein. Ein klares Ja, weil wir natürlich in vielen Branchen, und nicht erst seit gestern,

Das Team
der Deutschen
Vertriebsberatung

einen reinen Verdrängungswettbewerb haben: Wir generieren Marktanteile, indem wir Kunden des Wettbewerbs für uns gewinnen. Das ist einer der Gründe dafür, weshalb es TQS-Anwendern besser geht als dem Branchendurchschnitt.

Und ein klares Nein zugleich. Wenn ein fähiger Vertrieb einen Kunden von einer sinnvollen Investition überzeugt, die sonst wieder und wieder verschoben worden wäre, entsteht dadurch Wachstum, das wir zu einem großen Teil selbst beeinflussen können.

Meine Partner und ich werden uns in den nächsten Jahren weiter darauf konzentrieren, TQS in Unternehmen verschiedenster Branchen einzuführen, um damit Wirtschaftswachstum, Arbeitsplätze und Wohlstand auf einer breiten und gerechten Basis zu schaffen.

Ulrich Dietze

Über die Autoren

Ulrich Dietze

 Ulrich Dietze ist Experte für Vertriebsoptimierung. Nach einer erfolgreichen Vertriebskarriere mit den Stationen Außendienst, Gebietsverkaufsleiter und Verkaufsleiter gründete er 1992 sein eigenes Unternehmen, die *Deutsche Vertriebsberatung GmbH*. Ziel all seiner Aktivitäten ist es, Vertriebsprozesse nachvollziehbar zu gestalten und die Vertriebskompetenz der Mitarbeiter auf einem Spitzenniveau zu entwickeln, um damit konjunkturunabhängiges Wachstum zu gewährleisten. Dietze ist u. a. Erfinder des *SalesCoach*, des ersten Navigationssystems für Verkäufer, das dabei hilft, nachweislich erfolgreicher zu verkaufen.

Der Autor ist enger Partner einer Reihe namhafter Unternehmen und Verbände in den verschiedensten Branchen und gesuchter Sprecher auf nationalen und internationalen Wirtschaftsforen.

DV Deutsche Vertriebsberatung GmbH
Hasselbeckstr. 73
40822 Mettmann

Telefon: 02104 - 95 84 20
Telefax: 02104 - 95 84 22

E-Mail: *info@deutschevertriebsberatung.de*
Homepage: *www.deutschevertriebsberatung.de*

Christian Mannigel

Christian Mannigel ist Spezialist für strategische Presse- und Öffentlichkeitsarbeit. Seit 2009 berät er mit seiner Agentur *Mannigel Public Relations* namhafte Unternehmen und Institutionen auf allen Feldern der internen und externen Kommunikation. Schwerpunkte seiner Arbeit liegen in der Initiierung prominenter Berichterstattung in den Medien und in der öffentlichen Positionierung seiner Kunden. Die Basis dafür bilden seine langjährigen Erfahrungen zunächst als Journalist und Wirtschaftsredakteur, dann als PR-Berater in verschiedenen Agenturen und als Leiter der Presse- und Öffentlichkeitsarbeit eines Spitzenverbandes der deutschen Industrie.

Thematisch beschäftigt sich der Autor intensiv mit dem Thema »Vertriebsoptimierung« und mit der kommunikativen Vermarktung der TQS-Methode. Die PR-Arbeit für seine Kunden hat neben der Imagebildung immer auch die Generierung neuer Umsätze zum Ziel.

Mannigel Public Relations
Quellgrund 4b
21256 Handeloh

Telefon: 04187 – 26 16 09
Telefax: 04187 – 26 16 10

E-Mail: *info@mannigel-pr.de*
Homepage: *www.mannigel-pr.de*

Die TQS-SalesTools auf der CD-ROM

TQS-SalesTools

TQS – Akquisitionsmanagement
- TQS Akquisitionsliste
- TQS Anschreiben Medienmarketing
- TQS Checkliste Erstgespräch
- TQS Explorer Professional v3.6
- TQS Gesprächsleitfaden – Zielgespräch
- TQS Nachfassschreiben – Kein Interesse
- TQS Gesprächsleitfaden – Recherche
- TQS Terminbestätigung

TQS – Anfragemanagement
- TQS Checkliste Chancenermittlung
- TQS Checkliste Prioritätenbestimmung
- TQS Checkliste Vorangebotsgespräch
- TQS Navigator Professional v6.7

TQS – Angebotsgestaltung
- TQS Alternativseite
- TQS Textbaustein

TQS – Angebotsverfolgungsmanagement

- TQS Checkliste Angebotsverfolgung
- TQS Checkliste Preisverhandlungen
- TQS Nachfassschreiben – Auftragsverlust
- TQS Nachfassschreiben – konkreter Grund
- TQS Nachfassschreiben – Vorteilszusammenfassung

Stichwortverzeichnis